Jörg Asmus/Werner Lantermann

Australische Sittiche

Jörg Asmus/Werner Lantermann

Australische Sittiche

Haltung, Zucht und Artenschutz

Oertel+Spörer

Bildnachweis
Titelbild: Jörg Asmus
Innenteilbilder:
Ramona Heuckendorf S. 12, 44, 132, 154, 167
Werner und Yvonne Lantermann S. 10, 23u., 25o., 35, 37, 40, 42, 43, 54, 56, 60, 65, 66, 68, 70, 72, 76, 77, 78, 87(2), 91, 93(2), 94, 103, 106, 123, 127, 131, 135, 140, 146, 153, 175, 185, 198, 199, 202, 204
Bernd Nau S. 103
Hans-Joachim Rüblinger S. 130
Achim und Petra Schmidt S. 23o., 46, 79, 150, 155
Alle anderen Fotos von Jörg Asmus

Haftungsausschluss
Die Hinweise in diesem Buch wurden von den Autoren sorgfältig recherchiert und geprüft. Es können jedoch keinerlei Garantien übernommen werden. Eine Haftung der Autoren und des Verlags und seiner Beauftragten für Personen-, Sach- und Vermögensschäden ist ausgeschlossen.

Bibliografische Information der Deutschen Nationalbibliothek
Die Deutsche Nationalbibliothek verzeichnet diese Publikation in der Deutschen Nationalbibliografie; detaillierte bibliografische Daten sind im Internet über http://dnb.d-nb.de abrufbar.

Postfach 16 42 · 72706 Reutlingen

Schrift: 9,5/14,5 p Meta Plus
Lektorat: Dr. Gabriele Lehari
DTP und Repro: raff digital gmbh, Riederich
Druck und Bindung: Oertel+Spörer Druck und Medien-GmbH+Co., Riederich
Printed in Germany
ISBN 978-3-88627-407-9

Inhalt

Geleitwort

Ein neues Buch über australische Sittiche, was kann das bringen angesichts einer langen Reihe von gedruckten Werken über diese Vögel? Gibt es wirklich etwas Neues, das noch nicht jedem Interessierten zugänglich wäre? Nein und Ja! Die Verfasser Jörg Asmus und Werner Lantermann, beide anerkannte Fachleute auf dem Gebiet der Papageienkunde und namentlich der Haltung und Zucht dieser Vögel, geben auf den ersten Seiten des Buches ihre Antwort auf diese Frage. Nein, es gibt wirklich nichts fundamental Neues über australische Sittiche. Obwohl – Wissen steht niemals still, und immer wieder sieht man etwas besser als zuvor und stellt sich neue Fragen, die nach Antworten suchen.
Ja, es ist notwendig, über Sinn und Inhalt von Vogelzucht nachzudenken und eine neue Motivation für die Vogelzucht, insbesondere der Haltung der australischen Sittiche, zu begründen.
Dabei ist es nicht wirklich neu, sondern wohl der eigentliche Urgedanke der Vogelhaltung, das sonst frei lebende Geschöpf in die Nähe des Menschen zu holen, sich an ihm zu erfreuen, Verantwortung für sein Wohlergehen zu tragen und sein Leben kennenzulernen. Leider ist aber dieses Urgefühl gegenüber der lebendigen Kreatur in der jüngeren Geschichte der Vogelzucht, namentlich in den letzten fünfzig Jahren, unter einer schweren Last engstirniger und vordergründiger menschlicher Interessen, denen der Vogel nur als Objekt zu dienen hatte, verschüttet worden. Sammelsucht, die man bedienen musste, indem man alle Arten einer Gattung oder einer Region erwarb; der Ruhm, eine Art als erster in menschlicher Obhut zur Fortpflanzung zu bringen; die – oft trügerische – Erwartung, mit viel Nachzucht viel Geld zu verdienen; die Gier, den seltensten Vogel zu besitzen und manches Ähnliche haben die viel zitierte „Liebe zum Vogel" doch sehr fragwürdig werden lassen. Und als die Formenvielfalt der Natur erschöpft war oder sich dem Zugriff entzog, weil wie zum Beispiel gerade in Australien die Gefährdung der natürlichen Artenvielfalt erkannt worden war, schenkte der Zufall den Vogelzüchtern die Veränderung des äußeren Erscheinungsbildes der Vögel durch Mutationen.

Binnen dreier Jahrzehnte hat sich ein Markt voller unzähliger Zuchtformen vieler Papagei- und anderer Vogelarten etabliert, der sich nicht im geringsten mehr um die Ursprungsarten kümmert, sie höchstens noch zur Revitalisierung lebensschwacher Zuchtpopulationen braucht und im Übrigen der Bedrohung oder gar dem Verschwinden natürlicher Arten in ihren Ursprungsregionen ungerührt zuschaut. Schon früh in der Nachkriegsgeschichte der Papageienhaltung hatte sich eine Entwicklung eingestellt, welche die Arten in solche, die leicht zu halten und zu vermehren waren, und solche, die höhere Ansprüche stellten, teilte. Letztere schenkten natürlich auch dem Züchter mehr Ehre und

Ansehen und Erstere gerieten gar in den Ruf „Anfängervögel“ oder „Allerweltsvögel“ zu sein.
Zahlreiche australische Sittiche teilten dieses Schicksal und so verwundert es niemanden, dass gerade sie auch von der Entwicklung der sogenannten Mutationszuchten am stärksten betroffen waren. Natürlich hat die Isolierung der Zuchtpopulationen von der jeweiligen Wildpopulation durch das australische Ausfuhrverbot diese Entwicklung begünstigt, aber sie ist gleichwohl vom Menschen gemacht.
Inzwischen gibt es Strömungen in der Vogelzucht, die sich kritisch mit dieser Entwicklung auseinandersetzen und nach einer auf die Wahrung des Naturerbes zielenden Sinngebung der Vogelzucht suchen.
Jörg Asmus und Werner Lantermann haben schon bei vielen anderen Gelegenheiten zu dieser geistigen Bewegung beigetragen. Sie wählen mit diesem Buch einen Ansatzpunkt für die Besinnung der Vogelzucht auf ihren eigentlichen Wert, der in dieser Deutlichkeit leider selten ausgesprochen wird: Es gibt keine „besseren“ oder „schlechteren“ Vögel und schon gar keine „Allerweltsvögel“.
Die australischen Sittiche, über die die Geschichte der Vogelzucht viel zu schnell hinweggezogen ist, bieten eine unendliche Vielfalt von Formen und Farben, eine Fülle teilweise noch unerforschter Verhaltensweisen und alle Voraussetzungen für eine beglückende Vogelhaltung. Und sie sind in fast allen Arten so häufig in Menschenobhut, dass da kein Gedanke ist an Entnahmen aus der Natur, wohl aber eine breite Basis für die Schulung und das Erleben einer Beziehung zum natürlichen Lebewesen, die für die Bewahrung einer sittlichen Kultur in unserer Gesellschaft so unerlässlich ist.
Damit bietet dieses Buch neben der Vielzahl sachlicher Informationen vor allem einen Standpunkt zur Vogelhaltung und -zucht, dem eine grundsätzliche Bedeutung für das weitere Gedeihen dieser schönen Beschäftigung des Menschen mit lebendigen Geschöpfen der Natur zufallen könnte. Nicht nur, aber besonders deshalb ist dem Buch sehr zu wünschen, dass es viele Leser finden und für seinen Geist gewinnen möge!

Dr. Ernst Günther
Präsident der Vereinigung für Zucht und Erhaltung einheimischer und fremdländischer Vögel e. V. (VZE)

Vorwort

Warum ein Buch über australische Sittiche? Ein Buch über die australischen Sittiche zu schreiben, bedeutet ja fast schon „Eulen nach Athen“ zu tragen – so mag mancher Leser vielleicht denken. Zu bekannt, zu erforscht und viel beschrieben scheinen viele dieser „Allerweltsvögel“ mittlerweile zu sein, die schon in der Frühzeit der wieder neu aufkeimenden Vogelliebhaberei nach dem Zweiten Weltkrieg eine tragende Rolle spielten. Die meisten Arten sind heute preiswert von Privatzüchtern zu erwerben, viele sind leicht zu züchten und besondere Neuerkenntnisse über die Vögel sind auch nicht zu erwarten. Was also gibt es über diese Papageiengruppe noch zu sagen?

Wir wollen mit unserem Buch – nachdem die meisten Arten fest etabliert in Züchterhand sind – noch einmal „neu“ für diese Vogelgruppe werben, wollen vielleicht auch noch einmal die Perspektive ändern und den Blick der Vogelhalter für diese farbenprächtigen Edelsteine der Natur schärfen. Und das in dreierlei Hinsicht:

Zum Ersten werben wir für die Haltung australischer Sittiche **aus Gründen der Arterhaltung in Menschenobhut.** Viele Bestände sind in den vergangenen Jahren durch fehlgeleitete züchterische Manipulationen verdorben worden. Nach 30 und mehr Zuchtgenerationen gibt es von vielen Arten heute kaum noch Vögel des Wildtyps. Sie sind zum einen auf Größe und Gewicht gezüchtet worden, um den Ausstellungsstandards zu entsprechen. Zum anderen sind durch die jeweils neu auftretenden Farbmutationen die Phänotypen der Vögel – in der Regel dauerhaft – verändert worden. Und manche Arten sind zum Dritten durch Transmutationen (Übertragung von Farbmutationen über die Artgrenzen hinweg) beeinträchtigt worden, sodass viele nur noch als Mischlinge in Menschobhut existieren.

Alle drei Faktoren haben dazu geführt, dass von vielen australischen Sitticharten heute kaum noch reinerbige Vögel des Wildtyps in der Ursprungsfarbe, Ursprungsgröße und im Ursprungsverhalten vorhanden sind.

Dazu hat auch das Ausstellungswesen mancher Vereine und Züchterverbände maßgeblich beigetragen, indem sogenannte „Standards“ auch für die nicht-domestizierten Arten festgelegt wurden, nach denen die Vögel im Hinblick auf Größe und Färbung bewertet werden.

Dies und die zum Teil hohen Preise, die für neue Farbmutationen gezahlt wurden und werden, haben wesentlich zum „Niedergang“ vieler reinerbiger Vogelbestände beigetragen. Das müssen sich die Verantwortlichen, auch die Funktionäre in den Vereinen und Verbänden, auf die Fahne schreiben lassen.

Wir möchten deshalb hier dringend dazu aufrufen, die noch vorhandenen reinerbigen Sittichbestände „rein“ weiterzuzüchten, Farbmutanten und vor allen Transmutanten aus der Zucht auszuschließen und zudem auch genügend Wert auf die natürlich vorkommenden Färbungsvariationen zu legen (also keine selektive Zucht zum Beispiel auf „rotbäuchige" Exemplare zu betreiben).

Nur diese „reinen" Vögel werden auf Dauer die Art „Barrabandsittich", „Glanzsittich", „Gelbsteißsittich" und so weiter repräsentieren, nicht die farblich kaum noch einzuordnenden Grassittich-/Singsittich-/Laufsittich-Mischlinge, die inzwischen vielerorts zu sehen sind oder aus Züchterbeständen angeboten werden.

Zum Zweiten werben wir für die Haltung australischer Sittiche, **um weitere Beiträge für die Forschung zu gewinnen.** Die Literaturberge, die sich über australische und ozeanische Sittiche auch im deutschsprachigen Bereich inzwischen angesammelt haben, dürfen nicht darüber hinwegtäuschen, dass außer den dort berichteten Zuchterfolgen mit den zugrunde liegenden Haltungsbedingungen von vielen Arten kaum etwas bekannt ist. Zwar ist die Freilandforschung bei den „Australiern" im Allgemeinen deutlich weiter fortgeschritten als bei vielen afrikanischen

Mischlings- und Mutationszuchten wirken der Erhaltung artenreiner Zuchtstämme entgegen und müssen unbedingt vermieden werden – hier eine kaum noch identifizierbare Singsittich-Mutation.

oder neotropischen Papageienarten. Aber auch hier klaffen noch Lücken, vor allem aus dem Bereich des Fortpflanzungsverhaltens, die noch zu schließen wären. Nun wird die Mehrzahl unserer Leser keine Freilandbeiträge beisteuern können, aber Details des Brutverhaltens aus Volierenbeobachtungen. Für viele Arten ist weder die Balz noch die Entwicklung und Sozialisation der Jungvögel genau beschrieben. Hier und dort kennt man gerade einmal die Eckdaten der Brut- und Nestlingszeiten. Detaillierte Beschreibungen der Balz, Verhaltensvergleiche zu verwandten Arten, körperliche und Verhaltensentwicklung der Nestlinge, Sozialisation der Jungvögel nach dem Ausfliegen und gegebenenfalls Integration in eine Volierengruppe – das sind die künftigen Fragestellungen, denen sich interessierte Vogelhalter widmen könnten und deren Ergebnisse von seriösen Fachzeitzeitschriften sicherlich immer gern publiziert werden.

Zum Dritten werben wir für die Haltung australischer Sittiche **aus Gründen des Artenschutzes.** Und zwar nicht des Artenschutzes für australische Sittiche, sondern für andere bedrohte Papageienarten. Viele Arten der australischen Sittiche sind leicht zu halten, relativ leise Volierenvögel und daher nachbarschaftskompatibel sowie preiswert zu erwerben – und außerdem gehören sie mit zu den schönsten Papageien der Welt. Kaum eine andere Art reicht an die Farbenpracht des Königssittichs, an die dezenten Pastelltöne des Princess-of-Wales-Sittichs oder an das muntere Wesen der Spring- und Ziegensittiche heran. Warum also nicht wieder einige Volieren für die „Australier" bereitstellen, statt sich mit „schwierigen" Loris, Langflügelpapageien, Kakadus oder Aras zu beschäftigen, die allesamt höchste Ansprüche an ihre artgemäße Haltung stellen, oft teuer, laut – und bedroht sind. Die vermehrte Haltung von australischen Sittichen würde zweifellos dazu beitragen, den Druck auf seltene und bedrohte Arten aus anderen geografischen Regionen zu vermindern. Es muss nicht immer „selten" und „schwierig", es kann auch „häufig", „farbenprächtig" oder einfach nur „schön" sein.

Jörg Asmus & Werner Lantermann
Im Herbst 2012

Viele australische Großsittiche sind ideale Volierenvögel und bringen keine Artenschutzprobleme mit sich – hier handzahme Princess-of-Wales-Sittiche.

Australische Sittiche im Überblick

Die zoologische Systematik ist ein Teilgebiet der Biologie, das die verwandtschaftlichen Beziehungen von Lebewesen nach Ähnlichkeiten und Unterschieden in Gruppen einteilt und in einem hierarchischen System erfasst. Dabei ist die Grundeinheit die Art. Mehrere verwandte Arten bilden eine Gattung, mehrere verwandte Gattungen eine Familie, mehrere Familien eine Ordnung.

Die Ordnung der Papageienvögel (Psittaciformes) wurde im Laufe der letzen vier Jahrzehnte mehreren Revisionen unterworfen, die auf unterschiedlichen Forschungsergebnissen beruhten. So wurden zum Beispiel morphologische Merkmale, Verhaltensvergleiche oder die Protein-Elektrophorese am Eiweiß des Vogeleies zur Unterscheidung von Artengruppen bis hin zum Familienrang herangezogen. Dadurch gab es in der Vergangenheit zum einen schwankende Artenzahlen bei den Papageien und Sittichen (Richtwerte lagen über Jahre zwischen 330 und 350 Arten) und auch erhebliche Unterschiede in der Zuordnung der Arten zu Familien.

Mit den heute vielfach angewandten DNA-Tests steht den Wissenschaftlern eine Untersuchungsmethode zur Verfügung, die es erlaubt, zum einen verwandtschaftliche Beziehungen zwischen Arten bzw. Unterarten und zum anderen die nächstverwandten Artengruppen zu ermitteln. Diese Untersuchungen haben – im Vergleich mit anderen Vogelgruppen – auch ergeben, dass die Sperlingsvögel (Passeriformes) die nächsten Verwandten der Papageien sind, und nicht, wie bislang immer angenommen, die Kuckucksvögel, Spechte oder Tauben.

Der Nymphensittich ist der einzige australische Großsittich, der taxonomisch nicht zu den Eigentlichen Papageien, sondern zu den Kakadus gerechnet wird.

Bei den australischen Sittichen werden gegenwärtig (einschließlich einer ausgestorbenen Art) 35 Arten in 14 Gattungen, bei den Formen Neuseelands 13 Arten in zwei Gattungen (drei ausgestorbene Arten) und bei den Arten der pazifischen Inselwelt drei Arten aus einer Gattung unterschieden, sodass in diesem Buch von insgesamt 47 rezenten und vier ausgestor-

Systematik der Sittiche und Papageien

Nach der aktuellen Liste des Internationalen Ornithologischen Komitees (Gill & Donsker 2012) werden bei den Papageien und Sittichen gegenwärtig 374 Arten unterschieden, die sich in die Familien Strigopidae (Nestorpapageien, Eulenpapagei, drei Arten), Cacatuidae (Kakadus, einschließlich des Nymphensittichs, 21 Arten) und Psittacidae (Eigentliche Papageien, 350 Arten) aufgliedern. Die gegenüber früheren Ansätzen höhere Artenzahl resultiert vor allem daraus, dass aufgrund der genetischen Untersuchungen viele bislang als Unterarten geführte Formen in den Rang eigener Arten erhoben werden mussten.

benen Sitticharten die Rede ist. Mit einer Ausnahme – der Nymphensittich wird heute in der Regel zu den Kakadus (Cacatuidae), Unterfamilie Nymphicinae gerechnet – gehören sie alle in die große Gruppe der Eigentlichen Papageien (Psittacidae), bilden aber mit insgesamt 16 Gattungen durchaus sehr unterschiedliche Artengruppen mit zum Teil sehr verschiedenen Habitatansprüchen und sozialen Organisationsformen. Im Gegensatz zu der großen Gruppe der Neuweltpapageien und -sittiche aus Süd- und Mittelamerika sind die meisten australischen Arten allerdings bislang noch nicht in größerem Umfang bedroht, wogegen die Arten im neuseeländischen und pazifischen Raum zum Teil stark gefährdet, vom Aussterben bedroht oder bereits ausgestorben sind.

Verbreitung und Lebensräume

Die Landschaftsformen des australischen Festlands sowie der dazugehörigen Inseln, der indonesischen Inselkette und Ozeaniens zeigen sich in vielgestaltiger Weise und sind teilweise sehr gegensätzlich. Die meisten der nachfolgend genannten Habitate werden von Sittichen bevölkert; einige von ihnen haben sich in nahezu perfekter Weise an ihr jeweiliges Refugium angepasst. Manche Arten wechseln in den Sommer- bzw. Wintermonaten regelmäßig ihre Standorte und zeigen somit ein regelmäßiges Zugverhalten.

Australien besteht aus der Hauptlandmasse sowie den vorgelagerten Inseln. Aufgrund der großen Ausdehnung existieren dort sehr unterschiedliche Klimazonen. Etwa 80 Prozent des gesamten Kontinents sind semiaride und aride Gegenden mit sehr geringen Niederschlagsmengen. Der größte Teil dieser Regionen entfällt auf das Tafelland des Westaustralischen Plateaus; hier liegen zugleich die großen Trockengebiete Australiens. In diesen Gebieten bilden die Akazien niedrige Savannen sowie Strauchformationen, die sogenannte Mulga. Salzbusch- und Strauchsteppen, aber auch offene Akazien- und Eukalyptuswälder sind in diesen Gegenden vorhanden. Ein Großteil der westlichen und zentralen Landesteile ist unbewohnbar. Dieser kargen Landschaft haben sich jedoch einige australische Sitticharten sehr gut angepasst, oft auch beeinflusst durch die Aktivitäten des Men-

schen, der mit künstlichen Wasserstellen die Vieh- und Weidewirtschaft dort effektiver gestaltet.
Der **Glanzsittich** scheint nicht so sehr von diesen Wasserstellen abhängig zu sein wie die anderen dort vorkommenden Sitticharten. Dieser Sittich ist häufig weit entfernt von natürlichen wie auch künstlichen Wasserstellen anzutreffen, sodass mitunter Vermutungen geäußert werden, der Glanzsittich decke seinen Trinkwasserbedarf nahezu ausschließlich aus Tautropfen oder wasserhaltiger Nahrung. Oft in großen Schwärmen sind hier die **Wellensittiche** anzutreffen. Ein sehr unscheinbarer Vogel dieser trockenen Gebiete ist der **Nachtsittich.** Aufgrund seiner Lebensweise sind Nachweise dieser nachtaktiven und hauptsächlich auf dem Boden im Verborgenen lebenden Vögel sehr selten.
Der nördliche Teil des Kontinents ist geprägt vom tropischen Klima, das sich durch hohe Temperaturen, starke Regenfälle und eine hohe Luftfeuchtigkeit auszeichnet. Auf der Halbinsel Cape York im Nordosten des australischen Festlands gibt es ausgedehnte Monsun-Regenwälder. Dieser Waldtyp sowie auch die tropischen Regenwälder erstrecken sich weiter westlich entlang der Küstengebiete. Regenwälder sind aber auch entlang der Küste im östlichen Teil Australiens zu finden und erstrecken sich in Richtung Süden bis nach Tasmanien in die kühlere gemäßigte Klimazone. Alle diese Waldgebiete sind sehr artenreich und bieten einigen Sitticharten eine sehr gute Lebensgrundlage. Charakteristische Bewohner dieser geschlossenen Waldlandschaften sind **Rotflügelsittiche, Australische Königssittiche, Strohsittiche** und **Pennantsittiche.**

Bewohner offener Waldgebiete im nördlichen sowie östlichen Teil Australiens sind **Rosellasittich, Blasskopfrosella, Brownsittich, Goldschultersittich, Hoodedsittich, Feinsittich, Schönsittich** und **Schwalbensittich;** sie leben auch an Waldrändern und in Eukalyptus-Savannen. Diese Lebensräume bewohnte wohl einst auch der **Paradiessittich**, der heutzutage als ausgestorben gilt.

Offene Waldgebiete und Savannen werden von einer Vielzahl australischer Sitticharten als Lebensräume bevorzugt wie zum Beispiel vom Cloncurrysittich.

In den südlichen Teilen Australiens ist der Mallee eine typische Vegetationsform. Hierbei handelt es sich um Gebüsche und Buschformationen, die sich aus 2 bis 10 Meter hohen Eukalyptus-Sträuchern unterschiedlicher Arten bilden. **Bergsittiche** zeigen eine gewisse Abhängigkeit von dieser Landschaftsform, denn bestimmte dort vorkommende Eukalyptus-Arten bilden eine wichtige Nahrungsgrundlage für sie. Die englische Bezeichnung „Mallee Ringneck Parrot“ für den **Barnardsittich** weist eindeutig auf dessen Vorkommen in dieser Vegetationsform hin. **Blutbauchsittiche** bewohnen baumbestandene Lebensräume im offenen Gelände, dazu gehören neben trockenem Buschland und Mallee, Grasland mit einzelnen Bäumen sowie Sträuchern, Galeriewälder und vor allem niedrige Strauchvegetationen. Ähnliche Lebensräume werden auch vom **Singsittich, Vielfarbensittich** und **Schmucksittich** besiedelt. In den südwestlichen Landesteilen sind **Rotkappensittich** und **Stanleysittich** Bewohner der Mallee-Vegetationsform. Rotkappensittiche binden sich sehr stark an mit Marri *(Eukalyptus calophylla)* bewachsene Landstriche, denn diese Baumart bildet ihre Nahrungsgrundlage. Diese Spezialisierung macht die Population vom Rotkappensittich verwundbar, sodass bei einer Lebensraumzerstörung auch eine äußerst wichtige Grundlage für den Erhalt dieser Sittichart verloren gehen würde.

Im südöstlichen Teil des australischen Festlandes ist der **Schildsittich** beheimatet. Diese Art ist eng an das Vorhandensein größerer Bestände von *Eucalyptus camaldulensis* gebunden, die sich allgemein in flussnahen Wäldern und daran angrenzenden Überschwemmungsgebieten befinden.
Der **Klippensittich** ist eine weitere spezialisierte Art, deren Vorkommen sich ausschließlich auf die Küstenregionen und küstennahen Inseln im Süden und Süd-

Der Schildsittich ist im Südosten von Australien anzutreffen.

westen des australischen Festlands beschränkt. Hier bewohnen diese Sittiche Sanddünen, Mangrovengebiete, Salzwiesen, Marschland und Felsen. Selten sind die Vögel mehrere hundert Meter von der Küste entfernt anzutreffen.

Der **Erdsittich** bewohnt Heidestrauch- und Riedgras-Vegetation, Sumpfgebiete oder auch Grasland und Weiden in vereinzelten Gebieten des südlichen und östlichen Australiens sowie Tasmaniens. Bevorzugte Habitate dieser Vögel bestehen aus subtropischem, dicht mit Gras bewachsenem Heidestrauchland, in denen sie sich fast ausschließlich am Boden aufhalten und wo sie aufgrund ihrer perfekten Färbung sehr selten durch das menschliche Auge wahrgenommen werden.

Neuseeland war vor vielen Millionen Jahren einmal Teil der Antarktis; seitdem konnte sich dort eine von allen anderen Landflächen unabhängige Flora und Fauna entwickeln. Auf den beiden Hauptinseln trifft man auf teils sehr unterschiedliche Landschaftsformen. Lange Sandstrände, Mittelgebirgs- sowie Hochgebirgszüge, Hügellandschaften, Tiefebenen, Hochebenen, ausgedehnte Waldgebiete, Regenwälder, Auen- sowie atemberaubende Fjord-Landschaften, Gletscherzonen, Steppengebiete und Vulkane prägen das Landschaftsbild. In den Ebenen wird intensive Landwirtschaft betrieben und an anderen Orten Weidewirtschaft. Unterschiedliche Klimazonen erstrecken sich entlang der Nord-Süd-Ausdehnung des Landes.

Auf Neuguinea und den umliegenden Inseln haben mehrere Festland-Sitticharten wie zum Beispiel der Timor-Rotflügelsittich spezialisierte Inselformen ausgebildet.

Auf Neuseeland sind die Nominatformen vom **Ziegensittich** und auch **Springsittich** beheimatet. Diese beiden Sitticharten finden auf den beiden Hauptinseln Neuseelands und auch den vorgelagerten Inseln ihr Verbreitungsgebiet und bewohnen dort recht ähnliche Lebensräume, nämlich geschlossene Waldgebiete. Offenes Grasland wird aber zumindest vom Springsittich gemieden.

Die **ozeanischen Inseln** sind bis auf Neuseeland vulkanischen Ursprungs. Neuguinea, deren Westteil zu Indonesien gehört und im Osten aus dem unabhängigen Staat Papua-Neuguinea besteht, ist von einer Kette großer Gebirgsformationen durchzogen. Neuguinea besitzt die größten Tropenwaldgebiete der australasiatischen Region und weist die reichste Biodiversität außerhalb des Amazonas auf. Das Klima ist tropisch. Zu dieser Region zählen auch Neukaledonien und die Nachbarinsel Ouvéa – die Heimatgebiete des **Hornsittichs**. Dort lebt diese Sittichart in Feuchtwäldern, Savannengebieten und im Buschland bis in Höhen von 1.500 Meter.

Weiter östlich trifft man auf die Fidschi-Inseln, auf denen die beiden Spezies **Pompadour-** und **Glanzflügelsittich** sowie der Maskensittich anzutreffen sind. Die Fauna dort besteht zum größten Teil aus tropischen Regenwäldern, Savannenformationen und an den Küsten aus Mangroven.

Auf Neuguinea und den westlich davon gelegenen Inseln Halmahera, Seram, Buru, Taliabu, Mangole, Sanara sowie Peleng sind die Unterarten vom **Grünflügel-** und **Amboina-Königssittich** beheimatet. In den dortigen Regenwaldgebieten kommen diese Sittiche bis in Höhenlagen von 2.600 Meter vor. Die vom tropischen Klima geprägten indonesischen Inseln Timor und Wetar sind Teil der biogeografischen Übergangszone zwischen der asiatischen und australischen Flora und Fauna. Dort lebt der **Timor-Rotflügelsittich**, der ebenfalls baumbestandene Landschaftsformen als Lebensraum bevorzugt.

Ökologie und Verhalten

Von den hier beschriebenen Sitticharten sind einige in der Vergangenheit bereits gut erforscht worden, sodass beispielsweise vieles über deren soziale Organisationsformen und zahlreiche andere Aspekte der Interaktionen von Papageienvögeln mit ihrer Umwelt bekannt sind. Im Laufe ihrer Evolutionsgeschichte haben sich die verschiedenen Sitticharten recht gut ihren jeweiligen Lebensräumen und den dort vorherrschenden Bedingungen angepasst. Einige unter ihnen verkraften Veränderungen in ihren angestammten Habitaten relativ problemlos und andere reagieren wiederum sehr empfindlich auf etwaige Veränderungen in deren Umfeld.
Die australischen Sittiche und deren Verwandte aus dem ozeanischen Raum leben in der Regel paarweise, in Familienverbänden bis zu unterschiedlichen Gruppengrößen oder sogar in Schwärmen zusammen. Nur selten werden die hier lebenden Sittiche als Einzelgänger bezeichnet, wie beispielsweise der **Erdsittich**, der in seinem Lebensraum ein verborgenes Leben führt und dort pro Individuum eine gewisse Arealgröße für sich beansprucht. Die Erdsittiche verfügen über recht lange Läufe, die sie unter Umständen zu schnellen „Läufern" werden lassen – eine perfekte Anpassung an die Lebensweise dieser Vögel in der Heidestrauchvegetation Australiens.
Ein naher Verwandter des Erdsittichs ist der **Nachtsittich**. Er zählt zu den rätselhaftesten Erscheinungen der australischen

Avifauna und verlässliche Existenznachweise erfolgen bislang in der Regel nur über Todfunde. Der letzte derartige Fund ereignete sich im südwestlichen Queensland und wird auf den 17. September 2006 datiert; das dort tot aufgefundene Tier ist vermutlich nach einer Kollision mit einem Zaun ums Leben gekommen. Käme es nicht zu diesen unregelmäßigen Nachweisen, wäre der Nachtsittich schon seit vielen Jahren als ausgestorbene Spezies geführt worden.

Von einer wirklichen Schwarmbildung unter den australischen Sittichen kann eigentlich nur beim **Wellensittich** die Rede sein. Nach ausgiebigen Regenfällen finden sich zahlreiche Individuen dieser Spezies mitunter zu riesigen Ansammlungen zusammen, die nach älteren Berichten in der Vergangenheit sogar die Millionengrenze überschritten haben. Zuletzt zogen die Wellensittiche in der zweiten Jahreshälfte 2011 nach starken und lang anhaltenden Niederschlägen zu Tausenden durch die sonst trockenen Regionen der Nullarbor-Wüste im südlichen Australien.
Üblicherweise sondern sich die Paare der meisten anderen australischen Sitticharten zur Fortpflanzung etwas von der Gruppe ab, mit der sie sonst ihren Tagesablauf verbringen. Als Brutplätze werden vornehmlich Baumhöhlen bevorzugt. Arten wie der **Klippensittich** suchen ihre Neststandorte aber in Felsspalten sowie in Höhlen oder unter Vorsprüngen aus den Gesteinsformationen, die aus dem Meerwasser ragen. Die Brutplätze dieser Vögel befinden sich nicht ohne Grund überwiegend auf den küstennahen Inseln. In Küstennähe gibt es salzhaltige Böden. Die Samen und Früchte der darauf wachsenden Pflanzen dienen den Klippensittichen als Nahrungsgrundlage.
Die Brutreviere werden von einigen Spezies gegenüber Artgenossen und auch anderen Nistplatzkonkurrenten verteidigt. So zählen in dieser Hinsicht insbesondere die **Plattschweifsittiche** zu den aggressiven

Außergewöhnliche Neststandorte

Etwas ungewöhnliche Neststandorte wählen die ***Goldschultersittiche*** *für ihre Fortpflanzung. Das Brutareal dieser Sittiche ist an ein Vorhandensein von entsprechenden Termitenbauten gebunden, wobei die Goldschultersittiche eine Vorliebe für die konisch geformten Termitenhügel der Art* Amitermis scopulus *entwickelt haben. Die Goldschultersittiche brüten in solchen Termitenhügeln, wobei die Nisthöhlen darin allgemein jedes Jahr vom Weibchen neu gegraben werden. Diese Brutvorbereitung wird gegen Ende der Regenzeit ausgeführt; zu dieser Zeit ist das ansonsten harte Material der Termitenbauten etwas aufgeweicht, wodurch dem Weibchen die Grabarbeit enorm erleichtert wird. Die Brutkammer befindet sich am Ende des gegrabenen Tunnels. Termitenhügel sollen auch von dem als ausgestorben geltenden* ***Paradiessittich*** *als Nistplätze genutzt worden sein, wobei auch Baumhöhlen und Höhlen in Uferwänden als Brutstätte erwähnt worden sind.*

Weibchendominanz

*In Volierenhaltungen wurde bei **Königs-** und auch **Rotflügelsittichen** nachgewiesen, dass innerhalb einer Paarbindung in der Regel das Weibchen der dominantere und aggressivere Partner ist. Derartige Verhältnisse sind auch von anderen Papageien bekannt. So zeigen insbesondere Edelpapageien, Edelsittiche, Rotachselpapageien und Großschnabelpapageien eine solche Weibchendominanz – Arten, die den Königs- und Rotflügelsittichen verwandtschaftlich sehr nahe stehen. Üblicherweise stellt sich die Weibchendominanz im besonderen Maße außerhalb der Brutzeit dar. Die weiblichen Paarpartner halten ihre männlichen Artgenossen während dieser Zeit auf Distanz. Auf Annäherungsversuche der Männchen reagieren die Weibchen dann mit aggressiven Verhaltensweisen, was sich mit Beginn der Fortpflanzungsperiode jedoch wieder grundsätzlich ändert.*

Vögeln. Dieses gesteigerte Aggressionsverhalten während der Fortpflanzungsperiode ist bei vielen anderen Arten nicht zu beobachten. So bilden beispielsweise die auch sonst geselligen **Wellensittiche, Feinsittiche, Schmucksittiche** oder **Schwalbensittiche** während der Brutzeit enge soziale Gefüge und mitunter nisten selbst in einem Baum mehrere Brutpaare dieser Arten bei entsprechender Anzahl von Bruthöhlen. Koloniebruten in enger Nachbarschaft sind zum Teil auch von den Prachtsittichen bekannt.

Für ein erfolgreiches Brutgeschäft haben einige Sitticharten im Laufe ihrer Entwicklungsgeschichte sogar eine Art Zugverhalten entwickelt. Die **Schwalbensittiche** ziehen im September eines jeden Jahres in kleineren Gruppen vom australischen Festland die etwa 300 km lange Strecke über die Bass Strait nach Tasmanien und finden dort ihre Brutplätze. Auch der hochgradig gefährdete **Orangebauchsit-**

 Königssittiche gehören zu den Arten, bei denen die Weibchen das dominante Geschlecht darstellen.

tich tritt während seiner Brutperiode paarweise oder in kleinen Gruppen in Tasmanien auf, hier speziell im Southwest National Park. Für die Herbst- und Wintermonate ziehen diese Sittiche dann in den Norden und überwintern in den Küstengebieten von Victoria und Südaustralien. Ein ähnliches Zugverhalten zeigt auch der **Feinsittich**; dieser verbringt den Sommer im Süden Tasmaniens und an der Küste Südaustraliens. Den Rest des Jahres hält sich der Feinsittich im nördlichen Teil seines Verbreitungsgebiets auf.

Plattschweifsittiche – hier ein Strohsittich – zählen während der Brutzeit zu den aggressivsten Vertretern der australischen Sittiche.

Wieder andere Arten, wie beispielsweise der **Singsittich**, ziehen während der australischen Wintermonate vermutlich lediglich in tiefere Regionen, wo sie ausreichend Nahrung finden, wobei sich diese Vögel dann auch regelmäßig in Stallungen, Farmen, Scheunen und ähnlichen von Menschen geschaffenen Gebäuden aufhalten, um dort nach Getreide zu suchen.

Die Nahrungsressourcen führen bei vielen Sitticharten auch zu einer nomadisierenden Lebensweise. So werden einige Arten über Jahre in gewissen Landstrichen nicht mehr beobachtet, kommen zu dieser Zeit aber wieder in Gegenden vor, in denen sie schon lange nicht mehr gesichtet worden sind. Zu diesen Arten können einige Grassittiche gezählt werden, wie der **Schönsittich, Schmucksittich** und der **Glanzsittich**, aber auch der nahe verwandte **Bourkesittich** zeigt ein solches Verhalten. Sehr nomadisch leben auch die **Nymphensittiche**, deren Lebensweise und Schwarmgrößen von dem durch die unregelmäßigen Niederschläge bestimmten Nahrungsangebot in ihrem Umfeld abhängen. Auch die **Prachtsittiche** zeigen ein nomadenhaftes Verhalten.

Bourkesittiche gehören zu den wenigen Sitticharten, die auch dämmerungs- und teilweise sogar nachtaktiv sind.

Schwalbensittich – Sittich oder Lori?

Eine von den übrigen Sittichen abweichende Nahrungsgewohnheit zeigen die Schwalbensittiche. Ähnlich wie die Loris setzt sich deren Nahrung aus Blütenpollen und neben Früchten, Beeren, Grassamen, Insekten und deren Larven in geringem Maße auch aus Blütennektar zusammen. Ihre an der Spitze mit Papillen besetzte Zunge ist an diese Ernährungsweise bestens angepasst. Eine kleine Überraschung offenbarte sich Wissenschaftlern bei einer Forschungsarbeit im Jahr 2010, die sich unter anderem mit den Futterquellen für eine erfolgreiche Aufzucht der jungen Schwalbensittiche in ihrer Heimat befasste. Bei Untersuchungen der Kropfinhalte von 53 Nestlingen stellte man fest, dass neben dem vermuteten Nektar auch ein hoher Anteil an wirbellosen Tieren Bestandteil der täglichen Nahrung dieser Jungvögel war.

Die meisten anderen Sitticharten des australischen Festlandes gelten als Standvögel in den Zentren ihrer eigentlichen Verbreitungsgebiete, wobei es an den Rändern ihrer Lebensräume auch zu nahrungsbedingten Wanderungen kommen kann. Sicherlich auch aufgrund seiner spezialisierten Ernährung hat sich der **Rotkappensittich** zu einem Standvogel in Südwest-Australien entwickelt. Er besitzt eine sich nach vorn verjüngende Schädelform und einen schmalen hervorstehenden Schnabel. Diese spezielle Schnabelform befähigt diese Sittiche dazu, an die Samen des Marri *(Eucalyptus calophylla)* zu gelangen, die sich in harten, napfartigen Kapseln befinden, welche nur sehr schwer zu zerstören sind. Die Samen sind durch eine lippenartige Kapselöffnung erreichbar, allerdings nicht für jede Vogelart. Nachdem die Kapsel mit einem Fuß fixiert wurde, wird der verlängerte Oberschnabel des Rotkappensittichs in die Kapselöffnung eingeführt und durch das Drehen der Kapsel um ihre eigene Achse schließlich der begehrte Samen aus dem Inneren herausgeholt. Durch die besondere Form ihres Schnabels kommen diese Sittiche aber auch relativ komplikationslos an die Samen anderer Pflanzen, die sich ebenfalls in Kapseln oder Zapfen befinden und üblicherweise schwer zugänglich sind. Eine weitere Besonderheit dieser Spezies scheint der gelegentliche Verzehr von Blattflöhen zu sein. Die an einem Ast befindlichen und mit Blattflöhen befallenen einzelnen Blätter werden vorsichtig von den Rotkappensittichen durch die beiden Schnabelhälften gezogen, die Insekten dadurch abgestreift und schließlich verzehrt. Allgemein beginnt der Tagesablauf für die meisten Sittiche mit der Wasseraufnahme, nach der sich die Vögel auf die Nahrungssuche begeben. Während der sengenden Mittagshitze verbringen die meisten Vögel einige Zeit im Schatten der Bäume oder auch in Gebäudeteilen. Daran schließt sich am Nachmittag eine erneute Aktivitätsphase an, die wiederum von der Nahrungsaufnahme geprägt ist. Mit Eintritt der Dunkelheit suchen die Sittiche schließlich ihre Schlafplätze auf.

Laufsittiche wie dieser Ziegensittich haben besonders kräftig ausgebildete Läufe.

Eine Ausnahme bildet hierbei der **Bourkesittich**. Bei dieser Spezies wurde eine dämmerungs- und auch eine teilweise nachtaktive Lebensweise an den Wasserstellen nachgewiesen. Während der Tageszeit sind diese Sittiche eher unauffällig und verhalten sich sehr ruhig. In der Dämmerungsphase und auch einige Stunden nach Sonnenuntergang sowie in der Zeit vor Sonnenaufgang wurden Bourkesittiche des Öfteren beim Aufsuchen der Wasserstellen beobachtet, oft in großer Anzahl. Wissenschaftler vermuten, dass die Sittiche mit diesem dämmerungsaktiven Verhalten einen Schutzmechanismus vor Fressfeinden entwickelt haben. Andererseits sind Bourkesittiche aber auch tagsüber beim Aufsuchen von Wasserstellen beobachtet worden.

Einige Besonderheiten weisen auch die **Laufsittiche** auf. Diese kleinen Sittiche können sich verschiedensten Lebensräumen zwar anpassen, sind jedoch aufgrund ihrer teilweise erdbodennahen Lebensweise durch eingeschleppte Beutegreifer in ihrem Erhalt bedroht. Auf dem Boden zeigen diese Sittiche eine Eigenart, durch die sich bei ihnen in der Zeit ihrer Entwicklungsgeschichte anatomisch besonders kräftig ausgebildete Läufe und Zehen gebildet haben. Die **Ziegen-** und auch **Springsittiche** scharren und kratzen auf der Erde, ähnlich wie Hühnervögel.

Sollen an dieser Stelle Besonderheiten hervorgehoben werden, dann darf keinesfalls das Balzverhalten der **Hornsittiche** vergessen werden. Durch die verlängerten Scheitelfedern des Hornsittichs wirkt die

Der Hornsittich fällt durch seine Scheitelfedern auf, die bei der Balz eine wichtige Rolle spielen.

Balz dieser Vögel etwas ausgefallen. Beide Paarpartner verbeugen sich mit Beginn der Fortpflanzungszeit stetig voreinander. Durch das ruckartige Senken des Kopfes fallen die Scheitelfedern des Kopfes nach vorn. Die Kopfbefiederung spielt als Bestandteil des Balzverhaltens bei den Papageienvögeln nur noch bei den Kakadus (einschließlich des Nymphensittichs) mit ihrer aufrichtbaren Haube eine wesentliche Rolle.

Status und Bedrohung

Die Umwelt ist in zahlreichen Gegenden unserer Erde einem ständigen Wandel unterworfen. Insbesondere dort, wo sich der Mensch angesiedelt hat, ist oft das natürliche Gleichgewicht aus den Fugen geraten. Anthropogen verursachte Einflüsse zerstören Lebensräume häufig nachhaltig, woran sich nicht selten ein Artensterben anschließt. Bestes Beispiel für einen derartigen Raubbau an der Natur sind die ehemals großen Regenwaldgebiete unseres Planeten. Aber auch die vielen unterschiedlichen Landschaftsformen Australiens haben lange Zeit auf die Entstehung einzelner Spezies gewirkt, ihre Lebensweise und Verhaltensformen geprägt und letztendlich dazu beigetragen, dass sich dort über lange Zeit Artpopulationen gebildet und vor allem auch erhalten haben.

Mit der Besiedlung des australischen Festlands und Neuseelands durch die Europäer wurde dort auch bald eine intensive Landwirtschaft betrieben, wodurch sich Landschaftsformen veränderten und manche Tierarten infolgedessen derart in ihrem Bestand reduziert wurden, dass einige inzwischen ausgestorben und somit für immer von der Erde verschwunden sind. Aber nicht nur die intensiv betriebene Landwirtschaft und die damit einhergehende Vernichtung der natürlichen Habitate wirken sich nachteilig auf das Überleben einzelner Arten aus. Auch Konkurrenten und Fressfeinde, die unter anderem durch die Europäer oder mitunter schon zuvor durch Völker aus dem ozeanischen Raum in die Verbreitungsgebiete der australischen und ozeanischen Sittiche eingeschleppt worden sind, vermehrten sich drastisch und sind schon lange zu einer ernst zu nehmenden Plage geworden.

Viele flugunfähige oder oft am Boden lebende Vogelarten Neuseelands, wie beispielsweise der **Eulenpapagei** oder der **Ziegensittich**, sind durch Ratten sowie verwilderte Hauskatzen und Hunde auf den beiden Hauptinseln Neuseelands stark dezimiert, manche auch ausgerottet worden. Mit aufwendigen Projekten werden dort nun Gebiete für die Wiederansiedlung von Arten vorbereitet, die auf den vorgelagerten Inseln Neuseelands noch eine letzte Zuflucht gefunden haben.

Es muss an dieser Stelle aber auch erwähnt werden, dass das Erscheinen des Menschen und seine Eingriffe in die Natur nicht immer einen Nachteil für die Avifauna nach sich ziehen müssen. Es gibt einige Beispiele, in denen von zunehmenden

Populationszahlen bei einigen Papageienarten des australischen Festlands berichtet wird, die sich an die intensiv betriebene Landwirtschaft und die damit verbundene Anlage zusätzlicher Wasserstellen der Australier gewöhnt und sich diese im vollen Umfang zunutze gemacht haben.

Aber nicht immer wirkte sich das tatsächlich positiv auf die Bestandsentwicklung einzelner Spezies aus, denn oft wurden und werden einige Papageienarten in verschiedenen Bundesstaaten Australiens immer noch als Ernteschädlinge verfolgt und erbarmungslos geschossen oder vergiftet. Es steht fest, dass in der Gegenwart einige Papageienarten in Australien und Ozeanien noch recht häufig in ihren ursprünglichen Verbreitungsgebieten vorkommen, andere dagegen nur mit geeigneten, vom Menschen organisierten Strategien überleben können. Auf Letztere soll an dieser Stelle etwas genauer eingegangen werden.

Viele Sitticharten Australiens und Ozeaniens – wie beispielsweise Singsittiche – sind gegenwärtig erfreulicherweise im Freiland noch nicht bedroht.

Der **Goldbauch-** oder **Orangebauchsittich** ist inzwischen zum seltensten Sittich Australiens geworden. Nach Angaben von BirdLife International aus dem Jahr 2010 sollen insgesamt keine 50 Individuen mehr in ihren angestammten Habitaten leben. Die Hauptgründe für diese enorme Reduzierung der Bestandszahlen dürften die Verknappung des Lebensraums in den Überwinterungsgebieten dieser Art sein, hervorgerufen durch eine ausgedehnte Weidewirtschaft und einen zunehmenden Ackerbau, sowie die städtische und industrielle Entwicklung. Nahrungs- und auch Brutplatzkonkurrenten sind ein weiterer Grund für die negative Bestandsentwicklung. Aber auch Todesfälle, die durch zufällige Ereignisse wie plötzlich auftretende Stürme während der Wanderungen der Orangebauchsittiche von Tasmanien auf das australische Festland und umgekehrt oder durch Krankheiten hervorgerufen werden, wirken sich deutlich auf diese kleine Population aus. Hinzu kommen die Bedrohung durch Füchse oder Katzen sowie der Rückgang der noch verbliebenen Heidemoor-Landschaften.

Washingtoner Artenschutzabkommen (WA)

*Am 3. März 1973 unterzeichneten die ersten Mitgliedsländer das Übereinkommen zu dem internationalen Handel mit gefährdeten Arten frei lebender Tiere und Pflanzen. Dieser Konvention, nach der englischen Übersetzung kurz **CITES** genannt, traten bislang 175 Staaten bei. Ziel dieses Übereinkommens ist es, den internationalen Handel – eine der relevantesten Gefährdungen für den Bestand wild lebender Tiere und Pflanzen – zu überwachen und zu reglementieren. In der Europäischen Union findet die VO (EG) Nr. 338/97 des Rates Anwendung, die inhaltlich die Bestimmungen des WA übernommen hat, sodass die EU-Mitgliedstaaten bereits mit Anwendung dieser Verordnung ihren Verpflichtungen aus dem WA nachkommen. In der Bundesrepublik Deutschland wurde diese EU-Verordnung mit der Bundesartenschutzverordnung jedoch noch einmal verschärft und erweitert.*

*Laut CITES werden die bekannten frei lebenden Tier- und Pflanzenarten in drei Gruppen unterteilt. Im **Anhang I** werden die unmittelbar bedrohten Arten aufgelistet; so sind dies von der Ausrottung bedrohte Arten, die durch den Handel beeinträchtigt werden oder beeinträchtigt werden könnten, sowie Arten, die nach Ansicht der Europäischen Union im internationalen Handel so gefragt sind, dass jeglicher Handel deren Überleben gefährden würde. Der **Anhang II** enthält die Arten, deren Situation im Freiland eine weitestgehend geordnete wirtschaftliche Nutzung unter wissenschaftlicher Kontrolle zulässt und Arten, die weltweit in solchen Mengen gehandelt werden, dass das Überleben der jeweiligen Spezies oder deren Populationen in bestimmten Ländern gefährdet sein könnte. Der **Anhang III** enthält alle übrigen Tier- und Pflanzenarten, für die in einzelnen Staaten besondere Bestimmungen gelten.*

Auf die Situation des **Ziegensittichs** wurde in diesem Kapitel bereits kurz eingegangen. Diese Art wird zu Tausenden in Menschenobhut gehalten und dort überaus erfolgreich vermehrt. In seiner ursprünglichen Heimat kann diese gute Reproduktionsfähigkeit der Ziegensittiche allein allerdings nicht mehr dazu beitragen, die Freilandpopulation zu erhalten. Die gezielte flächenmäßige Ausrottung von in Neuseeland eingeschleppten Tierarten und die anschließende kostenintensive Sicherung solcher Gebiete stellt die Verantwortlichen dort vor eine große Aufgabe.
Ein Projekt macht seit einiger Zeit von sich reden: „Arc in the Parc" wird dort eine Initiative bezeichnet, die auf einem 1.900 Hektar großen Areal im Cascade Kauri Park und im Auckland's Waitakere Ranges Regional Park im nördlichen Neuseeland

verwirklicht werden soll. Seit 2003 hat man dort mit Giftködern und Fallen eingeschleppte Konkurrenten der neuseeländischen Tierwelt beseitigt und ein gut gesicherter Zaun soll nun eine erneute Zuwanderung verhindern helfen. Damit besteht eine gute Aussicht, dem Ziegensittich, dessen Bestand gegenwärtig auf unter 25.000 Individuen geschätzt wird, auf den Hauptinseln Neuseelands wieder eine Heimat zu geben.

Der **Goldschultersittich** besitzt durch seine Brutplatzwahl eine besondere Stellung innerhalb der Gruppe der australischen Sitticharten. Sein relativ kleines Verbreitungsgebiet gibt gegenwärtig gerade einmal 2.000 Individuen eine Heimat, so die Schätzungen von BirdLife International. Spielte in der zweiten Hälfte des vorigen Jahrhunderts noch der Fang für den illegalen Vogelmarkt eine wesentliche Rolle bei der Dezimierung der Bestände dieser Art, sind es in der heutigen Zeit die veränderten Habitate und das vermehrte Vorkommen von Fressfeinden.
Goldschultersittiche bevorzugen offene Landschaften mit einjährigen Gräsern als Bodendecker. Die zu den Myrtenheiden zählende Baumart *Melaleuca viridiflora* konnte in diesen Landschaftsformen durch die Brandrodungen des Menschen sehr schnell dichte Dickichte bilden, die von den Goldschultersittichen jedoch allgemein gemieden werden. Die Ausweitung dieser Myrtenheidengewächse gilt gegenwärtig als Hauptursache für den Rückgang der Goldschultersittichpopulation, damit

Der Goldschultersittich ist in seiner Heimat ernsthaft bedroht.

zusammenhängend auch die Zunahme der Schwarzkehl-Würgatzel *(Cracticus nigrogularis)*, einer Art aus der Familie der Rabenvögel, die zu den Fressfeinden dieses Sittichs gezählt wird und in den Dickichten eine deutlich bessere Möglichkeit hat, junge, aber auch adulte Goldschultersittiche zu schlagen. Auch die Beschädigung von Termitenhügeln als wichtige Brutplätze des Goldschultersittichs führt zu weiteren Populationsdezimierungen; weiterhin kommt es zu Verlusten durch Katzen.
In der Gegenwart versucht man, in bestimmten Teilen der Verbreitungsgebiete

des Goldschultersittichs seine Bestände zu stabilisieren. So werden Grasflächen von der Viehbeweidung verschont und somit die Nahrungsgrundlage erhalten; die Brandrodungsaktivitäten werden in diesen Gegenden nicht mehr wahllos betrieben und man entfernte in der Nähe der Termitenbauten sämtliche Dickichte.

Auch der **Chatham-Springsittich** ist vom Aussterben bedroht. Seine Gesamtpopulation wird derzeit auf 800 bis 1.000 Exemplare geschätzt. Das Vorkommen dieser Art beschränkt sich nur noch auf die zur Chatham-Inselgruppe gehörenden Inseln Mangere und Little Mangere. Waren vor Jahren die abgeholzten Waldgebiete die Hauptursache für die Bestandsrückgänge, sind es in der Gegenwart noch ganz andere Probleme, die zur weiteren Dezimierung der Gesamtpopulation beitragen. So sind Prädatoren eine weitere Ursache dafür, aber auch die zunehmende Hybridisierung mit der Ziegensittichunterart *Cyanoramphus novaezelandiae chathamensis* bereitet den Wissenschaftlern große Sorge. Auf die Entstehung von Mischlingen versuchte man in der Vergangenheit vereinzelt einzuwirken und auch Gebiete auf der Insel Mangere wurden rekultiviert, um diesen Sittichen dort wieder ihre ursprünglichen Habitate zu bieten.

Zuvor wurde der **Nachtsittich** bereits als eine außergewöhnliche Erscheinung des australischen Festlandes erwähnt. Über seine tatsächliche Bestandsgröße weiß man so gut wie gar nichts. Man schätzt die Gesamtpopulationsgröße auf unter 50 Exemplare, obwohl es hierfür keinerlei handfeste Beweise gibt. Derzeit strengen einige Wissenschaftler Überlegungen zu einer besseren Nachweisführung beim Nachtsittich an. Man vermutet, dass die Bestände dieser Vogelart ebenfalls im Abnehmen begriffen sind, da sich die weiträumigen Lebensraumveränderungen und der Verfolgungsdruck von natürlichen Feinden nachhaltig auf die Population des Nachtsittichs auswirken müssten. Nach der Datenlage der IUCN wird der Nachtsittich gegenwärtig als vom Aussterben bedroht eingestuft.

Der **Ouvéa-Hornsittich** bevölkert die zu Neukaledonien gehörende Insel Ouvéa, die etwa eine Grundfläche von 150 km^2 hat. Hier leben noch schätzungsweise 750 Individuen in den Waldgebieten. Auf ein Leben im Wald und den daran angrenzenden Landschaftsformen angewiesen ist diese Art bei anhaltender Vernichtung ihres Lebensraums existenziell bedroht. Das Abholzen der Waldgebiete auf Ouvéa ist nur ein Teil der Bedrohung für den Ouvéa-Hornsittich. Weiterhin kommen dafür Nistplatzkonkurrenten infrage, wie beispielsweise Bienen, die bei Zählungen in den Jahren 2000 bis 2002 etwa 10 Prozent der Baumhöhlen und somit potenzielle Brutplätze dieses Sittichs besetzten. Es wird auch angenommen, dass einige Jungvögel dieser Sittichart dem Bänderhabicht *(Accipiter fasciatus)* zum Opfer fallen.

Wie der Ziegensittich ist auch der **Schwalbensittich** eine Art, die in Menschenhand

inzwischen fest etabliert ist. In seiner australischen Heimat soll sich der Bestand jedoch unterhalb von 2.500 Individuen bewegen, mit abnehmender Tendenz. Grund für diese Entwicklung liefern wieder Lebensraumzerstörungen. So verschwindet der Blaue Eukalyptus *(Eucalyptus globulus)* als wichtiger Brutbaum dieser Vögel auf Tasmanien zugunsten von landwirtschaftlichen Nutzflächen, neu entstehenden Wohngebieten, Plantagenpflanzungen oder als Produkt für die Holzindustrie. Über 50 Prozent der ursprünglichen Bestände von dieser Eukalyptusart sind bereits abgeholzt. Hinzu kommt die auf Tasmanien immer weitere Bestandszunahme des Europäischen Stars *(Sturnus vulgaris)*, der als ernst zunehmender Nistplatzkonkurrent bei immer weniger Brutbäumen zukünftig eine wesentliche Gefahr für die weitere Populationsentwicklung vom Schwalbensittich werden dürfte.
Diese Art ist noch im Anhang II des WA gelistet; alle zuvor in diesem Kapitel aufgeführten Sitticharten werden derzeit im Anhang I des WA geführt. Die übrigen in diesem Buch behandelten Arten kommen in ihren Heimatländern in mehr oder weniger stabilen Beständen vor und sind daher bislang nicht in den Anhängen des WA geführt.

Hornsittiche sind nicht mehr ganz so stark gefährdet wie die eng verwandten Ouvéa-Hornsittiche.

Aufgrund seiner wunderbaren Zeichnung ist der Adelaidesittich ein beliebter Volierenvogel.

Australische Sittiche in Menschenobhut

Papageien sind bereits seit vielen Jahrzehnten in Menschenobhut und immer wieder faszinierten diese Lebewesen durch ihre Farbenpracht, Intelligenz und Vertrautheit. So ist es nicht außergewöhnlich, dass Papageien beispielsweise in Werken von Aristoteles, Conrad Gesner, Georges Louis Le Clerc Buffon und später Alfred Edmund Brehm immer schon eine Art Sonderstellung einnahmen. Doch zogen bislang insbesondere die größeren Papageienarten den Menschen in ihren Bann, wie beispielsweise die Aras, Kakadus, Amazonen und Graupapageien. Zahlreiche unglaubliche Geschichten wusste man bereits zur damaligen Zeit über diese Vögel zu berichten.

Geschichte ihrer Haltung in Europa

Die ersten australischen Sittiche bzw. deren Verwandte aus dem pazifischen Raum gelangten 1831 in den Zoo London. Es handelte sich damals um den **Einfarblaufsittich** *(Cyanoramphus unicolor)* von Neuseeland. Besonders die öffentlichen Ausstellungen in Zoos und der Öffentlichkeit zugänglichen Menagerien machte die exotische Vogelwelt ab dieser Zeit für breite Bevölkerungskreise zugänglich. Immer neue Arten wurden in diesen Tierkollektionen gezeigt und selbstverständlich entwickelte sich dadurch bei vielen Menschen auch der Wunsch, diese exotischen Vögel zu besitzen. Allerdings war der Besitz von Papageienvögeln zu dieser Zeit immer noch ein Privileg der reicheren Gesellschaftsschichten, denn die meisten Groß-

Der Siegeszug des Wellensittichs

1840 führte der berühmte Forschungsreisende John Gould ein Paar Wellensittiche in England ein. Später wurden diese Vögel zu Tausenden nach Europa gebracht und schon bald erlangten diese munteren Vögel eine große Verbreitung. Massenimporte sorgten zunächst für die Deckung des Bedarfs, was allerdings zu einem schnellen Preisverfall führte. So sollen von einem Londoner Händler allein in dem Zeitraum von Juli 1878 bis Januar 1879 insgesamt 187.448 Wellensittiche verschifft worden sein. Im Jahr 1846 gelang in Frankreich die Erstzucht dieses kleinen Sittichs und bereits um 1880 führte die große Nachfrage zur Gründung der ersten kommerziellen Massenzuchten in England, Frankreich und Deutschland. Der Wellensittich war aufgrund der zahlreichen Importe und der leichten Vermehrung recht preiswert in seiner Anschaffung und so ermöglichte es diese Entwicklung schließlich auch den weniger betuchten Bevölkerungsschichten, einen Teil der exotischen Vogelwelt in das eigene Heim zu integrieren. Ein Siegeszug begann. Heute ist der Wellensittich die vermutlich am häufigsten gehaltene Papageienart weltweit. Es existieren inzwischen zahlreiche in Größe, Farbe und Gefiedermerkmalen von der Wildform abweichende Zuchtformen.

Wellensittiche sind die am meisten gehaltenen Sittiche der Welt und werden heute in vielen Farbschlägen gezüchtet.

papageien waren sehr teuer. Erst mit zunehmenden Importzahlen änderte sich auch das Preisniveau, meist aber nur für die kleineren Sitticharten.

Neu eintreffende Sitticharten aus dem australischen Raum gelangten anfangs hauptsächlich in den Zoo London, denn von der britischen Kolonie kamen regelmäßig Handelsschiffe in die englischen Hafenstädte und die Matrosen verdienten sich mit dem Tierhandel ein kleines Zubrot zu ihrer geringen Heuer. In der Mitte des 19. Jahrhunderts nahmen der Handel, das Gewerbe und der Verkehr eine schnelle Entwicklung. Neue Regionen wurden bereist und erforscht. Dabei wurden schließlich auch zahlreiche bis dahin unbekannte Vogelarten entdeckt, die sehr oft auch gefangen und danach an die gut zahlenden Händler in den europäischen Hafenstädten verkauft wurden. Bei den Menschen in Europa entwickelte sich zu dieser Zeit ein besonderer Reiz für alles Exotische und bislang Fremde. So wurden insbesondere die Papageien Teil eines Sinnbilds ferner Länder und der Handel mit dem lebenden Tier erwies sich bald schon als lohnende Geschäftsidee.

Dennoch waren die australischen Sittiche anfangs lange nicht so beliebt wie die sprachbegabten Großpapageien, die zur Gesellschaft des Menschen in engen, aber großzügig verzierten Käfigen oder angekettet auf Bügeln gehalten wurden. Der damals wohl einzige Vorzug dieser Sittiche war deren Farbenpracht, nach der die australischen Sittiche auch gern als Prachtsittiche bezeichnet wurden. Die Vogelhaltung beschränkte sich Mitte bis Ende des 19. Jahrhunderts im Allgemeinen zumeist auf Einzeltierhaltungen. In den Zoos und bei wenigen Privathaltern wurden hingegen auch Paare vergesellschaftet, woraufhin sich im Laufe der Zeit erste Vermehrungserfolge bei verschiedenen Arten einstellten.
Zur Entwicklung der Vogelhaltung und -zucht in den Privathaltungen trug Karl Ruß, der deutsche Altmeister der Vogelpflege, in fast schon revolutionärer Weise bei. Er hielt zahlreiche Vogelarten in seinem Wohnumfeld und stellte mit all diesen Vögeln Vermehrungsversuche an; darunter

befanden sich auch verschiedene australische Sitticharten.
Anfangs in Käfigen und später auch in Vogelstuben hielt Karl Ruß Vögel in Gesellschaften unterschiedlicher Arten zusammen. Er beobachtete seine Pfleglinge ausgiebig in ihrem Verhalten sowie ihrer Brutbiologie und notierte sich wichtige Eckpunkte seiner Erkenntnisse. Aber auch seine persönlichen Kontakte zu anderen Vogelhaltern brachten ihm immer wieder neue Informationen über die Pflege und Vermehrung unterschiedlichster Vogelarten ein, die er später in seine Buchveröffentlichungen mit einfließen lassen konnte und auch regelmäßig in der 1871 erstmals erschienenen *Gefiederten Welt* publizierte. Die zahlreichen Veröffentlichungen dieser Erfahrungswerte erweckten bei einem großen Personenkreis den Wunsch, sich mit der Vermehrung von Vögeln zu befassen. Hier wurde den australischen Sittichen schließlich eine besondere Rolle zuteil. Diese Vögel galten bereits zu Ruß' Zeiten als relativ leicht zu züchten, waren zu jener Zeit immer noch durch die anhaltend hohen Exportzahlen ständig im Handel vertreten und gelangten somit vermehrt in den Fokus der schnell wachsenden Züchtergemeinde. Aber das im Jahr 1894 erlassene Exportverbot Australiens für dort heimische Vögel wirkte sich zunächst negativ auf diese Entwicklung aus. Vorerst waren die Liebhaber der australischen Sittiche bei Anschaffungswünschen auf die Nachzuchten innerhalb Europas angewiesen, aber dennoch gelangten immer wieder Wildfänge in den hiesigen Handel. Die Durchsetzung dieses Verbots bereitete in Australien offensichtlich Schwierigkeiten, denn Jahrzehnte später waren dort sogar wieder hauptberufliche Vogelfänger damit beschäftigt, massenhaft Vögel für den Export zu fangen. Von vielen Sitticharten Australiens konnten so nach den Kriegswirren stabile Volierenbestände aufgebaut werden. Das Importgeschehen nahm in Europa jedoch einen deutlichen Wandel, als die australische Regierung am 1. Januar 1960 ein totales Ausfuhrverbot für alle Arten an Säugetieren, Vögeln, Reptilien, Amphibien, deren Erzeugnisse und Pflanzen in Kraft setzten und dieses fortan streng überwacht wurde.

Viele Sittiche haben relativ schnell in ihrer Zuchtgeschichte Farbmutanten hervorgebracht – hier ein gelb gescheckter Ziegensittich.

Nach wie vor sind die australischen Sittiche anteilmäßig am häufigsten in den Zuchtanlagen der europäischen Vogelzüchter vertreten. Einige Arten, wie der **Wellensittich** und natürlich auch der **Nymphensittich**, wurden fortan in großen Zahlen für den Heimtierbedarf gezüchtet. Immer wieder wurden aber auch die selteneren und schwieriger zu züchtenden Arten, wie der **Hornsittich**, der **Goldschultersittich**, der **Amboina-Königssittich** oder der **Timor-Rotflügelsittich**, zum Objekt der Begierde in Züchterkreisen. Diese Arten wurden und werden jedoch zumeist von spezialisierten Züchtern gehalten, die auch bereit waren, entsprechende Kaufsummen für diese Vögel zu zahlen.

Durch die leichte Vermehrung einiger Arten ist es im Laufe der Zeit auch zu vielen Farbmutationen unter den australischen Sittichen gekommen, die durch Selektion gezielt weitergezüchtet wurden und in den Beständen der darauf spezialisierten Züchter eine schnelle Verbreitung fanden. Für neue Farbschläge werden mitunter Kaufsummen im vierstelligen Bereich gezahlt und so verlassen solche Sittiche inzwischen auch wieder Europa in Richtung Nordamerika, Asien oder Südafrika, wo die neuen finanzkräftigen Besitzer für eine weitere Verbreitung dieser farbveränderten Vögel sorgen.
Nach wenigen Jahren, wenn der Markt gesättigt ist, werden für diese farblich mutierten Vögel dann nur noch Summen im zwei- oder höchstens dreistelligen Bereich verlangt.

Die Palette der farblich veränderten Vögel vergrößert sich ständig und bei manchen australischen Sitticharten kann der Laie jetzt schon sehr leicht die Übersicht über die zahlreichen Mutationsformen verlieren. Durch dieses Handeln ist es bei vielen Arten heute leider kaum noch möglich, mutationsfreie Exemplare zu erhalten. Insbesondere die **Grassittiche, Laufsittiche, Wellensittiche** und **Nymphensittiche** sind von dieser Entwicklung betroffen. Selektionszucht findet aber auch auf einem anderen Gebiet der Vogelzucht statt, nämlich im Ausstellungswesen. In diesem Teil der züchterischen Bemühungen wurden in der Vergangenheit besondere Farbmerkmale bei den Vögeln gezielt herausgezüchtet und Wert auf bestimmte Körperproportionen gelegt. Als trauriges Beispiel kann hier der **Wellensittich** genannt werden. Besonders große Wellensittiche werden meist für Vogelausstellungen gezüchtet, weshalb man diese Vögel allgemein auch als Schauwellensittiche bezeichnet. Solche Vögel müssen einem vorgegebenen Standard entsprechen und der „beste“ Vogel geht aus derartigen Bewertungsvergleichen als Sieger hervor. Dieser Standard bezeichnet keineswegs die Standardform, also den wilden Wellensittich, sondern ein vom Menschen festgelegtes, künstliches Zuchtideal. Der in Australien lebende Wellensittich besitzt eine Körperlänge von etwa 18 cm und der Schauwellensittich-Standard sieht bei seinen Artgenossen aus den Zuchtanlagen gegenwärtig eine Länge von mindestens 21,6 cm vor, gemessen von der Stirn bis

Die Selektions- und Mutationszucht hat gerade bei der Wellensittichzucht skurrile Formen angenommen. Das Ergebnis sind häufig kaum noch flugfähige und verfettete Vögel, denen meist nur ein kurzes Leben beschieden ist.

zur Schwanzspitze. Nicht selten sind unter Letzteren Exemplare von mehr als 24 cm Länge zu finden. Durch die der größeren Gesamtlänge parallel erhöhte Körpermasse stellt sich bei derart großen Schauwellensittichen eine gewisse Lethargie ein; die Balz- und Fortpflanzungsaktivitäten sowie die Befruchtungsrate sind reduziert. Auch eine niedrigere Lebenserwartung gegenüber dem Wildtyp wird diesen Wellensittichen nachgesagt.

Ebenfalls zur Haltungsgeschichte der australischen Sittiche gehört aber auch die Tatsache, dass einige Arten aus Gleichgültigkeit oder Experimentierfreude ihrer Besitzer in der Vergangenheit gekreuzt wurden. Die Resultate dieses unverantwortlichen Umgangs mit den Geschöpfen sind nicht selten fortpflanzungsfähig und somit in der heutigen Zeit immer noch präsent. Hybriden tauchen bei dieser Sittichgruppe des Öfteren nach Kreuzungen von **Ziegen-** und **Springsittich** oder auch von **Fein-** und **Schmucksittich** auf, sodass es mitunter sehr schwierig ist, artenreine Individuen solcher Arten zu finden. Die Vermischungen von Unterarten einzelner Spezies sind dann wohl eher auf die Unwissenheit einzelner Züchter zurückzuführen und in der Gegenwart, so viele Jahre nach dem Ausfuhrverbot, kaum noch regenerierbar.
Bei einigen Arten ist die Ausgangssituation für den Aufbau einer artenreinen Population in Menschenhand aber noch

Viele australische Sitticharten haben sich in der Vergangenheit gut in Menschenobhut züchten lassen wie zum Beispiel die Schmucksittiche.

gegeben. Daher kann hier noch mit dem Versuch begonnen werden, diese Vögel so zu vermehren, wie sie in ihrer Heimat als Naturformen anzutreffen sind. Koordinierte Zuchtprojekte sind hierbei der wohl einzig richtige Weg.

Was aber auch bei vielen Sitticharten des australischen Festlands oder dem pazifischen Raum als positiv bewertet werden muss, ist ihre Vermehrungsbereitschaft in Menschenobhut, die einige Arten im Laufe ihrer Haltungsgeschichte zu perfekten Anfängervögeln werden ließ. So ist es mittlerweile fast schon zur Tradition geworden, dass erste Erfahrungen mit Wellen- und Nymphensittichen bei vielen Menschen zur Anschaffung weiterer Papageienarten führen, die nicht nur durch die Bereitstellung geeigneter Nistmöglichkeiten mit der Fortpflanzung beginnen. Die Menschen sammeln über solche Vögel erste Erfahrungen, beschäftigen sich noch intensiver mit den Bedürfnissen ihrer Pfleglinge und suchen auch in der Vermehrung von schwieriger zu züchtenden Arten neue Herausforderungen.
Die Vermehrung von Papageienvögeln bietet jedem Interessierten inzwischen ein breites Betätigungsfeld; dazu haben ohne Zweifel ganz maßgeblich auch die australischen Sitticharten beigetragen.

Motivationen der Halter

Die Vogelhaltung bietet in der Gegenwart eine Vielzahl von Möglichkeiten, sich sinnvoll mit lebenden Kreaturen zu beschäftigen. Nicht immer finden aber die verschiedenen Aktivitäten von Vogelzüchtern und -haltern die gewünschte Akzeptanz in der breiten Masse und teilweise arbeiten einzelne Interessensgruppen sogar konträr. Nachfolgend soll der Versuch einer Darstellung unternommen werden, wie sehr sich die gemeinsame Zielrichtung „Vermehrung" bei einigen Züchtergruppen unterscheiden kann.
Dabei soll auf die differenzierten Motivationen dieser Gruppierungen eingegangen

werden und auf die lang anhaltenden Folgen ihres Handelns.
Die australischen Sitticharten sind in der Gegenwart immer noch die zahlenmäßig dominante Gruppe unter allen Papageienvögeln. Dies liegt zum größten Teil daran, dass der Heimtierbedarf nach wie vor aus zahlreichen Nachzuchten von Wellen- und Nymphensittichen gedeckt wird und dass die Popularität der australischen Sittiche in den vergangenen Jahrzehnten glücklicherweise nicht verloren gegangen ist.
Das **farbenprächtige Erscheinungsbild** vieler Arten unterscheidet die australischen Vertreter beispielsweise von ihren Verwandten aus den amerikanischen Verbreitungsgebieten, aber auch ihre **angenehmen Stimmlaute** bieten Vorzüge, die in der heutigen Gesellschaft scheinbar immer mehr an Bedeutung erlangen.
Außerdem sind die **anspruchslose Haltung und Ernährung** sowie die **leichte Vermehrung** in Menschenobhut weitere Gründe für die enorme Verbreitung dieser Sittiche in europäischen Haltungen. Aber auch ihre Mutationsbereitschaft und die Zucht für Bewertungsschauen lassen diese Vögel in gewissen Züchterkreisen attraktiv erscheinen und hier und dort sogar zu wahren Spekulationsobjekten werden.
Eine Art, die alle diese Charaktereigenschaften in sich vereint, ist der Wellensittich. Millionenfach wird dieser kleine Sittich als Heimtier in europäischen Wohnungen gehalten und erfreut viele Menschen durch sein munteres Wesen, seine Zutraulichkeit und mitunter auch durch ein gewisses Nachahmungstalent. Nach Schätzungen ist davon auszugehen, dass gegenwärtig allein in Deutschland pro Jahr etwa 500.000 Wellensittiche gezüchtet werden, um unter anderem die vorhandene Nachfrage als Käfigvogel zu decken. Solche Wellensittiche sind nicht selten das Zuchtergebnis von Anfängern oder einfach auch nur von Menschen, die den Wellensittich als Nebenbesatz in einer Voliere pflegen und sich an dem munteren Verhalten dieser kleinen Sittiche erfreuen, ohne damit genau definierte Zuchtziele zu verfolgen.

Der Schauwellensittich

Schauwellensittiche für die Bewertungsschauen erhält man hingegen nahezu ausschließlich von spezialisierten Züchtern. Diese Exemplare kosten in ihrer Anschaffung bereits wesentlich mehr als ihre deutlich kleineren Artverwandten. Sogenannte Qualitäts-Schauwellensittiche sind für Preise ab etwa 250,- Euro zu bekommen; mitunter werden von einigen Züchtern für Siegervögel oder deren direkte Nachkommen aber auch Kaufsummen im hohen vierstelligen Eurobereich verlangt. Der höchste offiziell bekannt gewordene Preis für einen Schauwellensittich wurde 1992 auf einer Auktion in Australien gezahlt. Er bezifferte sich auf umgerechnet etwa 7.600,- Euro. Gerüchten zufolge sollen selbst in Deutschland schon wesentlich höhere Beträge für Einzelvögel gezahlt worden sein.
Die Zucht von Schauwellensittichen kann also durchaus zu einem lukrativen Ge-

schäft werden, wenn man entsprechend gute Qualitätsvögel besitzt, die sich dem vorgegebenen Standard am meisten nähern und deren Nachkommen sich auf Landes- aber auch auf Bundesschauen schließlich zu Siegervögeln entwickeln. Höhere Züchterziele sind dann aber Europa- oder sogar Weltmeisterschaften. Spezielle, dicht aneinandergereihte Ausstellungskäfige zeigen die zu bewertenden Vögel und lassen in ihrer Gesamtheit schnell den Überblick verlieren. Bei einigen deutschen Bundesausstellungen werden so leicht über 2.000 Ausstellungskäfige allein für Schauwellensittiche aufgestellt. Von all diesen Schauwellensittichen wird dann selbstverständlich nicht nur ein Siegervogel prämiert, sondern diese über 2.000 Schauwellensittiche finden noch einmal eine Aufteilung in verschiedene Bewertungsgruppen, die für den Nichtfachmann schnell unüberschaubar werden kann.

Das Erreichen von Siegerehren für den Züchter ist natürlich das Ziel dieses Tuns bei jedem Aussteller. Gekoppelt mit einer gewissen Anerkennung des „Siegers“ in Schauvogelzüchterkreisen steht der finanzielle Vorteil, der durch Siegervögel im Endeffekt erreicht werden kann, nicht selten im Vordergrund dieses züchterischen Handelns. Bei den anderen australischen Sitticharten ist das Ausstellungswesen zum Glück noch nicht ganz so weit fortgeschritten.

Das Ausstellungswesen mit den dazu von Züchterverbänden erstellten „Standards“ hat manche Zuchtstämme in menschlicher Obhut negativ beeinflusst.

Die Zucht von Schauwellensittichen wird in der Regel in Zuchtboxen betrieben, in rundherum geschlossenen Behausungen, die nur vorn eine Gitterfläche besitzen. In oder an den Käfigen befinden sich die Nistkästen, die Futter- und Trinkgefäße sowie einige Sitzstangen. Sinnesreize werden den Vögeln in diesen Unterkünften kaum geboten und auch der Bewegungsdrang der Vögel wird stark eingeschränkt.

Mutationszucht

Auch die Zucht von verschiedenen **Grassitticharten** und **Bourkesittichen** wird von einigen Züchtern auf diese Weise betrieben. Hier sind die Wunschergebnisse gezielter Verpaarungen aber oft anders gelagert und häufig im Bereich der Mutationszucht zu suchen. Es gibt spezialisierte Züchter, die sich fast schon wissenschaftlich mit den möglichen Vererbungsgängen bereits vorhandener Farbveränderungen der von ihnen gehaltenen Arten befassen und neu aufgetretene Mutationen in deren Erbgang qualitativ und quantitativ analysieren.

Der spezialisierte Mutationszüchter verpaart gezielt Individuen miteinander, in der Hoffnung, dass sich aus dieser und nachfolgenden Verpaarungen neue und für den Vogelmarkt attraktive Farbveränderungen ergeben. Ist dieses Ziel erreicht und sind die Vererbungsgänge der Neumutation analysiert, wird versucht, diese neue Mutation im eigenen Bestand zu etablieren und in großer Zahl zu produzieren. Wie in geheimen Versuchslaboren wird das Ergebnis so lange wie möglich verschwiegen, denn auch in diesem Bereich des menschlichen Handelns existiert eine äußerst aufmerksame Konkurrenz. Ist eine ausreichend große Zahl von nachgezogenen Neumutanten vorhanden, wird diese neue Farbveränderung schließlich publik gemacht, selbstverständlich zusammen mit den entsprechenden Ratschlägen zur Vererbung der Mutation. Dies kann in Fachzeitschriften aber auch im Internet erfolgen.

Ein Foto von einem Exemplar dieses anders gefärbten Vogels veranschaulicht das Objekt und animiert gleichfalls zu Kaufwünschen bei Interessierten auf der ganzen Welt. Wie durch Zufall erscheint schließlich im gleichen Medium auch eine Verkaufsannonce, in welcher der Züchter einzelne Individuen der Neumutation zum Kauf anbietet. Manchmal existieren bei dem Züchter dann bereits 200 Exemplare – was aber der Öffentlichkeit nicht bekannt ist – dieser neuen Mutation, die zu hohen Preisen zeitgleich auf der ganzen Welt angeboten werden.

Durch die Abgabe von Kleinstmengen bleibt die anfänglich große Nachfrage für einige Zeit bestehen und das Geschäft für den Züchter dieser Vögel ist nahezu perfekt, denn ein Großteil der vorhandenen Neumutanten findet schnell einen neuen Besitzer. Diese hoffen nun wiederum, dass ihre neu erworbenen Grassittiche schnell die ersehnten Nachzuchterfolge liefern, die dann immer noch zu diesen Höchstpreisen angeboten werden können. Ein

Rosa-Bourkesittiche – eine farblich zwar recht ansprechende Farbmutation des Bourkesittichs, deren Zucht jedoch dem Gedanken der reinen Erhaltungszucht abträglich ist.

großer Teil des Marktes ist dann jedoch bereits durch den „Erfinder“ dieser neuen Mutation befriedigt worden und der Preisverfall nimmt seinen Lauf.

Natürlich sind letztgenannte Züchter und auch die Praktiken in diesem Beispiel eher die Ausnahme. Die Problematik stellt sich über einen längeren Zeitraum aber insgesamt wesentlich schlimmer dar.
In einer Art Goldgräberstimmung suchen viele andere Züchter ihr Glück, erwerben irgendwann einmal die immer billiger zu bekommenden Neumutanten und hoffen dann auf ihre ganz persönliche neue Farbe. Nur in Ausnahmefällen verfügen diese Leute dann auch über fundierte Kenntnisse in der Vererbungslehre und neue Mutationen wären tatsächlich Zufallsprodukte. Aber die mutierten Vögel werden auf diese Weise weitergezüchtet.

Andere Züchter aber finden beispielsweise weiße oder „creminofarbene“ Glanzsittiche einfach nur schöner als die frei lebenden bunt gefärbten Artgenossen in ihrer australischen Heimat und vermehren diese Mutationen aus eben diesen Gründen. Über die geschmacklichen Ausrichtungen eines jeden Menschen lässt sich zwar (eigentlich nicht) streiten, jedoch erscheint es in diesem Fall wenig sinnvoll. Notwendig und sinnvoller sind hier eher Diskussionen über das Ergebnis all dieses Handelns, denn die immense Verbreitung farblich veränderter Vögel ist bereits jetzt schon bei einigen Arten nicht mehr rückgängig zu machen.
Obwohl auch von den besonders betroffenen **Schön-, Glanz-, Bourke-, Pennant-, Ziegen-** oder auch **Springsittichen** noch viele tausend Individuen allein in Deutschland existieren, werden hier pro Art selbst

mit mühevollem Aufwand wohl kaum noch mehr als hundert Vögel zu finden sein, die keine mutierten Gene in sich tragen. Diese Situation erschwert Erhaltungsbemühungen mit den in menschlicher Obhut vorhandenen Beständen dieser Arten beträchtlich.

Hybridzucht

Die Unterscheidung der australischen Sitticharten und ihrer nahen Verwandten aus dem pazifischen Raum bereitet in der Regel keine großen Schwierigkeiten. Bei den Unterarten einzelner Spezies ist dies mitunter schon nicht mehr so leicht möglich, aber für Kenner dieser Sittichgruppe eigentlich kein unlösbares Problem. Schwierig wird es manchmal nur, wenn es darum geht, Mischlinge dieser Arten zu erkennen. Noch schwieriger ist aber die Identifizierung von Unterartenmischlingen. Wo sind die Ursachen für diese Hybridzuchten zu suchen? Einige Mischlingszuchten sind zweifellos aus der unbeabsichtigten Verpaarung von Individuen unterschiedlicher Arten in Gemeinschaftsvolieren hervorgegangen. Aber auch der Mangel an geeigneten Partnern derselben Art kann Ursache für diese Zuchtergebnisse sein; nicht selten spielt aber auch die Experimentierfreude einiger Menschen bei der Mischlingszucht eine Rolle.

Mischlingszuchten bereiten den Erhaltungszüchtern heute große Probleme – hier ein Springsittich-Ziegensittich-Hybride.

Verdeckte Gefahr – Spalterbigkeit

Die Spalterbigkeit ist die Mischerbigkeit in Bezug auf ein genetisches Merkmal. Sie wird auch als Heterozygotie bezeichnet. Ein Individuum mit zwei Chromosomensätzen ist spalterbig in Bezug auf dieses Merkmal, wenn ein Gen in diesen Chromosomensätzen in zwei verschiedenen Allelen vorliegt. Ist das eine Allel gegenüber dem anderen Allel dominant, dann wird das durch dieses Allel geprägte Merkmal im äußeren Erscheinungsbild, also dem Phänotyp, der Wildform auftreten. Mutierte Allele sind schwächer als die der Wildformen und das phänotypische Aussehen bleibt somit erhalten. Allerdings wird das mutierte Allel nur verdeckt und kann weitervererbt werden. Solche Vögel nennt man schließlich mischerbige Tiere. Hierbei handelt es sich um Vögel, die vom Züchter als „spalterbig“ bezeichnet werden. Die Erbanlagenpaare spalterbiger Vögel sind ungleich und können derzeit nur durch gezielte Verpaarungen nachgewiesen werden, zumeist durch Inzucht.

Einfach nur bunte Vögel – das wollen viele Liebhaber in ihren Volieren sehen. Für die Arterhaltung haben solche Vögel keinen Wert – hier eine Rosella-Mutation.

Jedoch prägte in den vergangenen Jahren auch der Begriff „Transmutation" die Fachwelt. Werden Mutationszucht und die Vermehrung von Mischlingen ineinander vereint, dann spricht man von einer Transmutation. So wurden beispielsweise die Mutationen „Opalin", „Lutino" und „Zimt" vom **Rosellasittich** durch Kreuzung auf den nahen verwandten **Stanleysittich** übertragen. Obwohl die Nachkommen solcher Verpaarungen selbstverständlich nicht als artenrein bezeichnet werden dürfen, waren nun aber diese Mutationen in Einzeltieren von den immer noch Stanleysittich genannten Individuen vorhanden. Mehr oder weniger sind bei solchen Exemplaren Mischlingsmerkmale erkennbar, die aber auch in der Mutationszucht nicht wünschenswert sind. Durch gezielte Verdrängungszucht versucht man nun, die Mischlingsmerkmale „wegzuzüchten", also gewissermaßen hinter der Mutationsfärbung zu verstecken.

Begünstigt werden diese keinesfalls zu rechtfertigenden Praktiken dadurch, dass die Nachkommen derartiger Hybriden oft unbegrenzt fruchtbar sind und die durch Transmutation entstandenen Farbveränderungen durch gezielte Inzuchtverpaarungen eine schnelle Verbreitung finden. Derartige Transmutationen werden inzwischen auch bei anderen australischen Sitticharten vermutet.

Mischlinge sind in der Vergangenheit auch durch Verpaarungen von Individuen verschiedener Unterarten einer Spezies entstanden. Dies geschah oft dadurch, dass den Besitzern derartiger Vögel nur die Artbezeichnung ihrer Pfleglinge bekannt war und nicht die etwaige Existenz weiterer Unterarten bzw. deren genaues Herkunftsgebiet bei optisch häufig schwer zu unterscheidenden Unterarten.

Als Folge der langen Haltungsgeschichte der australischen Sittiche sind von **Pennant-, Adelaide-, Stanley-, Rosella-, Barnard-, Bauers Ring-, Rotflügel-, Australischer Königs-, Berg-, Ziegen-** und natürlich auch **Grassittichen** in der Gegenwart oft nur noch Mischlinge in europäischen Volieren vertreten. Etwas mehr Beachtung fand in den Fortpflanzungsbemühungen der vergangenen Jahre die Trennung der Unterarten von den beiden indonesischen Königssittich-Arten. Diese Vögel sind allerdings noch dem höheren Preisniveau zuzuordnen und werden dementsprechend selten gehalten; außerdem gelingt auch ihre Vermehrung nicht immer problemlos.

Die Hauptmotivation bei der Haltung und Vermehrung von australischen Sittichen besteht bei den meisten Züchtern jedoch wahrscheinlich darin, eine bunte Schar leicht zu pflegender Papageienvögel bei sich zu vereinen und sich an deren Aussehen, Verhalten und den Nachzuchterfolgen zu erfreuen. Die Nachkommen dieser Sittiche werden dann oft an andere Züchter abgegeben, die für den eigenen Bestand blutsfremde, also verwandtschaftsferne Individuen suchen, oder sie gelangen zu Anfängern in der Sittichzucht. Solche Tiere wechseln durch Verkauf oder Tausch ihren Besitzer, werden massenhaft in Zeitschriften angeboten oder finden den Weg zu einer der zahlreichen Vogelbörsen.

Auch Wellen- und Nymphensittiche haben Bewegungsdrang

Wellensittiche und auch Nymphensittiche gelten als die „typischen" Stubenvögel in der heutigen Zeit. Die Beliebtheit der Nymphensittiche ist allerdings etwas geringer, da ihre kreischenden Stimmlaute die Nerven ihrer Besitzer manchmal arg strapazieren können. Insbesondere diese beiden Arten werden auch in der Gegenwart in großer Anzahl wegen des Zahmwerdens und ihrer Sprachbegabung als Einzelvogel im Zimmerkäfig gehalten. Gerade aber die Einzeltierhaltung und der enge Bezug zum Menschen nimmt diesen Vögeln ein hohes Maß an Verhaltensmöglichkeiten durch die fehlenden Partnerbeziehungen. Eine paarweise Haltung könnte diesem Problem Abhilfe schaffen. Jedoch sollte auch der Bewegungsdrang dieser Steppen bewohnenden Tiere bei einer Stubenvogelhaltung bedacht werden. Wellen- und Nymphensittiche legen in ihrer australischen Heimat täglich große Strecken fliegend zurück, diesem Verhalten sollte auch in Menschenobhut Rechnung getragen und den Käfigvögeln täglich ausreichend Freiflug im Zimmer gewährt werden.

Arterhaltung

Zuletzt sei noch auf eine weitere Motivation von Vogelliebhabern hingewiesen, die unter den Züchtern australischer Sittiche leider noch nicht im gewünschten Maße verbreitet ist. Bei anderen Vogelarten widmet sich inzwischen eine geringe Zahl von Züchtern, in Zusammenarbeit mit zoologischen Einrichtungen, der Erhaltung von Arten bzw. Unterarten.

Ähnlich den Erhaltungszuchtprojekten der Zoos und nach den Richtlinien der EAZA (European Association of Zoos and Aquaria) werden die Angehörigen betreffender Arten in Zuchtbüchern erfasst und Neuverpaarungen geeigneter Individuen von einem Projektleiter oder Zuchtbuchführer verwandtschaftsfern vorgeschlagen.

Vor allem die Grassittichbestände sind durch züchterische Manipulation und Transmutation inzwischen derart beeinträchtigt, dass dringend seriöse Erhaltungszuchten mit reinerbigen Vögeln eingeleitet werden müssen. Dies hier sind artenreine Glanzsittiche.

Bei den australischen Sittichen existiert in Privathand Ähnliches nur bei den Gelbsteißsittichen und in Anfängen werden Versuche in diese Richtung bei einigen Grassitticharten unternommen. Ob diese Initiativen wenigstens zum Teilerfolg führen, wird sich zeigen – sind doch besonders die Arten der Gattung *Neophema* von den oben genannten Problemen betroffen.

Die grundlegende Schwierigkeit bei dieser Gattung besteht vor allem darin, geeignete Ausgangstiere für diese Zuchtprojekte zu finden. Dies ist bei der Vielzahl der vorhandenen farbmutierten bzw. Mischlingsvögel leider nur sehr schwer durchführbar und mitunter sogar aussichtslos.

Verbreitungsstatus in Menschenobhut

Um den Status der australischen Sittiche bzw. ihrer nahen Verwandten aus dem pazifischen Raum in Menschenhand annähernd zuverlässig einschätzen zu können, kann der Interessierte die Annonceteile in Fachzeitschriften oder auch im Internet studieren und hier bereits einen ersten Überblick zur Verbreitung der einzelnen Arten in den Volieren erhalten. Leicht zu erkennen ist dabei jedoch, dass die häufig gehaltenen Wellen- und Nymphensittiche im Vergleich zu anderen Arten dort gar nicht so häufig vertreten sind, wie vielleicht angenommen werden könnte. Eine Erklärung könnte sein, dass diese Vögel häufig direkt vom Züchter gekauft werden und daher oft keine größeren Absatzprobleme für die Nachzuchten dieser beiden

Selten oder häufig?

Der Status von Vogelarten in menschlicher Obhut wird von teilweise sehr unterschiedlichen Faktoren beeinflusst. So sind zum einen die ursprünglichen Importzahlen und somit die Ausgangspopulationen für die weitere Bestandsentwicklung einer Spezies in Menschenobhut ausschlaggebend. Aber auch eventuell auftretende Schwierigkeiten in der Vermehrung einzelner Arten können den weiteren Werdegang bei der Stabilisierung der Volierenpopulationen negativ beeinflussen. Bei einer derartigen Ausgangslage hilft häufig nur eine koordinierte Zusammenarbeit von zoologischen Einrichtungen und spezialisierten Züchtern, um eine möglichst verwandtschaftsferne und gesunde Population aufzubauen. Bei wieder anderen Arten sind die Vermehrungserfolge und der Gesamtbestand zwar enorm, aber dennoch scheinen Artangehörige, die dem Phänotyp der wild lebenden Tiere gleichen, in Menschenobhut mittlerweile ebenfalls Seltenheitswert zu besitzen. Dementsprechend sollten auch für eine Vielzahl dieser Vogelarten koordinierte Projekte ins Leben gerufen werden, die zudem den Erfahrungsaustausch der Züchter untereinander gewährleisten und helfen, den Fortbestand phänotypischer Wildvögel in Menschenhand zu sichern. Bei einigen Arten kommen derartige Initiativen ohne Zweifel zu spät, bei anderen ist es inzwischen fünf Minuten vor Zwölf und beim Rest lohnt sich ein solcher Aufwand grundsätzlich.

Arten entstehen. Es spricht sich vor allem in kleineren Städten und Gemeinden sehr schnell herum, wer Wellen- oder Nymphensittiche züchtet. Außerdem sind die Vögel direkt beim Züchter deutlich preiswerter zu bekommen als in den Zoohandlungen. Auf diese Weise nicht verkaufte Exemplare werden dann später teilweise an die Zoofachgeschäfte abgegeben oder auf den zahlreichen Vogelbörsen angeboten. Nur der kleine Rest dieser Vögel findet dann schließlich auch den Weg in die erwähnten Annoncenteile. Einen weiteren Anhaltspunkt zum Status einer jeden Art bzw. Unterart in Menschenobhut liefern Nachzuchtstatistiken der Vogelzuchtverbände. Betrachtet man die Anzeigen im Internet und den Vogelhalterzeitschriften, dann sind dort die Arten Ziegen-, Spring-, Glanz-, Schön-, Schmuck-, Bourke-, Sing-, Vielfarben-, Hooded-, Pennant-, Gelbbauch-, Rosella-, Stanley-, Blasskopf-, Bauers Rings-, Barnard-, Berg-, Princess of Wales-, Schild-, Australischer Königs-, Schwalben- und auch der Rotflügelsittich am meisten präsent. Diese Vogelarten sind inzwischen im unteren Preissegment vertreten, werden regelmäßig nachgezogen und sind aufgrund ihrer leichten Pflege sehr beliebt. Andere Arten wurden in der Vergangenheit äußerst selten eingeführt, sind entsprechend teuer, bereiten in ihrer

Der Singsittich ist in seinem natürlichen Lebensraum zum Glück noch nicht gefährdet.

Vermehrung einige Probleme oder sind aufgrund anderer Merkmale nicht so häufig in Menschenobhut vertreten. Auf einzelne Arten soll nachfolgend etwas genauer eingegangen werden.

Die Arten **Nacht-** und **Erdsittich** spielen für die private Vogelhaltung keine Rolle. Der Nachtsittich kommt in Australien äußerst selten vor bzw. ist aufgrund seiner Lebensweise sehr selten zu beobachten. So gibt es von diesem Sittich weniger als 50 glaubwürdige Beobachtungen, die überwiegend aus der Zeit vor 1880 stammen. Der Erdsittich wurde bislang nur in australischen Haltungen gepflegt, dies allerdings auch selten.

Der **Klippensittich** wurde bis zur Ausfuhrsperre Australiens im Jahr 1960 in nur geringen Stückzahlen nach Europa gebracht und fand hier nie eine größere Verbreitung. Diese Vögel waren wegen ihres unscheinbaren Erscheinungsbildes sowie geringen Temperaments wenig begehrt. Zuchterfolge bei den nach 1960 vorhandenen Exemplaren blieben aus, sodass man heutzutage annimmt, dass sich keine Klippensittiche mehr in europäischen Haltungen befinden.

Für den nahen Verwandten des Klippensittichs, den hochgradig vom Aussterben bedrohten **Goldbauch-** oder **Orangebauchsittich**, gibt es in Australien seit 1984 ein Zuchtprogramm. Derzeit wird die Gesamtpopulation dieser Vögel auf etwa 170 Individuen geschätzt und eine Volierenhaltung findet in Australien auch nur in Zuchtstationen zum Erhalt der Art statt. Bei den in Europa manchmal annoncierten Goldbauchsittichen handelt es sich oft nur um Mischlinge von Schön- und Schmucksittichen.

In europäischen Haltungen etwas häufiger anzutreffen ist der ebenfalls zu den Grassittichen zählende **Feinsittich**. Wenn man den Angaben in den Bestandserhebungen der unterschiedlichen Vogelzuchtverbände Glauben schenkt und dabei die Teilnahmequote von nur etwa 10 Prozent aller Mitglieder dieser Verbände berücksichtigt, dann dürften sich vermutlich höchstens noch 1.000 Feinsittiche in Deutschland befinden. Hierbei ist aber unbedingt darauf hinzuweisen, dass zahlreiche Mischlinge von Fein- und Schmucksittichen auf dem europäischen Vogelmarkt vertreten sind. Nur wenige Züchter haben sich in der Vergangenheit auf eine artenreine Vermehrung von Feinsittichen spezialisiert.

Über den Status der **Blutbauchsittiche** in menschlicher Obhut wurde bereits in vorangegangenen Kapiteln berichtet. Der **Gelbsteißsittich** kann inzwischen als selten eingestuft werden und der **Narethasittich** ist in Europa kaum noch vertreten. Die **Rotsteißsittiche** sind hingegen noch etwas häufiger anzutreffen. Als problematisch wurde in der Vergangenheit immer wieder die hohe Aggressivität der Blutbauchsittiche gegenüber anderen Vögeln bei einer Gemeinschaftshaltung und selbst der Paarpartner untereinander angegeben.

Wie der Blutbauchsittich zählt auch der **Goldschultersittich** zu den Singsittichen. Immer schon waren diese Vögel ausgesprochen selten in Menschenhand. Auch bei ihnen muss ihre Aggressivität bei der Vergesellschaftung bzw. Verpaarung Beachtung finden. In ihrer australischen Heimat brüten die Goldschultersittiche überwiegend in konisch geformten Termitenhügeln. Dieses Brutverhalten führt bei in Menschenobhut gehaltenen Artangehörigen wahrscheinlich nur zu mäßigen Nachzuchterfolgen bei einigen spezialisierten Züchtern. Es gibt Hinweise, dass die Weibchen ihren Nachwuchs in Menschenhand kaum hudern, was durchaus auf die hohen Temperaturen in den Termitenbauten ihrer australischen Heimat bezogen werden kann.

Artenreine Rotsteißsittiche sind in Menschenobhut noch etwas häufiger anzutreffen als die nahe verwandten Gelbsteißsittiche.

Ein weiterer Vertreter der Singsittiche ist auch der **Paradiessittich**. 1927 wurde der letzte lebende Vogel dieser Art gesichtet. Seit dieser Zeit fehlen glaubhafte Meldungen über seine Existenz und an verschiedenen Stellen wird diese Papageienart bereits als ausgestorben aufgeführt. Immer wieder tauchen aber Mitteilungen auf, dass der Paradiessittich in verschiedenen Gegenden noch existiert. Derartige Meldungen versuchte man immer wieder mit Fotodokumenten zu belegen. Letztendlich konnte der mangelhafte Wahrheitsgehalt immer wieder bewiesen werden.

Nicht so häufig in europäischen Haltungen vertreten ist auch der **Rotkappensittich**. Dieser interessante Sittich fällt insbesondere durch seine kontrastreiche Färbung auf, ist aber als Import nur selten nach

Hornsittiche wurden vor Jahren zu horrenden Preisen gehandelt, heute haben immer mehr Züchter Nachzuchterfolge – und die Preise fallen.

Europa gelangt. Hier existieren zurzeit zwar stabile Bestände, aber dieser Sittichart werden eine gewisse Scheu und auch ein großes Nagebedürfnis nachgesagt, was offenbar viele Papageienliebhaber von der Haltung dieser Vögel abhält.

Eigentlich sind die Vertreter der Gattung *Platycercus* (Plattschweifsittiche) recht häufig in den Zuchtanlagen europäischer Vogelzüchter vertreten; unter ihnen zeigt insbesondere der **Pennantsittich** eine gewisse Mutationsfreudigkeit, wodurch diese Sittichart in gewissen Züchterkreisen viel Aufmerksamkeit auf sich zieht. Weniger oft gehalten werden allerdings der **Stroh-** und der **Brownsittich** sowie auch der **Adelaidesittich.** Die Strohsittiche sind nach ihrer Ersteinfuhr im Jahr 1867 nicht besonders beliebt gewesen. Zahlreiche Mischlinge mit ihren Gattungsverwandten leben momentan in den europäischen Volieren, sodass es nur mit viel Glück gelingt, reine Strohsittiche zu finden. Gleiches betrifft auch den Adelaidesittich, der von jeher bereits nicht so häufig gehalten wurde wie der recht ähnliche, aber intensiver gefärbte Pennantsittich. Der wohl am seltensten gehaltene Vertreter unter den Plattschweifsittichen ist der Brownsittich. Diese Art ist kaum nach Europa gelangt. Es stellte sich zudem sehr schnell heraus, dass die Vermehrung dieser Vögel nicht immer so problemlos gelingt. Die Männchen sind gegenüber ihren Weibchen sehr oft aggressiv; dieses Verhalten verlangt nach größeren Unterkünften, damit die Weibchen eine Ausweichmöglichkeit besitzen. Das Einsetzen der Brutstimmung erfolgt bei dieser Art häufig nicht synchron bei beiden Paarpartnern, was zu ausbleibenden Zuchterfolgen führt. Aber auch die Fortpflanzungszeit an sich bereitet mitunter einige Probleme. Einige Exemplare halten selbst nach mehreren Generationen in Menschenhand immer noch an der Freiland-Brutzeit Dezember bzw. Januar fest, so wie in ihrer australischen Heimat. Dies erfordert in der Haltung dieser Vögel ausreichend warme Unterkünfte während der kalten Jahreszeit, womit gleichzeitig wesentlich höhere Kosten entstehen als bei einer Haltung anderer australischer Sittiche.

In den letzten Jahren sind die **Hornsittiche** immer häufiger in den Annoncenteilen im Internet oder den entsprechenden Fachzeitschriften zu finden, wenn auch noch zu relativ hohen Preisen. Dennoch scheinen sich diese zutraulichen Vögel immer mehr in den Haltungen zu etablieren. Die Pflege der Hornsittiche bereitet in der Regel kaum Probleme und auch die Vermehrung gelingt immer häufiger in Menschenobhut. Jedoch ist die Entwicklung des **Ouvéa-Hornsittichs,** der zweiten Unterart des Hornsittichs, besorgniserregend. Diese Subspezies ist zum einen (noch) eine absolute Rarität in Privathand und zum anderen auch in ihrem Verbreitungsgebiet, dem nördlichen Teil der Insel Ouvéa, durch die voranschreitenden Zerstörung ihres Lebensraums hochgradig gefährdet. Vor allem der Fang und die Entnahme von Jungvögeln aus den Baumhöhlen haben früher zu drastischen Bestandsrückgängen geführt. In Europa sind nur sehr wenige Exemplare dieser Unterart vertreten und scheinbar gibt es keine Züchter, die sich auf die Vermehrung dieser Vögel spezialisiert haben.

Ebenfalls zu den absoluten Seltenheiten in menschlicher Obhut gehören die zu den **Maskensittichen** *(Prosopeia)* zählenden Arten **Pompadour-** und **Glanzflügelsittich.** Der Pompadoursittich wurde noch vor einigen Jahren im Weltvogelpark Walsrode gepflegt und gehört mittlerweile als Einzelvogel zur Kollektion der Loro Parque Fundación auf Teneriffa. Nicht einmal eine Handvoll Züchter dürfte innerhalb Europas gegenwärtig im Besitz dieser majestätischen Vögel sein. Gleiches gilt für den Glanzflügelsittich, der in Privathand ebenso selten anzutreffen und in den zoologischen Einrichtungen derzeit lediglich als

Buru-Königssittiche finden sich noch nicht allzu oft in den Zuchtanlagen und sind entsprechend teuer in der Anschaffung.

Einzelvogel in der Loro Parque Fundación vertreten ist.
Der **Timor-Rotflügelsittich** kommt in zwei Unterarten auf den indonesischen Inseln Timor und Wetar vor. Noch in den 1970er-Jahren kamen Angehörige der Nominatform zu Hunderten nach Europa; ein großer Prozentsatz dieser Wildfänge starb allerdings kurz darauf. Einige Vögel überlebten und in der Gegenwart scheinen sich die Bestände in Menschenobhut tatsächlich zu vergrößern. Gute Nachzuchterfolge mit dieser Art hat derzeit jährlich der Weltvogelpark Walsrode vorzuweisen. Hier existieren inzwischen mehre Zuchtpaare, die regelmäßig zur Brut schreiten.

Eine weitere in der indonesischen Inselwelt anzutreffende Sittichart ist der **Grünflügel-Königssittich**, der dort in drei Unterarten auf Papua-Neuguinea vorkommt. Wahrscheinlich sind nur zwei davon gegenwärtig in Menschenhand außerhalb ihrer Heimat in nennenswerter Zahl verbreitet. Die Nominatform und auch der **Moszkowski-Königssittich** sind vereinzelt in privaten Vogelzuchtanlagen anzutreffen. Erfreulich ist die Bestandsentwicklung dieser beiden Unterarten jedoch in den vergangenen Jahren, denn diese Vögel tauchen inzwischen bereits öfter in den Verkaufsannoncen auf. Über eine Haltung des **Salvadoris-Königssittichs** ist gegenwärtig kaum etwas bekannt. Laut AZ-Nachzuchtstatistik sollen von einem Paar dieser Sittiche im Jahr 2005 ein Männchen und zwei Weibchen nachgezogen worden sein.

Zuletzt soll noch auf den Status von fünf Unterarten des **Amboina-Königssittichs** eingegangen werden. Von der Nominatform und dem **Salawati-Königssittich** kamen in den 1970er-Jahren einige Hundert Exemplare nach Europa.

Vom **Halmahera-Königssittich** gelangten nur kleinere Stückzahlen in den europäischen Handel, was diese Unterart zu einer wahren Rarität in den Volieren selbst spezialisierter Vogelzüchter werden ließ. Neben dem Halmahera-Königssittich sind auch der **Buru-** und der **Peleng-Königssittich** äußerst selten in den Volieren vertreten.

Die Aggressivität der Paarpartner untereinander sind bei diesen Königssittichen ein sehr großes Problem, was die Vermehrung dieser Vögel immer wieder zu einem schwierigen Unterfangen werden lässt.

Neben einigen Grassitticharten gehören die Plattschweifsittiche zu den besten Zuchtvögeln in Menschenobhut – hier im Bild ein badender Pennantsittich.

Nachzuchtzahlen einiger ausgewählter Sitticharten bzw. -unterarten nach der AZ-Nachzuchtstatistik für den Zeitraum 2000 bis 2011. Berücksichtigt sind lediglich die nachgezogenen Jungvögel innerhalb dieser Zeitspanne (Stand: 13.12.2011).

Art/Unterart	Nachgezogene Jungvögel im Erfassungszeitraum
Nachtsittich *(Pezoporus occidentalis)*	0
Erdsittich *(Pezoporus wallicus)*	0
Klippensittich *(Neophema petrophila)*	0
Goldbauchsittich *(Neophema chrysogaster)*	0
Feinsittich *(Neophema chrysostoma)*	1137
Gelbsteißsittich *(Psephotus haematogaster haematogaster)*	149
Rotsteißsittich *(Psephotus haematorrhous haematorrhous)*	1203
Narethasittich *(Psephotus narethae narethae)*	1
Goldschultersittich *(Psephotus chrysopterygius)*	296
Paradiessittich *(Psephotus pulcherrimus)*	0
Rotkappensittich *(Purpureicephalus spurius)*	879
Adelaidesittich *(Platycercus elegans subadelaidae)*	238
Strohsittich *(Platycercus elegans flaveolus)*	676
Brownsittich *(Platycercus venustus)*	451
Hornsittich *(Eunymphicus cornutus)*	854
Ouvéa-Hornsittich *(Eunymphicus uvaeensis)*	64
Pompadoursittich *(Prosopeia tabuensis)*	5
Glanzflügelsittich *(Prosopeia splendens)*	3
Timor-Rotflügelsittich *(Aprosmictus jonquillaceus jonquillaceus)*	123
Grünflügel-Königssittich *(Alisterus chloropterus chloropterus)*	215
Moszkowski-Königssittich *(Alisterus chloropterus moszkowskii)*	307
Salvadoris-Königssittich *(Alisterus chloropterus callopterus)*	3
Amboina-Königssittich *(Alisterus amboinensis amboinensis)*	298
Salawati-Königssittich *(Alisterus amboinensis dorsalis)*	90
Halmahera-Königssittich *(Alisterus amboinensis hypophomius)*	0
Buru-Königssittich *(Alisterus amboinensis buruensis)*	7
Peleng-Königssittich *(Alisterus amboinensis versicolor)*	7

Voraussetzungen für die Haltung

Plant ein Papageienliebhaber die Anschaffung von australischen Sittichen oder verwandten Arten aus dem ozeanischen Raum, geschieht dies mitunter aus sehr unterschiedlichen Beweggründen. Egal, worin die Motivation für die Haltung dieser Sittichgruppe bei jedem Einzelnen bestehen mag, der angehende Sittichhalter sollte es als Verpflichtung ansehen, sich im Vorfeld eingehender mit diesen Tieren zu befassen und sich ein fundiertes Grundwissen über die Bedürfnisse der anzuschaffenden Sittichart zuzulegen. Nur wer über dieses grundlegende Wissen verfügt, der vermag diese Papageien auch annähernd artgerecht zu halten und bedarfsgerecht zu ernähren.

Auch Springsittiche können bei ausreichendem Platzangebot in einer Gemeinschaftsvoliere gehalten werden.

Käfighaltung ist nicht artgerecht

Auf die Haltung von australischen Sittichen als Stubenvögel soll an dieser Stelle nur ansatzweise eingegangen werden. Für die Haltung in der Wohnung kommen, wenn überhaupt, eigentlich nur Wellen- oder auch Nymphensittich in Betracht. Es zeigt sich immer wieder, dass diese Arten in Einzeltierhaltungen ausgesprochen zahm werden können und sich sehr eng ihrem Pfleger anschließen. Diese Vögel werden in der Regel immer noch allein gehalten und dienen der Gesellschaft des Menschen, sollen ihm Abwechslung vom Alltagsstress liefern, älteren Menschen das Alleinsein erleichtern und Kindern eine engere Beziehung zum lebenden Tier vermitteln.
Einem Wellen- oder Nymphensittich als Heimvogel wird als Unterkunft allgemein ein Käfig bereitgestellt. Hierin findet der Insasse sein Wasser und Futter sowie eventuell einige Gegenstände, die für etwas Zeitvertreib sorgen sollen. Empfehlenswert ist diese Unterbringungsvariante jedoch keinesfalls, denn den Tieren wird bei dieser Haltungsform eine Vielzahl von Sinnesreizen vorenthalten, die beispielsweise bei einer Paarhaltung und hinreichenden Beschäftigungsmöglichkeiten wenigstens teilweise vorhanden wären. Sehr oft sind die Vögel darüber hinaus bei einer Käfighaltung stark in ihrer Bewegungsfreiheit eingeschränkt, sodass der Besitzer dieser Sittiche stets einen gewis-

sen Teil seiner Freizeit investieren muss, um den Tieren Freiflug in der Wohnung zu gewähren und damit dem natürlichen Bewegungsdrang seiner Pfleglinge gerecht zu werden.

Bei den Wellen- und Nymphensittichen handelt es sich um sehr soziale Vogelarten, die in ihrer australischen Heimat nicht selten in Schwärmen von mehreren hundert Individuen anzutreffen sind. Beide Arten zeigen selbst nach den vielen Jahren ihrer Domestikation und bei einer Heimtierhaltung auf engstem Raum immer noch ein gewisses Schwarmtierverhalten, wenn ihnen die Möglichkeit dazu gegeben wird. Allein aus diesem Grund muss auch bei diesen beiden Arten wenigstens die paarweise Haltung angestrebt werden. Selbst wenn sich der Mensch bei einer Einzeltierhaltung regelmäßig um seinen Pflegling kümmert, den Sittich zähmt und ihm den täglich notwendigen Freiflug gewährt, können Verhaltensstörungen auftreten, die häufig auf diese enge Bindung an den Menschen oder eine vorangegangene Fehlprägung (zum Beispiel bei einer unsachgemäßen Handaufzucht) zurückzuführen sind. Nymphensittiche können sich in der weiteren Folge so beispielsweise zu Schreiern entwickeln und im schlimmsten Fall damit beginnen, sich zu rupfen, wie es häufiger von einigen Großpapageien her bekannt ist.
Da der Käfig eine enge Behausung darstellt, die es den Sittichen nicht erlaubt, darin größere Strecken fliegend zurückzulegen, muss den Vögeln täglich Freiflug in der Wohnung gewährt werden. Hierfür muss der Halter dieser Stubenvögel täglich mindestens ein bis zwei Stunden seiner Freizeit einplanen. Diese Zeit benötigen die Sittiche, um ihre Flugmuskulatur in ausreichendem Maße zu trainieren.
Da aber selbst die bewegungsaktiven Wellen- und Nymphensittiche während dieser Zeit nicht pausenlos fliegend in der Wohnung unterwegs sind, müssen die Vögel während der Flugpausen ständig unter Beobachtung bleiben. Frei fliegende Sittiche können in einer Wohnung zum Opfer vieler Gefahren werden oder auf der anderen Seite mit ihren starken Schnäbeln für einigen Schaden am Mobiliar sorgen.
Die tägliche Zeitinvestition ist also enorm, will man allein dem Bewegungsbedürfnis der Sittiche gerecht werden. Die Zubereitung des Futters, die Wassergabe und Reinigung der Trink- sowie Futtergefäße nehmen täglich weitere Zeit des Vogelliebhabers in Anspruch. Mindestens einmal wöchentlich müssen auch die Unterkunft gründlich gereinigt und gelegentlich die Sitzstangen getauscht werden.
Des Weiteren sollte bei einer Käfighaltung daran gedacht werden, dass Sittiche hin und wieder von ihren Stimmlauten Gebrauch machen; die Vögel werden dann eventuell auch einmal etwas lauter und von manchem Menschen im Einzelfall als sehr störend empfunden. Die zeitlich begrenzte Verbannung der Heimvögel aus dem Wohnbereich ist hier keine Lösung! Gleiches gilt auch für die Verschmutzung im Haushalt, die durch Sittiche in Käfighaltungen nun einmal verursacht werden.

Voliere und Zuchtanlagen

Ratsamer ist in jedem Fall die Volierenhaltung, in der Regel dann auch zu Vermehrungszwecken, vor allem wenn als Zielrichtung die Erhaltung der Arten in ihrem dem Wildtyp entsprechenden phänotypischen Aussehen verfolgt wird. Dies schließt natürlich die Verhinderung von Mischlingszuchten mit ein.
Als grundlegende Voraussetzung hierfür gilt die Unterbringung der Sittiche in Freivolieren mit einem daran angeschlossenen Schutzraum. Je nach Art kann in einer Voliere mitunter aber nur ein Paar untergebracht werden, was diese Unterbringungsvariante leider auch zu einer größeren finanziellen Belastung werden lässt. Die Investitionssumme vergrößert sich um ein Vielfaches, wenn eine ganze Zuchtanlage entstehen soll, die sich dann aus mehreren nebeneinandergereihten Volierenabteilen zusammensetzt. Weitere Kosten fallen für den Betrieb der Heizung und die künstliche Beleuchtung an. Diese Haltungsform entspricht aber am ehesten den Ansprüchen, die derzeit auch in der modernen Zootierhaltung für Großsittiche Anwendung findet.

Psittakose-Verordnung

Plant der angehende Sittichzüchter den Bau einer Zuchtanlage, sind einige gesetzliche Vorschriften unbedingt zu beachten. Als Erstes sind die tierseuchenrechtlichen Bestimmungen zu berücksichtigen, über die ein jeder Papageienliebhaber sich unbedingt hinreichend informieren sollte. Da

Die besten Haltungs- und Zuchtergebnisse bei australischen Großsittichen ergeben sich in der Regel in großzügigen Freivolieren.

Psittakose-Verordnung

Die Psittakose ist im deutschen Sprachraum auch unter der Bezeichnung Papageienkrankheit bekannt und stellt eine meldepflichtige Zoonose dar. Der Erreger ist das weltweit verbreitete Bakterium Chlamydophila psittaci, *das vom Vogel auch auf den Menschen übertragbar ist. Beim Menschen verursachen diese Bakterien die Ornithose (Synonym: Psittakose). Der Erreger wird vornehmlich durch Inhalation von infektiösem Federstaub, kontaminierten Kotpartikeln, Nasensekret oder durch sonstige Direktkontakte mit einem infizierten Vogel übertragen.*

Infizierte Vögel können lange Zeit bei offensichtlich gutem Gesundheitszustand Ausscheidung dieser Erreger sein. Sichtbar erkrankte Tiere sondern sich von den anderen Vögeln ab, zeigen häufig ein gesträubtes Gefieder, sind matt und appetitlos. Weitere Krankheitsanzeichen sind Ausfluss aus Augen und Nase, auch Durchfall mit gelbgrünlichem, auch wässrigem Kot. Der Tod kann bereits nach einigen Tagen oder auch erst nach zwei bis drei Wochen eintreten.

Beim Menschen zeigt diese Krankheit anfänglich grippeähnliche Symptome. Hinzu kommen Kopfschmerzen, Benommenheit, Schwindel und Schwächegefühle. Ein weiteres Anzeichen ist anhaltend hohes Fieber, das oft von Gliederschmerzen begleitet wird. Der behandelnde Arzt sollte dabei immer auf die Ansteckungsmöglichkeit durch die gehaltenen Papageienvögel hingewiesen werden, denn nur bei gezielter Behandlung kann der erkrankte Mensch bereits nach kurzer Zeit genesen.

auch die australischen Sittiche und ihre Verwandten aus dem pazifischen Raum zu den Papageienvögeln zählen, greifen in Deutschland noch die Bestimmungen der Psittakose-Verordnung (PsittakoseV). Darin vorgeschrieben werden die Verhaltensweisen von Papageienbesitzern im Falle des Ausbruchs der Psittakose in deren Vogelbestand.

Gerade in der letzten Zeit wird hierzulande immer wieder (und gerade aktuell im Juni 2012) über eine Aufhebung der Psittakose-Verordnung diskutiert, da Deutschland der einzige EU-Mitgliedsstaat ist, in dem die Psittakose bekämpft wird. Ein entsprechender Entwurf zur Aufhebung dieser Verordnung liegt dem Bundesrat zur Entscheidung vor, aber bis es dazu kommt, besitzt diese Gesetzgebung nach wie vor seine Gültigkeit.

Zuchtgenehmigung

In der Psittakose-Verordnung werden auch die Kennzeichnungspflichten und -möglichkeiten bei Papageienvögeln nach § 17g der Tierseuchenverordnung erwähnt. Der zukünftige Besitzer der hier aufgeführten Sittiche muss sich im Vorfeld mehr oder weniger umfangreich mit diesen Gesetzgebungen auseinandersetzen, denn nur mit diesem Wissen hat er die Möglichkeit, die für die Vermehrung von Papageienvögeln notwendige behördlich erteilte „Genehmigung zur Zucht von Papageien und Sittichen" zu erhalten. Das Genehmigungsverfahren wird innerhalb Deutschlands in der Regel beim zuständigen Amtstierarzt beantragt. Die Verfahrensdurchführung geschieht mitunter jedoch sehr unterschiedlich; einige Amtstierärzte pflegen diese Thematik recht locker zu behandeln, andere wiederum hinterfragen beim Antragsteller nicht nur die erforderlichen Kenntnisse über die Psittakose-Verordnung, sondern überprüfen zugleich die allgemeine Sachkunde der Antrag stellenden Person im Bezug auf die Papageienhaltung und auf die Spezies, die der Vogelliebhaber anzuschaffen wünscht.

Immer öfter wird auch ein sogenannter „Sachkundenachweis" gefordert, der auf Seminaren (zum Beispiel angeboten vom BNA) erworben werden kann. Mit der Genehmigungserteilung erhält der angehende Züchter schließlich die Möglichkeit, amtlich anerkannte Fußringe für seine Nachzuchten von einem der großen Vogelzuchtorganisationen innerhalb Deutschlands (AZ, VZE, DKB), vom Zentralverband Zoologischer Fachbetriebe (ZZF) oder dem Bundesverband für fachgerechten Natur- und Artenschutz (BNA) zu beziehen. Mit der Zuchtgenehmigung besteht für den angehenden Sittichzüchter gleichzeitig die Pflicht, genauestens Buch über die Bestandzugänge und -abgänge zu führen. Auf Kontrollen dieser Nachweisführung durch die zuständige Behörde sollte der Sittichzüchter stets vorbereitet sein.

Gehegegenehmigung

Bleiben wir vorerst bei den Grundvoraussetzungen für die Papageienhaltung. Je nach Bundesland müssen auch die Errichtung, die Erweiterung und der Betrieb von Tiergehegen bei der entsprechenden Behörde beantragt werden. In der Regel sind die Untere oder die Obere Naturschutzbehörde für derartige Antragsstellungen zuständig. Dabei ist zu beachten, dass es seitens der zuständigen Ämter häufig Haltungsempfehlungen für einzelne Tiergruppen oder Arten gibt, dessen Einhaltung bei der Erteilung einer Gehegegenehmigung überprüft wird. Hierbei soll in erster Linie dem Grundsatz des Tierschutzgesetzes Rechnung getragen werden. Aber auch eine mögliche Faunenverfälschung, zum Beispiel durch schnelles Entweichen der gehaltenen Tiere aus ungeeigneten Unterkünften, soll durch die Überprüfung der zuständigen Behörde bei einer Gehegehaltung von Wildtieren ausgeschlossen werden.

Baurechtliche Aspekte und entsprechende Antragsstellungen können unter gewissen Umständen ebenfalls auf den Besitzer von

Meldepflichtige Sitticharten gemäß BArtSchV – Anlage 6:

Art	Ringgröße in mm	CITES-Bescheinigung erforderlich	Kennzeichnung nach BArtSchV	Kennzeichnung nach PsittakoseV
Alpensittich	4,5	–	–	x
Einfarblaufsittich	4,5	–	–	x
Norfolk-Laufsittich	4,5	x	x	–
Nachtsittich	4,5	x	x	–
Erdsittich	4,5	x	x	–
Klippensittich	4,0	–	–	x
Goldbauchsittich	3,8	x	x	–
Goldschultersittich	4,5	x	x	–
Paradiessittich	4,5	x	x	–
Hornsittich	6,0	x	x	–
Pompadoursittich	7,5	–	x	–
Glanzflügelsittich	7,5	–	–	x
Timor-Rotflügelsittich	6,5	–	–	x
Grünflügel-Königssittich	7,5	–	x	–
Amboina-Königssittich	7,5	–	x	–
Buru-Königssittich	7,5	–	x	–
Salvadoris-Königssittich	7,5	–	x	–
Halmahera-Königssittich	7,5	–	x	–
Moszkowski-Königssittich	7,5	–	–	x
Salawati-Königssittich	7,5	–	x	–

australischen Sittichen zukommen. So muss entweder ein Bauanzeige- oder auch ein Baugenehmigungsverfahren von dem zukünftigen Vogelzüchter durchlaufen werden. Es ist in jedem Fall ratsam, vor Errichtung einer Zuchtanlage das zuständige Bauamt über sein Vorhaben zu unterrichten und dort die erforderlichen Antragsformalitäten zu hinterfragen.

Melde- und Kennzeichnungspflicht

Eindeutig geregelt ist jedoch die Meldepflicht für einige der hier behandelten Sitticharten gemäß der Bundesartenschutz-Verordnung (BArtSchV) und deren Kennzeichnungspflicht mit den vorgeschriebenen Artenschutzkennzeichen

Üblicherweise werden heute geschlossene Ringe für die Nachzuchten verwendet.

(Anlage 6 BArtSchV). Auch die Zuständigkeiten für die Meldung von Tieren, die der Bundesartenschutz-Verordnung unterliegen, werden in den einzelnen Bundesländern unterschiedlich gehandhabt, sind aber immer in der oberen Verwaltungsstruktur angesiedelt. Die Bundesartenschutz-Verordnung (BArtSchV) regelt die Nachweisführung (CITES-Bescheinigung, Herkunftsbestätigung), die Kennzeichnung gemäß Psittakose-Verordnung bzw. BArtSchV und die Meldepflicht gemäß BArtSchV.

Die Haltung, die Nachzucht und der Tod von Exemplaren aus Anlage 6 sind der zuständigen Behörde anzuzeigen, und zwar unmittelbar nach Ankauf, nach der (geschlossenen!) Beringung der Jungvögel oder beim Tod von Tieren. Für alle Nachzucht-Exemplare dieser Arten sind im Fall der Weitergabe zudem Herkunftsbescheinigungen auszustellen. Der Züchter dieser Tiere versichert mit seiner Unterschrift auf diesem Dokument, dass das jeweilige Individuum seine eigene Nachzucht ist und er im Besitz der Elterntiere ist, die von ihm legal in Deutschland gehalten werden. Eine Herkunftsbescheinigung muss nicht für Exemplare der in Anlage 5 aufgeführten leicht züchtbaren Arten (das sind unter den australischen und ozeanischen Sitticharten alle, die nicht in Anlage 6 aufgeführt sind) ausgestellt werden. Jungtiere dieser Arten müssen aber dennoch mit Fußringen gemäß der Psittakose-Verordnung gekennzeichnet werden! Für diese Arten sind gegebenenfalls auch offene Fußringe zugelassen.

Die richtige Gehegegröße

Der Platzanspruch für den Bau einer Voliere mit angrenzendem Schutzraum sollte ebenfalls Beachtung in der Vorplanung einer Sittichhaltung finden. Die erforderliche Gehegegröße wird unter den Züchtern immer wieder diskutiert. In den zuständigen Behörden der einzelnen Bundesländern werden auch diesbezügliche Forderungen mitunter sehr unterschiedlich behandelt; einige haben dafür eigene Richtlinien erarbeitet und wieder andere richten sich nach den Forderungen, die sich aus dem „Gutachten über Mindestanforderungen an die Haltung von Papageien“ des Bundesministeriums für Ernährung, Landwirtschaft und Forsten (BMELV) ergeben. Grundsätzlich sollten die in diesem Gutachten erwähnten

Bedingungen für die Haltung von Papageienvögeln von jedem Besitzer dieser Vögel eingehalten und die dort aufgeführten Gehegegrößen unbedingt als absolute Mindestmaße angesehen werden. Die meisten der hier behandelten Sittiche besitzen eine Gesamtlänge von weniger als 40 cm. Für ein Paar Papageienvögel dieser Größe sieht dieses Gutachten einen Schutzraum mit einer Grundfläche von 1 Quadratmeter vor und als Mindestmaße für die daran angeschlossene Voliere die Maße 3 Meter Länge, 1,5 Meter Breite und 2 Meter Höhe. Der Schutzraum muss im Winter frostfrei gehalten und zur gesamten Jahreszeit künstlich beleuchtet werden können. Da bei einigen Sitticharten die Elterntiere nach einer gewissen Zeit auch dem eigenen Nachwuchs gefährlich werden können, sollte eine Möglichkeit bestehen, die Jungvögel separat unterbringen zu können.

Der Zeitaufwand

Natürlich fallen auch bei der Haltung von Sittichen in Volierenanlagen allerlei notwendige Arbeiten für das Wohlbefinden der Vögel an. Je nach Größe der Zuchtanlage sollte auch hierfür eine tägliche Zeitinvestition von mindestens einer halben Stunde eingeplant werden, die sich aus Futterzubereitung, Fütterung und Säuberung der Futter- sowie Trinkgefäße zusammensetzt. Einmal in der Woche sollte die Anlage zudem gründlich gereinigt werden, was den Zeitaufwand insgesamt ebenfalls vergrößert; aber auch andere notwendige Arbeiten wie Reparaturen, Erweiterungen und die Desinfizierung der Anlage sollten in der Zeitplanung ebenfalls Berücksichtigung finden.

Ebenso bedarf auch der Bereich um die Zuchtanlage herum einer ständigen Pflege. Eine Volierenanlage kann sehr schön in das gesamtarchitektonische Bild eines Gartens eingefügt werden und die in den Volieren lebenden Vögel bieten dem Menschen ein breites Feld an Beobachtungsmöglichkeiten, die für alle bis dahin entstandenen Aufwendungen entschädigen werden. Wird der Papageienliebhaber dann nach einiger Zeit auch noch mit den ersten Vermehrungserfolgen belohnt, ist scheinbar alle Mühe vergessen und das neue Hobby wird, sofern es ernsthaft betrieben wird, zu einer wirklichen Abwechslung vom Alltagsstress.

Auf gute Nachbarschaft!

Jeder angehende Sittichliebhaber sollte vor Anschaffung seiner Vögel eventuell vorhandene Nachbarn über seine Planungen in Kenntnis setzen und auf deren Einverständnis für eine Haltung von Papageienvögeln hinwirken. Vorherige Absprachen bewirken mitunter das Ausbleiben von späteren Streitigkeiten über die Lautstärke der gehaltenen Vögel. Bestenfalls lässt man sich das Einverständnis der Nachbarn schriftlich erklären, was allerdings noch lange keine Garantie für einen zufriedenstellenden Ausgang in späteren Rechtsstreitigkeiten liefert.

Erwerb und Auswahl gesunder Vögel

Wenn die genannten Voraussetzungen gegeben sind, kann die Suche nach geeigneten Vögeln beginnen. Hier wird der zukünftige Sittichhalter allgemein zwischen den **Bezugsquellen** Zoohandlung, Vogelbörsen und Privatzüchtern auswählen können. Empfehlenswert ist immer der Erwerb von Jungvögeln; diese sind zumeist unverdorben und haben bis zur Geschlechtsreife Zeit, sich an die neue Umgebung und ihren ersten Partner zu gewöhnen, sofern Vermehrungsgedanken im Vordergrund der Sittichhaltung stehen.

Private Anbieter geben ihre Vögel in der Regel wesentlich günstiger ab als Zoohandlungen. Einige Arten wird man aufgrund ihrer Seltenheit hier in Europa wahrscheinlich grundsätzlich nur bei einem Züchter erwerben können. Der Direkterwerb von Sittichen beim Züchter bringt einige Vorteile. Hier besteht beispielsweise die Möglichkeit, sich die Haltungsbedingungen und auch die Elterntiere vor Ort anzuschauen; des Weiteren wird der Züchter gern Auskunft über Art und Umfang der Haltung seiner Vögel geben und er kann eventuell auch bei der Vermittlung eines verwandtschaftsfernen Partnervogels behilflich sein.

In hygienisch gut geführten Privatanlagen ist das Krankheitsrisiko zudem bedeutend geringer als in Zoohandlungen, wo viele Vögel aus unterschiedlichsten Haltungen auf engstem Raum zusammenleben, Quarantänebestimmungen mitunter kaum Beachtung finden und durch die hohe Bestandsfluktuation somit wahrscheinlich auch verschiedene Krankheitserreger häufiger auftreten als in vielen privaten Haltungen. Allerdings gibt es vorbildlich geführte Zoohandlungen genauso wie Privathaltungen mit mangelhafter Hygiene oder einem Überbesatz an Tieren in den

Vor dem Erwerb eines Tieres sollten die bisherigen Haltungsbedingungen genau inspiziert, Pflegemaßnahmen und Ernährung erfragt werden. Hier die Großsittichzuchtanlage von Oswin Drews in Heiligengrabe.

Volieren. Bei einem Privatzüchter wird der interessierte Käufer sich also bestenfalls ein weitestgehend authentisches Bild über die bisherige Haltung der dort untergebrachten Vögel machen können. Aus stark verschmutzten und mangelhaften Haltungen sollte kein Vogel erworben werden.

Entsprechen die **Haltungsbedingungen** den Vorstellungen des Käufers, kann mit den Kaufabsichten weiter verfahren werden. Auch hier bietet der Erwerb eines Vogels bei einem Privathalter wieder einige Vorteile gegenüber der Zoohandlung, denn der Sittich kann in seiner bisher gewohnten Umgebung beobachtet werden. Zuerst sollte dies aus einer etwas größeren Entfernung geschehen.
Befindet sich der Sittich nicht in einer Stresssituation, wird er sein natürliches Verhalten in der Voliere zeigen. Für diese **Beobachtung** sollte man sich einige Minuten Zeit nehmen und dies zuvor gegebenenfalls dem Züchter mitteilen. Seriöse Züchter werden auch hierfür Verständnis haben.
Ist der gewünschte Vogel bewegungsaktiv, flugfähig und nimmt an dem sozialen Leben in der Voliere teil, sind schon einmal einige gute Voraussetzungen für einen eventuellen Erwerb vorhanden. Von einem Kauf absehen sollte man immer, wenn der Sittich mit gesträubtem Gefieder scheinbar ruhend in einer Ecke sitzt und sich dabei nicht einmal von der Gegenwart des Menschen stören lässt.
Nähert man sich schließlich der Voliere, wird der ausgewählte Sittich sehr wahr-

Ein wesentliches Auswahlkriterium beim Kauf eines Vogels ist dessen Gefiederzustand. Von einem gerupften oder sonst wie beeinträchtigten oder plustrig erscheinenden Vogel sollte man grundsätzlich Abstand nehmen.

scheinlich bewegungsaktiv werden. Er wird sich beispielsweise laufend auf der Sitzstange fortbewegen oder aufgeregt in der Voliere umherfliegen. Dadurch kann man sofort erkennen, ob der Vogel flugfähig ist oder erkennbare Beeinträchtigungen bei der Bewegung auf der Sitzstange hat. Ausnahmslos kletternde Exemplare deuten auf eine verminderte oder nicht vorhandene Flugfähigkeit hin. Aus der Nähe betrachtet sollte der Vogel ein glattes, lückenloses und eng anliegendes Gefieder besitzen.

Stimmen alle Erwartungen des Käufers mit den Gegebenheiten vor Ort überein, wird der Vogel in aller Regel vom Züchter eingefangen und danach in eine geeignete

Transportkiste gesetzt. Die Zeit für den Fang sollte natürlich so kurz wie möglich bemessen sein, um das Tier nicht unnötig in Stress zu versetzen. Dennoch sollte man aber etwas Zeit einplanen, um den gefangenen Vogel etwas genauer anzuschauen. Zunächst sollte das Tier auf Deformationen des Schnabels und auf fehlende Krallen bzw. fehlende Zehenglieder hin untersucht werden. Die Nasenlöcher und Augen sollten keine Anzeichen für einen Ausfluss haben oder gar verklebt sein. Die Brustmuskulatur muss gut ausgebildet sein und das Brustbein sollte beim Abtasten von diesem Körperbereich nicht spitz hervortreten, dann das würde auf einen schlechten Ernährungszustand des Vogels hindeuten. Die Kloake selbst und das darum befindliche Gefieder müssen sauber und dürfen nicht verklebt sein. Ist dies nicht der Fall, deutet alles auf eine Durchfallerkrankung des Sittichs hin.
Ist der Kauf eines Vogels schließlich erfolgt, sollte dieser möglichst schnell in seine neue Umgebung überführt werden und dort zuerst eine **Quarantänezeit** durchlaufen, um etwaige Gesundheitsrisiken für den übrigen Bestand weitestgehend zu minimieren. In dieser Zeit wird der Vogel genau beobachtet, seine Nahrungsaufnahme überprüft und es werden gegebenenfalls medizinische Tests (Kotprobe, PBFD- bzw. Polyoma-Test) vorgenommen.

Die häufig umstrittenen **Vogelbörsen** bieten mitunter eine sehr große Auswahl von Jung- und Altvögeln unterschiedlicher Arten. Oft handelt es sich bei den angebotenen Exemplaren um Vögel, die aus unterschiedlichen Gründen von den Verkäufern abgegeben werden. So können dies unter anderem auf Masse gezüchtete Vogelarten sein, schwer zu vermittelnde Einzelvögel oder in Ausnahmefällen sogar auch erkrankte Tiere. Seriöse Züchter sind auf solchen Börsen selbstverständlich auch vertreten, bieten dort ihre nachgezogenen Jungvögel der Saison an und suchen den Kontakt zu Gleichgesinnten. Des Weiteren finden aber auch immer mehr Schnäppchenjäger den Weg zu derartigen Veranstaltungen, um die gegen Ende der Börse beispielsweise sehr preiswert angebotenen Vögel aufzukaufen und später gegen einen geringen Aufpreis an Zoohandlungen abzugeben oder ein Wochenende später auf einer anderen Vogelbörse erneut anzubieten. Dass diese Individuen während dieser Zeit großen Stress erleiden, steht außer Frage.
Häufig verbietet schon allein der moralische Anstand den Besuch von Vogelbörsen, wenn dort grundlegende hygienische Bedingungen stark vernachlässigt werden oder tierschutzrechtliche Gründe so manch einem Verkäufer den Umgang mit Lebewesen untersagen müssten. Vorbildlich geführte Vogelbörsen sind leider innerhalb Deutschlands immer noch die Ausnahme. Und auch hier birgt die Zusammenkunft zahlreicher Vögel aus verschiedensten Haltungen gesundheitliche Risiken, die kaum abzuschätzen sind.

Erwähnung sollten an dieser Stelle auch die Inserate finden, in denen **Zuchtpaare**

Der Ankauf von Tieren auf Vogelbörsen birgt immer größere Risiken als der Kauf bei einem privaten Züchter.

zum Verkauf angeboten werden. Nur sehr wenige Menschen geben bereits erfolgreiche Zuchtpaare ab. Man ist immer gut beraten, beim Züchter die Hintergründe der Abgabe von Zuchtpaaren gezielt zu hinterfragen.

Mitunter werden Zuchttiere abgegeben, weil der Besitzer aus Altersgründen oder gesundheitsbedingt sein Hobby aufgeben muss oder er sich in seiner Vogelhaltung grundlegend umorientiert. Zuchtpaare werden aber leider mitunter auch zu schnell als solche bezeichnet, oft bereits, nachdem das Weibchen auch nur ein einziges Ei gelegt hat, daraus aber nie ein Jungvogel geschlüpft ist. Wenn schon der Erwerb eines Zuchtpaares in Erwägung gezogen wird, dann sollte der Verkäufer unbedingt glaubhaft machen können, dass das Paar mehr als nur einmal Jungvögel bis zur Selbstständigkeit aufgezogen hat. Auf die Auswahl von geeigneten Vögeln für die Standard- oder auch Mutationszucht soll in dieser Publikation nicht eingegangen werden. Hier muss auf die speziellen Literaturquellen zur Thematik verwiesen werden.

Die richtige Unterbringung

Einige Vogelarten werden bereits seit vielen Jahrzehnten in Menschenhand gehalten. In dieser Zeit erfolgten zahlreiche Veröffentlichungen über die Unterbringung und Pflege von australischen Sitti-

chen. Diese persönlichen Erfahrungen sind von großem Wert für die Allgemeinheit und führen manchmal zu Veränderungen in der eigenen Denkweise.
Aber auch das zunehmende Wissen über das Freileben der einen oder anderen Spezies führt mitunter zu Verbesserungen in deren Haltungsbedingungen. Einige Züchter versuchen darum, in der Gegenwart ganz bewusst ihren Pfleglingen die Umgebung der natürlichen Lebensräume möglichst identisch nachzugestalten.
So findet man hin und wieder nachgebildete Felsformationen, Graslandschaften mit einzelnen Büschen und selbst künstliche Termitenbauten in der Außenvoliere des einen oder anderen Züchters von australischen Sittichen. Derartige Details werten das äußere Erscheinungsbild einer Volierenanlage beträchtlich auf und die Verhaltensweisen der Bewohner solcher Unterkünfte lassen sich wunderbar beobachten. Es sollte aber auch bei derartigen Ausgestaltungen einer Voliere beachtet werden, dass die Vögel zuallererst genügend Platz benötigen. Leider muss auch die schönste Dekoration in der Voliere verurteilt werden, wenn sich die Vögel darin nur kletternd fortbewegen können. Eine Kombination von Nachgestaltung des natürlichen Lebensraums und einem möglichst großen Platzangebot ist der absolute Idealfall für die Unterbringung von Wildtieren. Nur werden einige Gestaltungsvarianten leider innerhalb kürzester Zeit auch durch die Nagetätigkeit der Sitti-

Gemeinschaftsvoliere oder Zuchtvoliere für die paarweise Haltung? Das kommt immer auf die Vogelart und die Intentionen des Halters an – hier eine Zuchtvoliere für kleinere Sittiche.

che zerstört. So fällt beispielsweise ein Pflanzenbewuchs häufig sehr schnell den starken Schnäbeln der Vögel zum Opfer ebenso wie Holzbauteile, die für die Sittiche erreichbar sind.
Vor dem eigentlichen Baubeginn sollte möglichst klargestellt sein, welche Vogelarten die künftigen Bewohner der Voliere sein werden. Soll es sich um eine Zuchtanlage handeln oder um eine Gemeinschaftsvoliere, in der mehrere untereinander verträgliche Arten eine Unterkunft finden, oder gar eine Kombination von beiden? Sollen die Vögel das gesamte Jahr über in dieser Voliere leben? Dies sind nur zwei Fragen, die bei der Planung einer Unterbringung von australischen Sittichen und ihrer Verwandten aus dem ozeanischen Raum unbedingt Beachtung finden sollten.

Haltung in der Wohnung

Unter Beachtung der gesetzlichen Vorschriften können insbesondere die kleineren Arten unter den australischen Sittichen unter Umständen auch im Wohnbereich des Menschen vermehrt werden. Hier besteht häufig die Möglichkeit für die Errichtung einer kleineren Voliere. Bei Mietwohnungen ist unbedingt der Mietvertrag zu prüfen und gegebenenfalls sind vorherige Absprachen mit dem Vermieter selbst anzustreben. Schriftliche Vereinbarungen nach erfolgten Einigungen über die geplante Vogelhaltung beugen in der Regel späteren Missverständnissen vor. Auch in der Wohnung ist der Leitsatz „Je größer, desto besser“ bei der Unterbringung von Vögeln zu beachten. Aus industriell hergestellten Volierenfertigteilen kann der handwerklich versierte Vogelliebhaber die Unterkunft seiner Vögel selbst herrichten unter Beachtung der oft standardisierten Volierenbauteile mit den Maßen 1 x 2 Meter. Fast jeder Hersteller derartiger Volierenbausätze bietet auf Nachfrage aber auch Sondermaße an, die sich den örtlichen Gegebenheiten anpassen und so durchaus zu einem Blickfang im wohnlichen Umfeld des Menschen werden können. Allerdings sind derartige Sonderanfertigungen oft mit einem gewissen Aufpreis verbunden.
Wer über eine größere Wohnung oder ein Haus verfügt, kann seinen Vögeln manchmal sogar ein ganzes Zimmer bereitstellen. Solche Vogelstuben wurden vor mehr als hundert Jahren bereits durch Dr. Karl Ruß und seinen Züchterkollegen Karl Neunzig genutzt. Innerhalb eines größeren Zimmers können separate Zuchtvolieren entsprechender Größe sogar die Vermehrung von weniger verträglichen Sitticharten in einer paarweisen Haltung ermöglichen. Die einzelnen Volierenabteile können die vorhandene Raumkapazität so weit abdecken, dass nur der davor befindliche Teil der Räumlichkeit als eine Art Futtergang für den Vogelbesitzer zur Verfügung steht. Alle Unterbringungsvarianten von Vögeln im Wohnumfeld des Menschen sollten leicht zu reinigen sein und regelmäßige Desinfizierungen ermöglichen. Auf Federstaub allergisch reagierende Menschen sollten grundsätzlich von einer Vogelhaltung in der Wohnung Abstand nehmen.

Ein punktgeschweißtes Viereckdrahtgeflecht hat sich für Vogelvolieren gut bewährt.

Die Außenvoliere

Die optimale Unterbringung australischer Sittiche und ihrer ozeanischen Verwandten erfolgt in einer Außenvoliere mit einem daran angeschlossenen Schutzraum. Die Größe einer solchen Voliere richtet sich zumeist nach der Körpergröße der Papageien unter Beachtung der gesetzlichen Vorschriften, nach deren individuellem Bewegungsdrang und nach der Anzahl der darin zu haltenden Vögel. In den meisten Fällen wird eine paarweise Unterbringung der Standard sein, aber bei einigen Arten ist auch während der Brutzeit eine Vergesellschaftung mit arteigenen oder auch -fremden Individuen möglich.
Der Freiflug, auch Außenvoliere genannt, besteht zumeist aus einer stabilen **Rahmenkonstruktion**, auf der ein Drahtgeflecht befestigt wird. Er bietet den Vögeln jederzeit die Möglichkeit, die Witterungsverhältnisse und verschiedene andere Sinnesreize auf sich wirken zu lassen.

Eine solche Rahmenkonstruktion kann aus Metall (Aluminium) oder auch Holz bestehen und sollte auf einem soliden Fundament errichtet werden.
Ist die Haltung von nagefreudigen Sitticharten geplant, empfiehlt es sich, die für die Papageienschnäbel erreichbaren Holzteile durch das Aufbringen von Blechbeschlägen oder engmaschigem Drahtgeflecht zu schützen. Wegen der Witterungseinflüsse ist das Holz entsprechend zu behandeln und benötigt auch später einen hohen Pflegeaufwand. Ein Farbanstrich muss mit ungiftigen Farben erfolgen.
Die gesamte Voliere sollte Mäusen, Ratten, Katzen und marderartigen Raubtieren keinen Zugang erlauben. Ein etwa 80 cm tiefes Streifenfundament unterhalb der Rahmenkonstruktion verhindert oft schon den Zugang dieser unerwünschten Gäste in den Innenbereich vom Freiflug. Möchte man einen zusätzlichen Schutz schaffen, dann empfiehlt es sich, den Bodenbereich zu pflastern, zu betonieren oder, wenn dort der natürliche Erdboden vorhanden bleiben soll, eine horizontale Lage engmaschigen Maschendraht in etwa 40 cm Tiefe einzugraben.

Ein engmaschiges **Drahtgeflecht** – in der Regel punktgeschweißtes, verzinktes Viereckgeflecht – sollte auch für die Rahmenkonstruktion benutzt werden. Zum einen soll das Geflecht ein Durchschlüpfen kleiner Sitticharten, wie beispielsweise Grassittiche, verhindern, und auf der anderen Seite sollen auch Mäuse keine Möglichkeit haben, ungehindert durch zu große

Maschenweiten in das Innere der Voliere zu gelangen.
Bei der Drahtstärke ist ebenfalls wieder auf die unterzubringende Art zu achten. Eine Stärke von einem Millimeter ist für die meisten Sitticharten ausreichend. Nicht verzinkte Drahtbespannungen müssen mit einem zusätzlichen, ungiftigen Farbanstrich versehen werden. Dabei haben sich vor allem dunkle Farbtöne bewährt, da die Sittiche dahinter wesentlich besser zur Geltung kommen. Dies gilt auch für die industriell vorgefertigten Volierenelemente, die zumeist aus drahtbespannten Aluminiumrahmen in Standardgrößen produziert werden und leicht zu einer äußerst witterungsbeständigen Außenvoliere verbaut werden können. In manchen Fällen empfiehlt es sich, die Seitenwände und auch die Front der Außenvoliere mit einer doppelten Drahtbespannung zu versehen, um Bissverletzungen zu verhindern, die von Papageienvögeln in benachbarten Volieren hervorgerufen werden können. Aber auch tag- oder nachtaktive Greifvögel und Eulen können den Sittichen bei einer einfachen Drahtbespannung sehr gefährlich werden.
Den **Zugang** zum Freiflug für die regelmäßig notwendigen Pflege- sowie Reparaturarbeiten ermöglicht eine kleinere Tür, vor der eine Art Schleuse befestigt werden sollte, um ein Entweichen der Vögel beim Betreten der Außenvoliere zu verhindern.

Ein Drittel der Volierendecke sollte überdacht sein und so einen Schutz vor schlechter Witterung oder auch zu starker Sonneneinstrahlung liefern. Eine flache **Badeschale** muss ebenfalls in jeder Voliere vorhanden sein, um an heißen Tagen für eine Erfrischung zu sorgen. Alternativ oder auch zusätzlich kann auf der oberen Rahmenkonstruktion der Außenvoliere eine

Sitzgelegenheiten

In der Voliere müssen unbedingt ausreichend viele Sitzmöglichkeiten vorhanden sein, die allerdings so angeordnet sein sollten, dass den Sittichen längere Flugstrecken nicht verbaut werden. Ein Kletterbaum an der Stirnseite der Außenvoliere wirkt dekorativ und wird innerhalb kürzester Zeit zum beliebtesten Aufenthaltsort in der gesamten Unterkunft, vor allem, wenn dieser bis unter die Volierendecke reicht, denn auch in Menschenobhut wählen Sittiche sehr gern eine hohe Sitzposition aus. Zur Beschäftigung der Vögel können aber auch verzweigte Äste dienen, die mit einem Metallhaken versehen an der Decke der Außenvoliere befestigt werden; diese schaukelnden Sitzgelegenheiten werden sehr gern aufgesucht.
Alle Sitzgelegenheiten sollten vom Durchmesser her so beschaffen sein, dass die Sittiche den Ast mit ihren Krallen zu etwa Zweidrittel umklammern können. Am besten nutzt man für diesen Zweck Naturäste, da diese mit ihrer unterschiedlichen Stärke und den Biegungen die Fußbewegungen der Papageienvögel sehr positiv beeinflussen, weil die Vögel beim Klettern immer wieder anders greifen müssen.

Beregnungsanlage installiert werden. Kostengünstig in der Anschaffung ist ein Beregnungsschlauch, der das austretende Wasser nur leicht zerstäubt.
Ein wichtiger Bestandteil der gesamten Zuchtanlage ist ein von außen verschließbares **Flugloch**, das den Sittichen den Wechsel von der Außenvoliere zum Schutzhaus und umgekehrt ermöglichen soll. Die Fluglochgrößen sind bei den Züchtern recht unterschiedlich ausgelegt. Einige sind gerade einmal so groß, dass die Sittiche mehr oder weniger aufrecht gehend ungehindert den Übergang von der Innen- zur Außenvoliere finden. Dies hat den Grund, dass in der kalten Jahreszeit die im Innenraum befindliche Wärme nicht über zu große Öffnungen nach außen dringen und der Schutzraum somit zu schnell auskühlen kann. Sehr zu empfehlen ist das abendliche Verschließen dieser Öffnungen, nachdem die Vögel den Schutzraum aufgesucht haben.

Morgens können die Fluglöcher dann wieder geöffnet werden. Diese täglich praktizierte Handlung hat den Vorteil, dass die Sittiche während der Nachtzeit in einem geschlossenen Raum deutlich weniger Schrecksituationen ausgesetzt sind als in der Außenvoliere. Nicht selten kommt es bei aufgeschreckten Vögeln zu Unfällen mit tödlichem Ausgang, weil die Sittiche in der Dunkelheit die Drahtbespannung als Begrenzung ihrer Unterkunft nicht wahrnehmen, im schnellen Flug gegen diese fliegen und sich dabei unter Umständen das Genick brechen.

Naturäste mit unterschiedlicher Stärke sind ideale Sitzgelegenheiten.

Der Schutzraum

Der an die Außenvoliere anschließende Schutzraum sollte natürlich ebenfalls nagetiersicher gebaut werden, also möglichst massiv unter Beachtung einer umweltfreundlichen Bauweise, die dem Sittichbesitzer auf längere Sicht durch die Energieeinsparung auch einen finanziellen Vorteil bringt. Beim Bau von nur einer Voliere ist es sinnvoll, die von der Innenvoliere direkt nach außen führende Tür mit einer zusätzlichen **Schleuse** zu versehen. Ist der Bau einer Zuchtanlage vorgesehen, dann empfiehlt es sich, die einzelnen Schutzräume nebeneinander anzureihen und im hinteren Bereich einen **Futtergang** einzuplanen, von welchem die einzelnen Abteile

betreten werden können. In einer Zuchtanlage nimmt der Futtergang dann bereits die Funktion einer Schleuse ein.
Egal, in welcher Bauweise der Schutzraum errichtet wird, das Gebäude sollte in jedem Fall ein Entweichen der darin befindlichen Vögel verhindern. Ansätze für die zerstörerische Nagetätigkeit einiger Arten dürfen den Vögeln nicht geboten werden, daher sollten die Innenwände aus einem möglichst glatten und festen Material bestehen. Hartfaser- oder auch Gipskartonplatten besitzen eine hohe Festigkeit und können sogar zusätzlich mit Fliesen beklebt werden, was den hygienischen Aspekten einer Tierhaltung sehr entgegenkommt. Gerade in den Innenräumen sollte auf Fugen und Spalten als Unterschlupfmöglichkeit für Ungeziefer weitestgehend verzichtet werden.
Gesundheitsschädliche Zugluft sollte in den Schutzräumen unbedingt vermieden werden. Auch eine gute **Wärmedämmung** sollte vorhanden sein, besonders wenn eine leichte Beheizung des Schutzraums vorgesehen ist. Wichtig sind aber auch gute **Lichtverhältnisse** und eine ausreichende **Belüftung** der Unterkunft. Für ausreichend viel Tageslicht sorgen in der Regel Fenster mit Klarsichtscheiben oder vermehrt auch Glasbausteine, die eine gute Wärmeisolation ermöglichen. Fensterscheiben stellen für die Vögel allerdings auch eine Gefahr dar, denn diese werden von den Sittichen nicht als Hindernis erkannt. Es ist darum anzuraten, die Fensterrahmen mit einem gut erkennbaren Drahtgeflecht zu bespannen.

Moderne und kostengünstige Heizungen

Eine etwas kostengünstigere Variante zu Ölradiatoren und Konvektoren stellen Infrarotelektroheizungen dar, die in der Anschaffung zwar etwas kostenintensiver sind, aber deutlich weniger Energie verbrauchen. Über Thermostate geregelt müssen selbst diese Heizungen dann nicht im Dauerbetrieb laufen. Als Energiequelle solcher Heizsysteme wird aber auch brennbares Gas genutzt, wobei das Prinzip der Infrarotstrahlung bei beiden Systemen identisch ist. Die erzeugte Infrarotstrahlung durchdringt verlustfrei die Luft und beim Auftreffen auf einen Körper wird diese zum Teil „absorbiert" und somit in Wärmeenergie umgewandelt. Eine Rotation der Luft, die bei vielen anderen Heizsystemen üblich ist und durch die Wärmeabgabe der Heizkörper entsteht, transportiert Staub und Pollen durch den Raum. Diese Rotation entfällt bei Infrarotheizungen und ist demzufolge auch wesentlich gesünder für die Sittiche.

Künstlich gelieferte Wärme und Licht sind in der kalten Jahreszeit für die australischen Sittiche lebensnotwendig. Viele Züchter halten ihre Sittiche auch in den Wintermonaten ohne jegliche Wärme- und Lichtquelle; immer wieder werden gerade die australischen Arten, aber auch die Laufsittiche gern als kälteunempfindlich bezeichnet. Dennoch ist es ratsam, den Schutzraum wenigstens frostfrei zu halten und den Vögeln tagsüber die Entschei-

Am bedienerfreundlichsten sind Futterstellen, die vom Futtergang aus zu versorgen und zudem leicht zu reinigen sind.

dung selbst zu überlassen, ob sie sich lieber bei Minusgraden in der Außen- oder bei Plusgraden in der Innenvoliere aufhalten möchten.

Zeitschaltuhren können die automatische Regelung der künstlich verlängerten Tageslichtzeit in den Wintermonaten übernehmen. **Tageslichtlampen** (True-Light-Vollspektrumlampen) sind die beste Wahl und sollten somit auch in der modernen Tierhaltung Anwendung finden; diese geben das Spektrum des mittäglichen Sonnenlichts recht genau wieder und durch elektronische Vorschaltgeräte ist das Licht dieser Lampen flimmerfrei, strahlungsarm und zudem energiesparend. Übliche Leuchtstoffröhren sind für die Haltung von Papageienvögeln nicht geeignet!
Kurz bevor die Tageslichtlampen ausgeschaltet werden, sollte sich ein Notlicht einschalten, das ebenfalls über Zeitschaltuhren betrieben werden kann. Jedes einzelne Notlicht kann über einen regelbaren 12-Volt-Transformator geschaltet werden und ermöglicht den Sittichen bei völliger Dunkelheit die Orientierung im Raum. So können Gelege und Jungvögel nach einem Verlassen der Bruthöhle wieder von den Eltern aufgesucht werden und auch aufgeschreckte Vögel finden wieder zu ihren Ruheplätzen.

Eine weitere wichtige elektrische Anlage kann in der heutigen Zeit auch eine von außen nicht manipulierbare **Alarmanlage** sein, deren Installation besonders bei der Haltung von kostbaren Sittichen in Betracht gezogen werden sollte. Selbstverständlich sollten dann auch Türen und Fenster entsprechend einbruchsicher sein.
Wenigstens zwei **Sitzstangen** sollten auch im Innenraum in ausreichendem Abstand zueinander angebracht sein, um die Vögel auch hier zum Gebrauch ihrer Flügel zu zwingen. Sitzstangen sollten nie über Futter- und Trinkgefäßen angebracht werden, um Verunreinigungen durch die Ausscheidungen zu verhindern. Es empfiehlt sich daher, diese Gefäße direkt neben den Sitzgelegenheiten anzubringen oder auch an der Tür vom Futtergang zu der Innenvoliere. Hier haben sich auch Volierenbauteile als Türen bewährt, in denen sogenannte Futterdrehtische (Plateaus) montiert sind, die in der Regel zwei bis sechs Futternäpfe aufnehmen können. Die Bedienung dieser Plateaus erfolgt dann vom Futtergang aus, ohne dass man die Innenvoliere betreten muss.

Der Quarantäneraum

Der Quarantäneraum sollte räumlich so weit wie möglich von der Unterkunft des übrigen Vogelbestandes entfernt, leicht zu reinigen und zu desinfizieren sein. In der Regel werden Neuzugänge in diesem Raum in einem separaten, hinreichend dimensionierten Käfig untergebracht. Beim Betreten des Quarantäneraums ist eine nur für diesen Raum vorgesehene Kleidung anzuziehen. Das Schuhwerk sollte zuvor gewechselt oder zumindest desinfiziert werden und auch die Hände sind vor dem Betreten sowie nach dem Verlassen dieses Raums zu reinigen und zu desinfizieren.
Bei Neuzugängen empfiehlt sich eine Quarantänezeit von vier bis sechs Wochen. Danach kann man beurteilen, ob das jeweilige Tier gesund ist und zu dem übrigen Bestand gesellt werden kann. Während dieser Zeit sollten unbedingt entsprechende tierärztliche Untersuchungen durchgeführt werden. Diese beziehen sich vornehmlich auf den Nachweis der gefährlichen Erkrankungen Psittakose, Neuropatische Drüsenmagendilatation (PDD), Schnabel- und Federkrankheit (PBFD), Polyomavirus-Infektion und Pachecosche Papageienkrankheit (PPD).

Der Lagerraum

Des Weiteren ist es günstig, einen separaten Raum zur Lagerung des Futters einzurichten. Dieser Raum kann eventuell gleich mit einer Abwaschmöglichkeit und Schränken für Futter- und Trinkgefäße versehen sein. Weiterhin können darin ein Krankenkäfig und eine kleine Vogelapotheke mit den wichtigsten Hilfsmitteln zur Ersten Hilfe bei Erkrankungen aufbewahrt werden.

Die passende Energiezufuhr

Stellt man Vögel den Säugetieren mit vergleichbarer Ernährungsweise und Größe gegenüber, wird man leicht feststellen, dass die Vögel eine größere Menge Nahrung zu sich nehmen. Der Vogelorganismus verlangt nach Proteinen, Fetten, Kohlenhydraten, Vitaminen, Mineralstoffen, Spurenelementen und Wasser als Grundlage für den lebensnotwendigen Stoffwechselprozess. Durch ihre Flugbewegung und durch die ständig auf gleichem Niveau zu haltende hohe Körpertemperatur muss dem Vogelorganismus regelmäßig eine recht hohe Energiezufuhr ermöglicht werden.

Ernährung der australischen Sittiche

Die Fütterung von Wildtieren gestaltete sich insbesondere zum Ende des 19. Jahrhunderts, als auch die ersten Sitticharten in größeren Mengen nach Europa kamen, schwierig. Nur wenig war zu jener Zeit über das Freileben der Papageienvögel bekannt. Häufig wurde darum eine anfängliche Fehlernährung und die damit zusammenhängende Schädigung der inneren Organe zur eigentlichen Todesursache für

viele Vögel. Immer wieder ist in der Literatur jener Zeit zu lesen, dass allein fetthaltiger Hanf den Papageien als Körnerfutter zur Verfügung gestellt wurde und die Vögel damals fast schon selbstverständlich auch von dem naschen durften, was die Menschen für sich zubereiteten.
In den letzten Jahrzehnten wurden daraufhin Forderungen nach einer „artgerechten" Ernährung von Papageienvögeln immer lauter. Eine artgerechte Ernährung würde aber bedeuten, den Vögeln recht genau die Nahrungskomponenten zu liefern, die sie auch in ihren jeweiligen Verbreitungsgebieten jahreszeitlich bedingt vorfinden und dort anteilmäßig in verschieden Mengen zu sich nehmen. Das wäre jedoch ein aussichtsloses Unterfangen, denn von den meisten Vogelarten ist in dieser Hinsicht immer noch viel zu wenig bekannt. Außerdem wäre die völlige Übernahme dieser Gewohnheiten allein schon wegen der Beschaffung identischer Nahrungsbestandteile aus den Heimatgebieten dieser Tiere als eine logistische Meisterleistung anzusehen. Wir dürfen also höchstens von einer annähernd „bedarfsgerechten" Ernährung bei den Papageienvögeln in Menschenhand sprechen, die man aber unbedingt versuchen sollte zu realisieren.

Die australischen Sittiche und deren Verwandte aus dem ozeanischen Raum werden zu den vornehmlich Samen fressenden Arten gezählt. Dementsprechend sollte eine qualitativ hochwertige Samenmischung auch der wichtigste Bestandteil für eine bedarfsgerechte Ernährung dieser Vögel darstellen. Einige Futtermittelhersteller bieten bereits seit längerer Zeit „Spezialmischungen" für australische Sittiche, Wellensittiche oder auch Grassittiche an. Im Grunde setzt sich eine Samenmischung für die meisten hier behandelten größeren Sitticharten aus den folgenden Bestandteilen zusammen:

- 15 % weiße und gestreifte Sonnenblumenkerne
- 10 % Kardisaat
- 35 % Hirse (Silberhirse, Plata-Hirse, Japanhirse, Rote Hirse)
- 15 % Kanariensaat
- 8 % Buchweizen
- 7 % Leinsamen
- 5 % Haferkerne
- 2 % Hanfsaat
- 2 % Paddy Reis oder auch Rohrreis
- 1 % Nigersamen

Die kleineren Angehörigen der Gattung *Neophema* und auch der Bourkesittich neigen zur Fettleibigkeit. Diese Neigung wird neben einer zu fetthaltigen Ernährung auch durch Bewegungsmangel bei ausschließlicher Käfighaltung gefördert. Die Samenmischung für diese Arten sollte sich darum aus folgenden Bestandteilen zusammensetzen:

- 50 % Hirse (Silberhirse, Plata-Hirse, Japanhirse, Kolbenhirse)
- 25 % Kanariensaat
- 10 % Haferkerne
- 5 % Hanfsaat
- 3 % Nigersamen
- 3 % Leinsamen

- 3 % Buchweizen
- 1 % Kardisaat

Für Wellensittiche werden vornehmlich verschiedenste Hirsesorten als Grundbestandteil verwendet. So setzt sich eine Standardmischung für diese beliebten Sittiche aus folgenden Komponenten zusammen:

- 50 % Plata-Hirse
- 15 % Rote Hirse
- 15 % Silberhirse
- 10 % Haferkerne
- 5 % Kanariensaat
- 3 % Leinsamen
- 2 % Kardisaat

Hinzugefügt werden diesen Samenmischungen dann häufig noch verschiedene Zusätze (zur Deckung des Vitamin-, Aminosäuren- und Mineralstoffhaushaltes). Die oben aufgeführten Angaben stellen nur ungefähre Richtwerte dar, die in der Zusammensetzung und auch der prozentualen Aufteilung variieren können. Einige Züchter verwenden so beispielsweise auch während der Zuchtperiode spezielle Zuchtmischungen, die sich in der Zusammensetzung oft nur prozentual von den oben genannten Beispielen unterscheiden.

Keimfutter – ja oder nein?

Über die Gabe von Keimfutter als Papageienfutter wurde in der Vergangenheit in Fachkreisen oft kontrovers diskutiert. Mitunter wird gänzlich davon abgeraten, da dieses Frischfutter unter Umständen sehr schnell verdirbt und dann mehr Schaden als Nutzen bringen kann. Entschließt sich der Vogelhalter dennoch zum Angebot dieses wertvollen Futters, dürfen selbstverständlich nur Samen nach höchsten Qualitätsansprüchen Verwendung finden. Enthülste Samen, wie beispielsweise Hafer, sind zum Keimen nicht geeignet. Die peinlich genaue Einhaltung der notwendigen Hygiene ist während des Keimprozesses äußerst wichtig, denn gekeimtes Futter verdirbt sehr schnell, riecht dann säuerlich und bildet in der weiteren Folge Schimmelpilze. Verdorbenes Keimfutter darf natürlich unter keinen Umständen verfüttert werden! Auch qualitativ hochwertiges Futter, das unter strengsten hygienischen Ansprüchen zum Keimen gebracht worden ist, sollte nur in einer entsprechend kleinen Menge dem täglichen Speiseplan der Sittiche beigefügt werden. Die Vögel sollten das wertvolle Keimfutter innerhalb weniger Stunden nach der Bereitstellung komplett verzehrt haben, um den Verderb der Samen in den Futtergefäßen zu verhindern. Die weichen vorgekeimten Samen gelten als leicht verdaulich und der Keimling enthält viele wichtige Vitalstoffe.

Jahreszeitlicher Wechsel

Viele Züchter verändern das Nahrungsangebot außerhalb und während der Fortpflanzungsperiode ihrer Vögel. Man beabsichtigt dadurch, einen jahreszeitlichen Wechsel zu simulieren, der die australischen Sittiche schließlich in Brutstimmung versetzen soll. Oft mit Beginn des europäischen Frühlings wird den Sittichen in Menschenobhut ein Nahrungsreichtum „vorgetäuscht“, ähnlich wie nach einsetzenden Regenfällen in der Heimat dieser Tiere.

In den trockenen Gegenden Australiens entwickelt sich nach den langen Trockenperioden und den dann einsetzenden Regenfällen die Vegetation oft schlagartig zum Positiven; viele Vögel stellen sich dort sofort auf den eintretenden Nahrungsüberfluss ein und beginnen umgehend mit der Balz und der Nistplatzsuche. Die kurze Zeit der nahrungsreichen Natur muss ausgenutzt werden, um den späteren Nachwuchs problemlos aufzuziehen.

Auch viele Züchter beginnen darum im zeitigen Frühjahr damit, ihren Vögeln Nahrungsbestandteile anzubieten, welche sie über die Wintermonate nicht erhalten haben. Die zuvor erwähnten Samenmischungen werden dann zum Beispiel gekeimt oder auch nur gequollen angeboten und stellen in dieser Darreichungsform häufig die Lieblingsnahrung vieler Sittiche dar.

Keimfutter

Zur Herstellung von Keimfutter können handelsübliche Keimautomaten oder auch einfache Küchensiebe aus Kunststoff Verwendung finden. Die ausgesuchten Samen werden in ein Sieb gefüllt und darin unter fließendem Wasser gründlich abgespült. Anschließend werden die in dem Sieb befindlichen Samen für höchstens acht Stunden in ein hinreichend tiefes, mit frischem

Koniferen-Zapfen stellen eine wichtige Nahrungsergänzung für manche Arten dar und tragen auch zur Beschäftigung der Vögel bei.

Wasser gefülltes Gefäß gegeben, sodass alle Körner mit Wasser bedeckt sind. Etwa alle zwölf Stunden werden die Samen gründlich mit frischem Wasser durchgespült, bis die Samenhülsen aufbrechen und sich die ersten Keime zeigen.

Grünfutter

Nicht nur diese käuflich zu erwerbenden Sämereien sind ein wichtiger Nahrungsbestandteil für die australischen Sittiche, auch die Natur vor unserer Haustür bietet verschiedene Möglichkeiten, das Angebot zu bereichern. So können beispielsweise Fichtensamen in den Zapfen oder die Samen des Ahorns angeboten werden, aber auch die Samen unterschiedlicher Gräser und Kräuter. Insbesondere im halbreifen

Zustand sind Letztere ein begehrtes Zusatzfutter für Sittiche. Wer über die Möglichkeit verfügt, Kolbenhirse, Hafer und vielleicht auch etwas Mais selbst anzubauen, kann bereits die halbreifen Samenstände dieser Getreidesorten für die Ernährung der Sittiche nutzen. Gleiches gilt für Sonnenblumen.

Sehr begehrt sind bei den meisten Sittichen der saftige Löwenzahn und natürlich die Vogelmiere. Von diesen beiden Pflanzensorten werden die Blätter und auch die Blütenknospen verzehrt. Auch Salate finden Beachtung und können das ganze Jahr über den Speiseplan der Sittiche bereichern. Genauso können ganzjährig Zweige von Weiden, verschiedenen Obstbaumgehölzen und anderen Weichhölzern angeboten werden. In der Regel werden die Blatttriebe zuerst verzehrt und danach wird die Rinde abgeschält. In der Winterzeit können beispielsweise Birkenzweige in ein mit Wasser gefülltes Behältnis gestellt werden; nach einigen Tagen werden daran die ersten Blattknospen sichtbar und dann können auch diese Zweige in die Unterkunft der Sittiche gegeben werden. Weiterhin sollten die Beeren von Weißdorn, Feuerdorn, Schwarzdorn, Holunder und der Eberesche auf dem Speiseplan der Sittiche nicht fehlen. Bei der Auswahl von Pflanzen aus der Natur sollte selbstverständlich immer darauf geachtet werden, dass diese fernab von stark befahrenen Verkehrsstraßen gesammelt werden und nicht aus Gebieten stammen, in denen kurz zuvor giftige Substanzen ausgebracht worden sind.

Obst und Gemüse

Auch das tägliche Angebot von Obst und Gemüse gehört zu einer ausgewogenen Ernährung der australischen Sittiche und

Diese Orange scheint den Schwalbensittichen gut zu schmecken.

Körnerfutter, Aufzuchtfutter und Obst – die drei wichtigsten Bestandteile der Sittichernährung während der Zuchtphase, außerdem Koniferenzapfen zur Beschäftigung!

ihrer Verwandten. Hier sollte nicht nur auf die „traditionellen“ Sorten Apfel, Banane und Möhre zurückgegriffen werden, sondern auch Arten wie Weintraube, Kiwi, Aprikose, Porree, Kürbis, Mangold, Feige, Kirsche, Sellerie, Mango, Kaktusfeige, Blumenkohl, Topinambur, Himbeere, Orange und auch Erdbeere können angeboten werden.

Es ist bekannt, dass die Sittiche neu angebotenes Obst und Gemüse nicht immer sofort mit Begier aufnehmen und mitunter müssen dieselben Sorten mehrmals hintereinander in unregelmäßiger Folge zuerst in kleineren Mengen angeboten werden, bevor sie von den Vögeln die gewünschte Akzeptanz erfahren. Obst und Gemüse sollten in jedem Fall vor dem Verfüttern gewaschen werden.

Das tägliche Angebot an Obst und Gemüse sollte sich aus mindestens drei unterschiedlichen Arten zusammensetzen; Apfel kann zusätzlich jeden Tag angeboten werden. Es bietet sich an, die einzelnen Sorten in kleinere Würfel zu schneiden und in einem Napf anzubieten. Äpfel, Birnen und dergleichen können aber auch als geviertelte Früchte auf einen spitzen Ast oder abgekniffenen Nagel gespießt werden. Über das Obst und Gemüse können in regelmäßigen Abständen kleine Mengen Futterkalk und auch ein Multivitaminpräparat in Pulverform gestreut werden.

Tierische Produkte

Tierisches Eiweiß sollte zur Gesunderhaltung der australischen Sittiche ebenfalls angeboten werden. Geflügelknochen finden als Eiweißlieferant schon seit Längerem Verwendung, aber auch Joghurt, hart gekochte Eier, Magerquark und sogar frische Garnelen. Einige Züchter zerkleinern aber beispielsweise auch handelsübliche Hundepellets und streuen diese dann ebenfalls über das klein geschnittene Obst und Gemüse. Auch Lebendinsekten finden in der Sittichhaltung immer mehr Beachtung, sodass es heutzutage nicht mehr gänzlich unüblich ist, beispielsweise einige Mehlwürmer oder auch Heimchen als Zusatznahrung zur Verfügung zu stellen.

Kraft- und Aufzuchtfutter

Plant der Vogelhalter die Vermehrung seiner Sittiche, kommt in den meisten Fällen mit Beginn der Fortpflanzungsperiode ein

sogenanntes Kraft- und Aufzuchtfutter zum Einsatz. Derartiges Fertigfutter wurde noch vor Jahrzehnten von vielen Züchtern selbst hergestellt und als Eifutter bezeichnet. In der Gegenwart haben sich einige Futtermittelhersteller auf die Fertigung dieses Spezialfutters spezialisiert und bieten es für verschiedene Vogelgruppen in handlichen Packungen an. Hauptbestandteil dieses Kraft- und Aufzuchtfutters sind Bäckereierzeugnisse, Eier und Eiererzeugnisse, Saaten, Zucker, Mineralstoffe, Getreide sowie pflanzliche Eiweißextrakte. Hinzugefügt sind weiterhin Jod und die beiden Aminosäuren Methionin und Lysin. Ein solches Kraft- und Aufzuchtfutter kann den Sittichen durchaus täglich frisch im gelieferten Zustand angeboten werden. Eine größere Akzeptanz erfährt es jedoch, wenn es etwas mit klein geriebenen Möhren oder Äpfeln vermischt wird und so eine feuchtkrümelige Masse entsteht. Beim Angebot von Kraft- und Aufzuchtfutter sollte auf einen schnellen Verzehr durch die Sittiche geachtet werden. Darum sollten täglich nur entsprechende Mengen angeboten werden.
Außerdem muss auch ein Kalkstein, eine Sepiaschale oder ein sogenannter Taubenstein zur Verfügung gestellt werden. Vogelgrit, spezieller Vogelsand sowie kleine Steinchen sollten vermischt miteinander in einem Extranapf angeboten werden. Sie unterstützen den Verdauungsprozess der Vögel.

Frisches Wasser muss den Sittichen immer zur Verfügung stehen. Hier sieht man einen Strohsittich, der heute als Unterart des Pennantsittichs geführt wird (siehe Seite 110).

Selbstverständlich sind auch das tägliche Angebot von frischem Wasser und die ebenfalls tägliche Reinigung der Wasser- und Futternäpfe.

Nymphensittiche gehörten zu den ersten Sittich-arten, die erfolgreich gezüchtet wurden.

Die Zucht australischer Sittiche

Die Vermehrung von australischen Sittichen gelingt nicht immer auf Anhieb. Die verschiedenen Arten haben mitunter auch unterschiedliche Fortpflanzungsgewohnheiten, die es als Züchter dieser Vögel zu beachten gilt, wie beispielsweise die Gewohnheiten der Goldschultersittiche bei der Auswahl ihrer Brutstätte. Einige Vorgänge, die in der Natur über die Zeitspanne der evolutionären Entwicklung zur Gesetzmäßigkeit bei der Fortpflanzung der Sittiche wurden, spiegeln sich heutzutage bei den Vermehrungsversuchen in Menschenhand wieder.

Manche Züchter nehmen sich diese bekannt gewordenen Beispiele aus der Natur zum Vorbild. Sie ahmen den mitunter jahreszeitlichen Wechsel des Nahrungsangebots mit den hier zur Verfügung stehenden Möglichkeiten nach. Sie regulieren die Tageslichtzeiten und halten die Vögel ihrem Verhalten entsprechend während der Fortpflanzungsperiode in Schwärmen oder separat als Paare in einer Voliere. Selbstverständlich weicht der Brutverlauf in Freiheit immer etwas von dem unter Volierenbedingungen ab. Egal, welche Art man auch zu vermehren plant, immer erfordert es gewisse Voraussetzungen.

Zuchtvoraussetzungen

Die wohl wichtigste Voraussetzung ist das Vorhandensein eines garantierten Paares. Männchen und Weibchen vieler australischer Sitticharten und ihrer Verwandten aus den ozeanischen Gebieten erkennt man sofort, andere nur mit ein wenig Übung und wieder andere gar nicht anhand ihres äußeren Erscheinungsbildes. So sind beispielsweise die beiden Geschlechter beim Brown-, Bauers Ring-, Masken-, Pompadour-, Glanzflügel- sowie dem Amboina-Königssittich gleich gefärbt. Unterscheiden sich die Geschlechter deutlich erkennbar voneinander, spricht man vom Geschlechtsdimorphismus. Bei Arten, die keinen **Geschlechtsdimorphismus** aufweisen, kann häufig nur eine DNA-Analyse oder Endoskopie zuverlässig die

Männchen und Weibchen sind bei manchen Arten sehr gut zu unterscheiden. Bei den Schildsittichen trägt nur das Männchen einen gelben Kehllatz mit rotem Rand.

Geschlechterfrage klären. Schwierig kann es mitunter aber auch bei einigen Farbschlägen von ansonsten leicht zu unterscheidenden Sitticharten werden, wie beispielsweise den albinotischen Formen der Grassitticharten.

Paar ist aber auch nicht gleich Paar. Männchen und Weibchen sollten aus verwandtschaftsfernen Verpaarungen hervorgegangen sein und müssen schließlich auch miteinander harmonieren. Aus diesem Grund schaffen sich viele Züchter Jungvögel an, vergesellschaften diese im jungen Alter und lassen sie gemeinsam die Geschlechtsreife erreichen.
Zu beachten ist in diesem Zusammenhang auch die bereits beschriebene Weibchendominanz bei den Königs- und Rotflügelsittichen. Wenn ein neues Paar erstmals gemeinsam eine Unterkunft beziehen soll, ist immer etwas Vorsicht geboten. Die Tiere müssen in der ersten Zeit unbedingt genauestens beobachtet werden, um als Züchter Streitigkeiten rechtzeitig feststellen und gegebenenfalls sofort eingreifen zu können. Die beste Partnerwahl erfolgt deshalb immer in einer arteigenen Gruppe, wo sich die Paare unter einigen Artgenossen selbst finden können.
Verpaart man sehr junge Vögel miteinander, sollte man mit weiteren Schritten zur Fortpflanzung unbedingt auf den Eintritt der Geschlechtsreife warten. Allgemein werden die kleineren Sitticharten früher geschlechtsreif als die größeren. So schreiten einige Grassittiche oder auch die Laufsittiche in der Regel bereits innerhalb des ersten Lebensjahres zur Fortpflanzung, wogegen die größeren Königs, Kragen-, Rotflügel- und einige Plattschweifsitticharten zumeist erst innerhalb des zweiten oder dritten Jahres mit der Brut beginnen. Der Züchter sollte sich unbedingt bewusst sein, dass Vermehrungsversuche mit zu jungen Paaren mitunter zu einigen Problemen führen können, wie zum Beispiel unbefruchtete Gelege oder Legenot bei den Weibchen.
Bevor man mit den eigentlichen Vorbereitungen zur Vermehrung von australischen Sittichen beginnt, sollten die entsprechenden Vögel auf ihren Gesundheitszustand hin kontrolliert werden.

Die richtigen Nisthöhlen

Bestehen keine gesundheitlichen Zweifel, kann nun die Nisthöhle in der Unterkunft befestigt werden. Besser ist es, man bietet den Sittichen sogar zwei oder drei unterschiedliche Bruthöhlentypen an, jeweils an verschiedenen Stellen in deren Unterkunft. Die Brutplätze sollten allgemein im Innenraum angelegt werde – allein schon, um dem Sicherheitsbedürfnis der Vögel Rechnung zu tragen.
Als Bodenbelag in den Nisthöhlen ist für die meisten Sitticharten eine etwa 5 cm dicke Schicht Holzmulm sehr zu empfehlen, wobei dieses morsche, alte Holz festgestampft und unter Umständen während der Brutphase gelegentlich befeuchtet werden muss. Wellensittiche legen ihre Eier aber direkt auf den Höhlenboden; um hier ein Auseinanderrollen des Geleges zu

verhindern, empfiehlt sich, eine Nistmulde in den Höhlenboden zu fräsen.

Nistkästen oder auch Naturstammnisthöhlen können über den Fachhandel bezogen werden oder lassen sich mit etwas handwerklichem Geschick selbst herstellen. Zum Nistkastenbau werden in aller Regel Bretter verwendet, die selbstverständlich unbehandelt sein müssen. Je nach Nistkastentyp sollten die einzelnen Bestandteile bei eigener Herstellung maßgerecht vorgefertigt werden; orientieren sollte man sich dabei an der Körpergröße der Sittiche. In der Front ist im oberen Drittel ein Einschlupfloch einzuarbeiten, das gerade so groß sein sollte, dass der ausgewachsene Vogel hindurchpasst.
Gleiches gilt auch für die Maße der Naturstammnisthöhlen. Solche ausgehöhlten Baumstämme kommen den natürlichen Gegebenheiten am nächsten und werden von spezialisierten Herstellern angeboten. Sehr viel handwerkliches Geschick und geeignetes Werkzeug sind für die Anfertigung solcher Naturstammnisthöhlen gefordert, sodass eine eigene Herstellung häufig nur in Ausnahmefällen infrage kommt.
Bei Nisthöhlen im Hochformat sollte grundsätzlich daran gedacht werden, von innen eine Kletterhilfe anzubringen; dies trifft vor allem für Nisthöhlen zu, bei denen die Entfernung vom Höhlenboden zum Schlupfloch ein Vielfaches der Körperlänge der später darin brütenden Vögel beträgt. Ein Maschendrahtgeflecht findet hierfür häufig Verwendung.

Gewöhnliche Nistkästen kann man ganz leicht selbst bauen und werden wie hier zu sehen auch gern angenommen.

Zu empfehlen ist es, den Sittichen Nistmöglichkeiten bereitzustellen, die eine problemlose Kontrolle des Geleges und später der Jungvögel zulassen. Es sollten sich also leicht zu handhabende Kontrollöffnungen im unteren Bereich der Bruthöhle befinden, um ein ständiges Herunternehmen der Bruthöhle zu verhindern.

Die Bereitstellung der Nisthöhlen ist ein weiterer Faktor, der die Sittiche in Brutstimmung geraten lässt. In dieser und der nachfolgenden Zeit muss der Züchter darum bemüht sein, Störungen von den Paaren fernzuhalten. Der eigene Umgang mit

Maßempfehlungen für hochformatige Nisthöhlen bzw. Nistkästen mit Artbeispielen

Art	Gesamthöhe (cm)	Grundfläche (cm)	Schlupfloch-durchmesser (cm)
Wellensittich	25 bis 30	15 x 15	4 bis 5
Grassittich	25 bis 30	15 x 15 bis 20 x 20	4 bis 6
Schwalbensittich	30 bis 40	15 x 15 bis 20 x 20	5 bis 6
Rosella-, Sing-, Stanley-, Blasskopf-, Brown-, Nymphen-, Laufsittich	40 bis 50	20 x 20 bis 25 x 25	6 bis 8
Größere Plattschweifsittiche, Rotkappen-, Horn-, Prachtsittich	50 bis 60	25 x 25 bis 30 x 30	8 bis 9
Kragen-, Königs-, Rotflügelsittich	60 bis 70	25 x 25 bis 30 x 30	10 bis 12

den Vögeln sollte sich während dieser Zeit auf die tägliche Futtergabe sowie eine eventuelle kurze Kontrolle der Nisthöhle und die wirklich nur notwendigen Reinigungsarbeiten beschränken.
Bei empfindlichen Arten sollten die Nisthöhlenkontrollen nur durchgeführt werden, wenn sich keiner der Paarpartner im Höhleninneren befindet. Gelegentlich lassen sich einige Tiere auch durch die Anwesenheit von art- oder sogar gattungsgleichen Sittichen in den Nachbarvolieren vom Brutgeschäft ablenken. Nachgewiesen wurde dies bereits bei Plattschweifsittichen.
In solchen Fällen sollte durch geeignete Maßnahmen schnellstens für eine entsprechende Abhilfe gesorgt werden. So können ein oder zwei mit anderen Vogelarten besetzte Volieren als Pufferzone dienen. Der Rufkontakt zwischen einzelnen Paaren kann sich wiederum, selbst auf diese Distanz, stimulierend auf das Brutgeschäft auswirken.

Selektions- oder Erhaltungszucht?

Auf die Motivation der Vogelhalter und -züchter wurde zuvor bereits eingegangen. In diesem Kapitel sollen dem Interessierten die beiden Zielrichtungen Erhaltungs- sowie Selektionszucht vorgestellt werden.

Die **Selektionszucht** wird oft einer „Vermehrung“ von Vögeln gleichgestellt, dabei sind beide Begriffe von ihrer Sinngebung her eigentlich grundverschieden. Selektionszüchter müssen sich fast schon

wissenschaftlich mit ihren Zuchtzielen beschäftigen. Oft geschieht dies unter Nutzung der Vererbungslehre (Genetik), die durch Gregor Mendel erst Mitte des 19. Jahrhundert begründet wurde. Zumeist bei den standardisierten Arten soll durch die Zucht eine Vervollkommnung und Veränderung bestimmter Merkmale, wie beispielsweise Gefiederfärbung, Gefiederwachstum oder Körperpositur einzelner Individuen, stattfinden, sodass der einzelne Vogel am ehesten den Richtlinien der Vogelzuchtverbände entspricht, die in Züchterkreisen als Standards bezeichnet werden.
Manchmal findet man in derartigen Regelwerken auch die Bezeichnung „wildfarbig“ und man sollte annehmen, dass diese Namensgebung auf ein identisches Aussehen mit den in Freiheit lebenden Artgenossen hinweist. Nicht immer ist dies aber tatsächlich der Fall. Manche laut Standardwerken als wildfarbig bezeichneten Exemplare besitzen zwar große oder mitunter sogar übereinstimmende Ähnlichkeit mit dem in der Wildnis existierenden Artgenossen, aber auch nur in der Farbgebung, denn Körperform und Größe weichen oft erheblich von den Wildformen ab. Um derartige Zuchtziele zu erreichen, wird in einigen Fällen auch die Möglichkeit der Inzucht genutzt.

Es handelt sich bei der Selektionszucht um eine kontrollierte Fortpflanzung mit dem Ziel einer möglichst guten Bewertung standardisierter Vögel auf den Bewertungsschauen der Vogelzuchtverbände, realisiert durch eine genetische Umformung der Tiere. Das Ergebnis solcher Züchtungen wird dann auf den besagten Bewertungsschauen bekannt, wenn Zuchtrichter über „gut“ und „schlecht“ urteilen.
Aber auch in der Mutationszucht wird in ähnlicher Weise vorgegangen, wobei die Festigung neuer Farbschläge häufig ein fundiertes Wissen in der Vererbungslehre erfordert, denn nicht jede Farbe vererbt sich auf die gleiche Art und Weise. Wer

Inzucht und Selektionszucht

Unter Inzucht versteht man allgemein die Verpaarung relativ naher Blutsverwandter, bei der mit sehr hoher Wahrscheinlichkeit gleiche genetische Anlagen zusammentreffen. Es wird das Ziel verfolgt, möglichst reinerbige Merkmale in den Zuchtlinien zu festigen und mischerbige Merkmale zu vermindern. In der Schauwellensittichzucht wird durch ständige Rückkreuzungen auf ein Elternteil oder ein anderes nahe verwandtes Individuum und weiterhin durch eine gezielte Auslese die Herausbildung reinerbiger Merkmale forciert. Gelegentlich müssen aber geeignete nicht verwandte Einkreuzungsvögel in die Inzucht eingebunden werden, um einer Reduktion der Vitalität und Widerstandskraft gegen Krankheiten bei den Nachkommen entgegenzuwirken und dadurch die Leistungsfähigkeit zu erhalten. Nachteilige Folgen jahrelanger Inzucht sind mehrfach bekannt geworden. Das Maß für die Inzucht ist der Inzuchtkoeffizient.

ESB und EEP

Innerhalb der europäischen Zoogemeinschaft EAZA werden Europäische Zuchtbücher (ESB) oder auch Europäische Erhaltungszuchtprojekte (EEP) betreut, wobei die Individuen einer Art, die in der Regel in verschiedenen Zoos leben, als eine Gesamtpopulation betrachtet werden. Für ein ESB werden alle Daten der Individuen einer betreffenden Tierart von den teilnehmenden zoologischen Einrichtungen an einen Zuchtbuchführer übermittelt. Dieser Zuchtbuchführer ist in der Regel wissenschaftlicher Mitarbeiter eines Zoo; er kann Empfehlungen zur Abgabe oder Anschaffung geben und auf diese Weise die verwandtschaftsferne Partnerwahl beeinflussen.
In einem EEP erhält der Koordinator nicht nur die Datensätze der Individuen einer bedrohten Spezies; er koordiniert die Vermehrung der betreffenden Art innerhalb der Zoogemeinschaft. Als Grundsatz gilt es in beiden Fällen, die genetische Variabilität der Art aufrechtzuerhalten, sodass verwandtschaftsferne Verpaarungen innerhalb der Gesamtpopulation über lange Zeiträume durchgeführt werden können. Der EEP-Koordinator gibt den teilnehmenden Zoos nach diesen genetischen Aspekten die Abgabe oder auch Entgegennahme von Einzeltieren vor, mit dem eigentlichen Ziel einer Bildung von Zuchtpaaren.

Die Arbeit der ESB- oder auch EEP-Koordinatoren erfolgt ehrenamtlich. Derzeit gibt es in Europa etwa 375 Tierarten, deren Bestände auf diese Art koordiniert werden, und ungefähr 350 teilnehmende Zoos.

sich diesem Ziel der Vogelzucht verschreiben möchte, findet in fast allen Vogelzuchtverbänden der Welt eine Basis für dieses Handeln. Mit einer Erhaltung der Art hat die Selektionszucht allerdings kaum etwas gemein!

Bei der **Erhaltungszucht** wenden sich die beteiligten Züchter eher der Vermehrung zu. Mit Vermehrung bezeichnet man in der modernen Biologie die Artenreinvermehrung unter Erhaltung der Wildform, also der Reproduktion einer Population von Lebewesen, welche die ständige Zunahme der Individuenzahl als Ziel verfolgt. Die Vermehrung soll sicherstellen, dass eine Spezies mit all ihren in der Natur vorkommenden Variationen (in Körperform, -farbe, -größe und Verhalten) erhalten bleibt.
Auf dieser Grundlage versuchen zoologische Einrichtungen seit vielen Jahrzehnten und Privatzüchter seit etwas kürzerer Zeit Arten in Menschenobhut zu erhalten. Die Zoos und Vogelparks schließen sich hier in Europa beispielsweise innerhalb der European Association of Zoos and Aquaria (EAZA) zu einer Interessengemeinschaft

Viele Züchter wünschen sich besonders große und farbenkräftige Vögel wie diesen Rosellasittich. Der Erhaltungszüchter selektiert dagegen nicht auf Größe und Farbe, sondern bemüht sich um eine große Variationsbreite des Phänotyps.

zusammen, in denen Zuchtbemühungen für einzelne Arten initiiert und koordiniert werden. Zuchtbuchführer bzw. Koordinatoren wachen über den Gesamtbestand der innerhalb der EAZA gemeldeten bedrohten Arten.

Arterhaltungsaufgaben können unmöglich über längere Zeitabschnitte den zoologischen Einrichtungen allein vorbehalten bleiben. Schon aus Kapazitätsgründen verbietet sich dies von selbst, denn in Privathand befinden sich zum Beispiel deutlich mehr exotische Vögel als in den Zoos oder Vogelparks. Ein solches Potenzial gilt es zu nutzen und eine Kooperation von zoologischen Institutionen und Privatzüchtern sollte unter gewissen Voraussetzungen zukünftig mehr und mehr zur Gewohnheit werden. Private Züchter haben die Möglichkeit, sich ebenfalls aktiv für den Erhalt einzelner Arten einzusetzen.

Von Züchtern organisierte Zuchtprojekte nehmen immer Anteil an der züchterischen Arbeit. Zumeist geschieht dies unter dem Dach von einigen wenigen Vogelzuchtverbänden. Die deutsche „Vereinigung für Zucht und Erhaltung einheimischer und fremdländischer Vögel“ (VZE) nimmt hier gegenwärtig sicherlich eine Vorreiterrolle ein. In acht Zuchtprojekten finden etwa 80 Vogelarten Berücksichtigung. Die Daten der gemeldeten Vögel werden auch hier in ein Computerprogramm eingegeben, das bei geplanten Neuverpaarungen sofort einen Inzuchtkoeffizienten der betreffenden Vögel errechnen lässt. Der Koordinator der

Derzeit werden nur hochbedrohte Papageienarten in einem EEP der ESP geführt. In naher Zukunft dürften überregionale Zuchtbücher auch für Goldschulter-, Naretha- und selbst Ziegen- und Springsittiche (hier im Bild) notwendig werden.

einzelnen Projekte vermittelt auf Anfrage geeignete Vögel für Neuverpaarungen, wobei verwandtschaftsferne Verpaarungen auch hier im Mittelpunkt seiner Arbeit stehen.
Die Koordinatoren dieser ehrenamtlich geführten Initiativen stehen im Kontakt mit Freilandbiologen, aber auch mit wissenschaftlichen Mitarbeitern zoologischer Einrichtungen sowie naturhistorischer Sammlungen. Zahlreiche Zoos haben sich inzwischen diesen Privatinitiativen angeschlossen und sind Bestandteil dieser wichtigen Arbeit geworden. In unregelmäßigen Abständen werden Artenschutztagungen oder ähnliche Fortbildungsveranstaltungen organisiert, bei denen über den Status bestimmter Vogelarten in Freiheit oder auch über den Stand der Arterhaltungsmaßnahmen in Menschenobhut berichtet wird.

Gerade auch für zahlreiche australische Sitticharten sind Erhaltungszuchten mehr als notwendig. Dies gilt leider auch für die Arten, die häufig in Menschenobhut gehalten werden. Für viele dieser Sitticharten steht dabei allerdings nicht immer im Vordergrund, gegebenenfalls einmal die Population in den ursprünglichen Verbreitungsgebieten mit Nachzuchtvögeln zu stärken. Vielmehr soll den negativen Einflüssen des züchterischen Handelns entgegengewirkt werden, die sich bei zahlreichen Sitticharten vor allem aus Mutations- und Mischlingszuchten ergeben.

Balzverhalten

Nur wenige Aspekte tierischen Verhaltens sind so auffällig wie das Balzverhalten vieler Vogelarten. Die Balz dient dazu, eine

Australische Königssittiche beim Partnerfüttern.

Bindung zwischen den Geschlechtern herzustellen, die für die Erhaltung der Art wichtige Fortpflanzung sicherzustellen und die beiden Partner auf die gemeinsame Brutfürsorge einzustimmen.
Sehr unterschiedlich kann sich das Balz- und Werbeverhalten bei der Vielzahl unterschiedlicher Vogelarten darstellen. Spezielle Lockrufe und Gesänge, leuchtendes Gefieder oder akrobatische Flüge zählen dabei zum Standardrepertoire. Eher unspektakulär ist hingegen die Balz bei den meisten Papageienvögeln.
Die Balzaktivitäten gehen dabei häufig vom Männchen aus. Insbesondere bei den **Rotflügel-** und **Königssittichen** stellt sich diese Situation jedoch etwas anders dar. Bei diesen Arten nehmen die Weibchen die dominierende Position in der Partnerschaft ein; sie dulden ihre Männchen nicht in ihrer unmittelbaren Nähe und auf Annäherungsversuche der Männchen wird sofort mit Bissen reagiert. Ernsthafte Verletzungen bei den Männchen, mitunter auch Todesfälle, sind bereits als Folgen solcher dominanten Weibchen beschrieben worden. Hinreichend große Volieren sollten darum auch Ausweichmöglichkeiten für die Männchen bieten können.
Den Zeitpunkt der Fortpflanzung bestimmt bei den Königs- und Rotflügelsittichen also das Weibchen. Wird das Männchen schließlich vom Weibchen geduldet, nähert sich das Männchen mit hängenden Flügeln vorsichtig seiner Partnerin, die dann mitunter bereits die Kopulationsstellung einnimmt und leise, krächzende Bettellaute hören lässt. Das Männchen verengt und weitet seine Pupillen im ständigen Wechsel. Schließlich erfolgt die Fütterung des Weibchens durch das Männchen, der sich dann häufig die Kopulation anschließt.

Sehr interessant ist auch das Balzverhalten der **Wellensittiche**. Mit tippelnden Schritten, aufgerichtetem Kopf- und Kehlgefieder sowie stark verengten Pupillen nähert und entfernt sich das balzende Männchen immer wieder einem Weibchen. Gelegentlich stößt das Männchen mit seinem Schnabel gegen den des Weibchens. Für die Balz typische Laute sind in dieser Phase immer wahrzunehmen. Es dauert nicht lange, bis das Weibchen durch die Kopulationshaltung seine Bereitschaft zur Paarung signalisiert.

Anders äußert sich das Balzverhalten bei den **Princess-of-Wales-Sittichen**. Männchen und Weibchen werden mit Einsetzen der Fortpflanzungsperiode zunehmend aktiver; dies äußert sich auch durch immer häufiger vorgetragene Ruflaute. Wie bei den **Barraband-** und **Bergsittichen** auch bettelt das Weibchen sein Männchen um Futter an und verfolgt den Partner zu diesem Zweck durch die Unterkunft. Die Balz der Princess-of-Wales-Sittiche äußert sich weiterhin in dem charakteristischen Verengen sowie Weiten der Pupillen und bei beiden Paarpartnern kommt es zum Abspreizen der Stirnfedern. Das Männchen nähert sich nunmehr dem Weibchen, mitunter hüpft es dabei ein- bis zweimal. Imposant wirkt jedoch das rasche Laufen des

Männchens auf der Stelle, wodurch ein trommelähnliches Geräusch erzeugt wird, begleitet durch tickende Laute.

Bei den **Pennantsittichen** lassen die Männchen in der Balzphase ihre angewinkelten Flügel etwas hängen, neigen Kopf und Hals nach hinten und bewegen zusätzlich den gefächerten Schwanz seitlich rasch hin und her. Währenddessen werden ununterbrochen schwatzende Laute von sich gegeben. Das Weibchen nimmt dann die Kopulationshaltung ein.

Balzende **Singsittichmännchen** rufen laut. Mit nickenden Kopfbewegungen, zitternden und herabhängenden Flügeln sowie gleichzeitig gefächertem Schwanz nähern sich die Männchen ihrem Weibchen.

Bei den **Grassitticharten** laufen die balzenden Männchen hingegen in aufrechtem Gang und mit leicht gefächertem Schwanzgefieder; die Flügel werden dabei etwas angehoben. Auf diese Weise bewegt sich das Männchen um sein Weibchen herum. Es macht mitunter einige Sprünge sowie Verbeugungen mit einem anschließenden Hochrecken des Kopfes. Leise Rufe sind dabei wahrnehmbar. Zwischendurch kommt es zur Fütterung des Weibchens und im Anschluss zur Kopulation.

Bei den beispielhaften Nennungen im Bezug auf das Balzverhalten der australischen Sittiche darf auch der **Nymphensittich** nicht fehlen. Das Männchen balzt mit leicht abgestellten Flügeln bei tippelnder Gangart; es lässt dabei klappernde bzw. schmatzende Töne hören. Gelegentlich werden die Flügel ganz aufgestellt oder das Männchen klopft mit seinem Schnabel gegen den Sitzast oder das Käfiggitter. Hin und wieder hüpft das Männchen während seiner tippelnden Gangart in die Höhe. Sobald das Weibchen paarungsbereit ist, verlagert es seinen Körper in die Waagerechte, oft hebt das Weibchen seinen Schwanz dann etwas in die Höhe und auch der Kopf wird nach oben angehoben. Mit leicht abgestellten sowie zitternden Flügeln und mit leisen, sich wiederholenden Lauten fordert das Weibchen schließlich zur Kopulation auf. Die bewegliche Federhaube wirkt in diesem Prozess als permanentes „Stimmungsbarometer“.

Das Balzverhalten seiner Vögel zählt im jährlichen Verlauf zu den besonderen Ereignissen für den Sittichzüchter. Die aufgeführten Beispiele können nur einen Querschnitt aufzeigen; sie bilden ein Durchschnittsmuster, wie sich das Balzverhalten bei den meisten australischen Sittichen darstellt.

Eiablage und Brut

Nachdem den Sittichen die Bruthöhlen zur Verfügung stehen, interessieren sich die Vögel in der Regel sofort für ihre zukünftige Niststätte. Vorsichtig schaut das Weibchen durch das Schlupfloch in das Höhleninnere. Hat sich das Weibchen hinreichend über einen gefahrenfreien Zugang in das

Höhleninnere vergewissert, wird es sich anfangs nur für einen kurzen Moment hineinbegeben. Die meisten Männchen halten sich in dieser Zeit direkt vor dem Schlupfloch auf; sie werden zunehmend aktiver und treten aggressiver gegen eventuelle Konkurrenten auf. Einige Männchen begeben sich aber auch in das Höhleninnere, um dort ihre Weibchen zu füttern.
Das Weibchen oder mitunter auch beide Paarpartner haben die nächsten Tage mit dem Ausgestalten der Bruthöhle zu tun. Die Innenwände werden etwas benagt und auch das zuvor durch den Züchter eingebrachte Nistmaterial auf dem Boden der Höhle wird gegebenenfalls zerkleinert oder teilweise wieder entfernt. Die Aufenthalte in der Bruthöhle werden immer länger und in dieser Zeit sollte der Züchter die Sittiche bereits an die täglichen Nisthöhlenkontrollen gewöhnen. Bei sehr scheuen Exemplaren sollte eine solche Kontrolle nur stattfinden, wenn sich das Weibchen außerhalb der Nisthöhle befindet. Generell sollte sich der Züchter während der Fortpflanzungsphase sehr umsichtig in der Nähe seiner Pfleglinge verhalten, um Schrecksituationen zu vermeiden.

Bei einem reibungslosen Verlauf wird etwa zwei bis vier Wochen nach der Bereitstellung der Nisthöhle das erste Ei im Höhleninneren zu finden sein. Die Farbe aller Papageieneier ist Weiß. Der Legeabstand beträgt von einem Ei zum nächsten in der Regel zwei Tage und die Weibchen beginnen oft schon mit der Ablage vom ersten Ei mit der Brut. Daraus ergibt sich, dass die

Hier sieht man ein Springsittichweibchen bei der Brut in dem mit Federn ausgepolsterten Nistkasten.

Schlupftermine für die Küken ebenfalls in diesen Abständen zu berechnen sind.
Da sich viele der australischen Sittiche bereits über einen Zeitraum von Jahrzehnten in Menschenhand vermehren ließen und zudem mitunter auch von ihrem Charakter her sehr zutraulich sind, lassen sie sich durch die Anwesenheit des Menschen kaum stören und die Weibchen bebrüten sehr zuverlässig ihr Gelege. Manche Weibchen verlassen selbst bei der täglichen Kontrolle nicht das Gelege und können durch den Züchter sogar zur Seite geschoben werden.
Während der Brutzeit sollte den Vögeln ständig eine Bademöglichkeit bereitgestellt werden, denn einige Weibchen erfrischen sich an sehr heißen Tagen auf diese Weise und begeben sich dann mit dem noch feuchten Gefieder auf das Gelege.
Während der Brutzeit hält sich das Männchen die meiste Zeit in unmittelbarer Nähe der Bruthöhle auf.

Der Nymphensittich – ein etwas anderer Australier

Der Nymphensittich nimmt mit seinem Brutverhalten unter den hier beschriebenen Arten eine Sonderstellung ein; bei dieser Spezies übernimmt auch das Männchen einen Teil des Bebrütens. Das Männchen hält sich in den Vormittagsstunden bis zum frühen Nachmittag in der Nisthöhle auf und wird danach von seinem Weibchen abgelöst. Die Ablösung auf dem Gelege wird mitunter bereits durch das bloße Erscheinen des Partners in der Bruthöhle eingeleitet: Der bis dahin brütende Partner verlässt langsam das Gelege und der andere nimmt seine Stelle ein. Sehr oft verweilen beide Partner dann noch für längere Zeit gemeinsam im Höhleninneren. Ob sich die Paarpartner in diesem Zeitraum gegenseitig füttern, ist bislang nicht erforscht. Üblicherweise zeigen Papageienarten, die im Wechsel brüten (wie die meisten Kakadus) kein oder ein nur schwach ausgeprägtes Partnerfüttern. Hier könnten Nisthöhlenkameras für Aufklärung sorgen und weitere Details zum Brutgeschehen liefern.

Ein- bis zweimal täglich verlässt auch das Weibchen das Gelege und später die Jungvögel, um eine kurze Strecke zu fliegen, sich zu entleeren und etwas Nahrung zu sich zu nehmen. Während dieser Zeit ist das Männchen sehr bemüht um seine Partnerin; es bewegt sich ständig in ihrer Nähe, füttert und krault es, sofern sich die Gelegenheit dafür bietet. Derartige Aufenthalte des Weibchens außerhalb der Bruthöhle dauern etwa 5 bis 10 Minuten und schaden dem Gelege keinesfalls.

Schlupf, Aufzucht und Entwicklung der Jungvögel

Nach dem Schlupf des ersten Jungvogels bemüht sich anfangs bei den meisten hier beschriebenen Arten nur das Weibchen um die Fütterung des Nachwuchses. Eine Ausnahme stellt dabei wieder der Nymphensittich dar. Papageienvögel sind Nesthocker und verbringen die Zeit bis zum Erlangen ihrer Flugfähigkeit in der Höhle. Dabei sind junge Sittiche anfangs nur mit einem dünnen Flaum bedeckt und ihre Augen sind vorerst geschlossen; sie werden in den ersten Lebenstagen von einem Elternteil gehudert oder wärmen sich auch gegenseitig.
Die benötigten Futtermengen sind anfangs aufgrund der geringen Körpergröße der Jungvögel noch minimal, sodass das Männchen sich erst nach einigen Tagen an der Aufzucht der Küken beteiligen muss. Das Männchen füttert bis dahin sein Weibchen mit vorverdautem Futter aus seinem Kropf und das Weibchen übergibt diese Nahrung schließlich an den Nachwuchs. Später beteiligt sich dann auch das Männchen aktiv an der Aufzucht der Jungvögel und übergibt das Futter direkt an den Nachwuchs.

Im Alter von sieben bis zehn Tagen können die kleinen Sittiche mit einem amtlich anerkannten Fußring gekennzeichnet werden. Dies ist dann auch der Zeitraum, in dem sich bei den Jungvögeln der meisten Arten die Augen zu öffnen beginnen und sich die ersten Federkiele zeigen. Bald schon sind die Jungvögel in der Lage, ihren Kopf aufrechtzuhalten und eine sitzende Stellung in der Höhle einzunehmen. Mit zunehmendem Alter steigt selbstverständlich auch der Futterbedarf der Jungvögel. Das ständige Betteln der Jungen ist ein eindeutiges Zeichen dafür, dass die Eltern nun immer mehr gefordert werden.

Bald zeigen sich die jungen Sittiche in ihrem vollständigen Gefieder, das artspezifisch oft schon ähnlich dem der Eltern ist und beim Nachwuchs nur durch etwas mattere Farben in Erscheinung tritt. Eine Ausnahme bildet hierbei jedoch zum Beispiel der Pennantsittich. Bei dieser Art besitzen voll befiederte Jungvögel der Nominatform und der Unterart *melanopterus* fast ausnahmslos eine zum größten Teil olivgrüne Grundgefiederfärbung, die erst mit der Jugendmauser dem roten Grundgefieder der adulten Vögel weicht.

Junge Nymphensittiche können schon sehr früh durch ihre Haubenstellung Stimmungen anzeigen.

Die Nestlingszeit der meisten australischen Großsittiche liegt bei fünf bis sieben Wochen. Bei kleinen Arten wie Bourkesittichen sind die Jungen schon mit 28 bis 30 Tagen flügge.

Der aufmerksame Beobachter wird mit zunehmendem Alter der Jungvögel bemerken, dass diese immer unruhiger in ihrer Kinderstube werden. Flattergeräusche sind mitunter wahrnehmbar, die auf ein baldiges Verlassen der Bruthöhle durch die jungen Sittiche hindeuten. Vorsichtig wagen die Jungvögel bald einen neugierigen Blick aus dem Schlupfloch ihrer Höhle und kurze Zeit später ist der erste junge Sittich außerhalb dieser zu sehen. Großsittiche verlassen in einem Alter von fünf bis sieben Wochen die schützende Bruthöhle. Arten wie Wellensittich oder die ebenfalls kleineren Grassittiche können bereits nach 30 Tagen außerhalb der Höhle angetroffen werden.

Schon in der Nisthöhle beginnt für die Jungvögel ein wichtiger Teil ihrer Sozialisation innerhalb der Familiengruppe (hier junge Schwalbensittiche).

Anfängliche Flugversuche enden häufig auf dem Boden, nachdem vergeblich an den Wänden, Fenstern oder Ähnlichem nach Halt gesucht wird. In den ersten Stunden nach dem Ausfliegen wirken die Jungvögel darum auch noch sehr unbeholfen. Da viele junge Sittiche solche unnatürlichen Begrenzungen wie Glasscheiben oder das Volierengitter nicht sofort als Hindernisse erkennen, können diese Barrieren anfangs gerade in Schrecksituationen zur tödlichen Falle werden. Ein Genickbruch als Folge eines ungebremsten Aufpralls ist dann nicht selten das Resultat eines schnellen Fluges.
Abhilfe schaffen da bereits einfache Maßnahmen. Beispielsweise können die Fenster oder auch die Stirnseiten der Voliere von innen mit belaubten Ästen behangen werden. Diese werden von den Sittichen wahrgenommen und ein eventueller Aufprall ist völlig ungefährlich, da die federnden Äste in gewissem Maße nachgeben. Die ausgeflogenen Jungvögel werden weiterhin von ihren Eltern mit Nahrung versorgt, doch bald reagieren die Altvögel nicht mehr in der gewohnten Weise auf die anhaltenden Bettellaute ihres Nachwuchses. In dieser Phase beginnen die jungen Sittiche hin und wieder selbst, etwas Nahrung zu sich zu nehmen, und nach drei bis vier Wochen leben die meisten Jungvögel bereits in völliger Unabhängigkeit von ihren Eltern. Manchmal bereiten sich die Altvögel dann bereits auf ihre zweite Jahresbrut vor. Einige Arten dulden ihren Nachwuchs weiterhin in ihrer Nähe, andere verfolgen die Jungen jedoch und sehen diese als Konkurrenten an.

Nachdem die jungen Sittiche von ihren Eltern getrennt worden sind, sollten sie keinesfalls den Kontakt zu artgleichen Vögeln verlieren. Gerade die Zeit nach Erreichen der Selbstständigkeit bis ins subadulte Alter prägt die Vögel in besonderer Weise. Obwohl aus dem Freiland von nur sehr wenigen Papageienarten Berichte zur Sozialisation vorliegen, lassen sich jedoch einige allgemeine Rückschlüsse aus den Erfahrungen bei der Volierenhaltung ziehen. Die Nestgeschwister sollten nach der Trennung von ihren Eltern noch für einige Zeit gemeinsam in einer Voliere untergebracht werden, wenn möglich sogar mit weiteren artgleichen Individuen zusammen. Eine Unterbringung in einer reizarmen Umgebung sollte dabei unbedingt vermieden werden, denn die Wirkung der Umweltein-

Sozialisation – ein interessanter Forschungsbereich

Als Sozialisation ist im Grunde der Erwerb von artspezifisch vorgegebenen und somit typischen Verhaltensweisen und Orientierungen innerhalb einer Gemeinschaft oder Gruppe zu bezeichnen. Diese Prozesse werden je Individuum ein Vogelleben lang nicht abgeschlossen und bieten immer noch viele Forschungsmöglichkeiten, die von jedem interessierten Vogelhalter im gewissen Maße betrieben werden können. In Menschenobhut werden die Sittiche als Einzelvögel, paarweise oder in einer Gruppe gehalten. Als Käfigvogel gehaltene Einzelvögel verlieren zumeist kurz nach dem Erreichen der Selbstständigkeit den Kontakt zu artgleichen Individuen; die Orientierung dieser Tiere richtet sich fortan auf den Ersatzpartner, nämlich den Menschen. Das Leben solcher Vögel spielt sich häufig in einem engen Käfig ab. Mittlerweile ist anhand von Untersuchungen nachgewiesen worden, dass mit der Einzelhaltung nachhaltige Defizite für die ansonsten sozial lebenden Papageienvögel verbunden sind. Die Einzelhaltung stellt die schlechteste Haltungsform von Vögeln dar.

Als Idealform kann hingegen die Gruppenhaltung von bestimmten Arten in einer ausreichend dimensionierten Volierenanlage angesehen werden; dies trifft besonders für die auch im Freiland sehr sozial lebenden Sitticharten zu. Die ständige Beobachtung von sozialen Verhaltensweisen innerhalb einer solchen Sittichgruppe bietet dem Betrachter ein interessantes Betätigungsfeld. In verschiedensten Situationen können über den Tag verteilt agonistische Verhaltensweisen bei den Sittichen beobachtet werden, aber auch die Kommunikation zwischen den Individuen, das Fluchtverhalten, die Paarbildung, das Fortpflanzungsgeschehen und später auch die Jungenaufzucht. Regelmäßig durchgeführte Aufzeichnungen zu einzelnen Verhaltensweisen, über einen langen Zeitraum, sind außerdem überaus wichtig für andere Sittichliebhaber und sollten demzufolge vermehrt publiziert werden. Daraus resultierende Erkenntnisse helfen mitunter, Fehler zu korrigieren, und können somit zukünftig zu einer möglichst artgerechten Haltung beitragen.

flüsse ist in der kommenden Zeit von großer Bedeutung für die Entwicklung der Sittiche. Das gemeinsame Erleben des Alltags bindet die Vögel in natürlicher Weise aneinander. Nach einer solchen Vergesellschaftung hält die Nestgeschwisterbeziehung wahrscheinlich bei den meisten Sitticharten noch viele Wochen an, selbst bei einer Haltung von verwandtschaftsfernen Exemplaren in einer artgleichen Gruppe. Später entwickelt sich eine eher instabile Beziehung zu den Nestgeschwis-

tern und auch zu den anderen Gruppenmitgliedern. Später kommt es in solchen Volierengemeinschaften dann allgemein zur eigentlichen Paarbildung mit einem gegengeschlechtlichen Jungvogel.
Daraus ergibt sich, dass die beste Art der Verpaarung die möglichst frühzeitige freie Partnerwahl in einer artgleichen Gruppe darstellt. Plant man das Zusammensetzen etwas älterer Jungvögel zu einer Gruppe und zum Zweck der Paarbildung, wäre es sinnvoll, alle Vögel zeitgleich in die zukünftige Unterkunft einzusetzen. Ansonsten können eventuell Streitigkeiten der Alteingesessenen gegenüber den Neulingen auftreten. Haben sich die Sittiche in der Gruppe aneinander gewöhnt, zeigen sie bald auch ihre natürlichen Verhaltensweisen. Dabei stellen sich die gemeinsam erlebten Aktivitäts- und auch Ruhephasen in einer Gruppe in den meisten Fällen wie folgt dar:

In den Morgenstunden begeben sich die Angehörigen der Gruppe oft gemeinsam zu den Futterplätzen. Hier kann es bereits zu kleineren Reibereien um den besten Platz und das beste Futter kommen, die allerdings in der Regel ungefährlich verlaufen.
Ähnlich verhält es sich an den Wasserstellen, die dann zum Trinken oder auch Baden aufgesucht werden. Im Normalfall begeben sich die Vögel danach zu einer etwas höher gelegenen Sitzmöglichkeit und pflegen dort ihr Gefieder. Hier kann es dann auch zu einer gegenseitigen Gefiederpflege von Nestgeschwistern oder der bereits verpaarten Sittiche kommen.
Oft schließt sich daran eine weitere Aktivitätsphase an, in der die Sittiche zum Teil einzeln oder auch paarweise in der Unterkunft aktiv sind. Hier verbringen sie ihre Zeit auf dem Erdboden laufend, in den Ästen kletternd, von Sitzast zu Sitzast fliegend oder auch damit, sich dem Partner zu widmen.
Dieser Aktivitätsphase schließt sich eine Ruhephase an, in der sich die Sittiche einzeln oder paarweise auf einer Sitzgelegenheit aufhalten und sich der Gefiederpflege widmen. Im Anschluss daran verbringen die Vögel dort eine längere Tagesphase ruhend mit einem wieder engeren Kontakt zum eventuell bereits vorhandenen Partner. Am Nachmittag werden gemeinschaftlich erneut die Futterstellen aufgesucht und somit ist der Anfang einer zweiten Aktivitätsphase gegeben.
Der Abend endet damit, dass die Mitglieder der Gruppe ihre Schlafplätze aufsuchen und dort die Zeit bis zum nächsten Morgen verbringen.

Anders stellt sich der gerade beschriebene Ablauf mit Beginn der Fortpflanzungsaktivitäten dar. Hier sondern sich die einzelnen Paare häufig von der Gruppe ab und begeben sich, ähnlich wie auch im Freiland, auf die Suche nach einer geeigneten Bruthöhle. Ist eine Brutstätte ausgewählt, wird sie von dem Paar gegen etwaige Konkurrenten verteidigt. Haben schließlich alle Bewohner einer gemeinsamen Unterkunft ihre eigene Nisthöhle bezogen, kehrt wieder etwas Ruhe ein.

Fehlorientierung

Mitunter werden auch Angehörige unterschiedlicher Arten in einer Unterkunft vergesellschaftet. Hier kann es unter Umständen, häufig aus Mangel an einem artgleichen Partner, zu Fehlorientierungen bei den Sittichen kommen. So kann es durchaus vorkommen, dass ein typisches Fortpflanzungsverhalten, wie beispielsweise das gegenseitige Füttern, bei völlig artfremden Exemplaren zu beobachten ist. So wurde erst kürzlich in einer Gemeinschaftsvoliere beobachtet, wie sich ein Pennantsittich-Männchen sehr intensiv um ein Rosakakadu-Weibchen bemühte und dieses bei jeder sich bietenden Gelegenheit fütterte.

Fehlorientierung in einer Gemeinschaftsvoliere: Ein Pennantsittich füttert einen Rosakakadu.

Fehlorientierungen sind in Volieren aber auch häufig bei ehemaligen Käfigvögeln zu beobachten, die zuvor stark auf den Menschen fixiert waren und dann aus verschiedensten Gründen nicht mehr für eine Wohnungshaltung infrage kamen. Derartige Vögel sind für Vermehrungsversuche häufig verloren.
Die Sozialisation der Sittiche beginnt in der Regel mit dem Schlupf der Küken aus der Eischale. Die spätere Betreuung durch die Eltern und die Beziehung zu den anderen Geschwistern tragen dazu bei, dass der heranwachsende Jungvogel sich als Angehöriger seiner Spezies zu identifizieren lernt. Über das Für und Wider von Handaufzuchten ist bereits viel geschrieben worden und ganz sicher spielt diese Form der Aufzucht auch in der Erhaltungszucht von sehr seltenen und schwer zu vermehrenden Papageienarten eine mitunter entscheidende Rolle, um die Gesamtpopulation einer Spezies zu vergrößern und somit die Art zu erhalten.
Heute gibt es Handaufzuchtmethoden, die Fehlprägungen der Jungvögel weitgehend verhindern. Diese Vögel werden frühzeitig sozialisiert und taugen damit auch für die spätere erfolgreiche Verpaarung mit Artgenossen. Kritischer sollten in jedem Fall die Handaufzuchten betrachtet werden, deren Ziel die Aufzucht völlig zahmer und menschengeprägter Stubenvögel ist. Sie sind für spätere Erhaltungszuchten in der Regel verloren.

Der Pennantsittich ist einer der farbenprächtigsten Sittiche.

Artenporträts

Im nun folgenden Artenteil werden alle gegenwärtig anerkannten australischen und ozeanischen Sitticharten vorgestellt. Die ausgestorbenen Arten und die in Europa kaum oder nicht gehaltenen Arten werden nur kurz im Vorspann zu den einzelnen Gattungen erwähnt.
In der systematischen Abfolge der Arten und Unterarten halten wir uns an die neueste IOC World Bird List von Gill & Donsker (2012). Als Literaturgrundlagen für die einzelnen Artkapitel wurden jeweils die Monografien von Schöne & Arnold (1985), de Grahl (1969), Forshaw (1989, 2003), Juniper & Parr (1998) und Robiller (1997) verwendet. Darüber hinausgehend verwendete Arbeiten sind im Literaturverzeichnis aufgeführt.

Die Nennung der Kennzeichen bei jedem Artkapitel erhebt keinerlei Anspruch auf Vollständigkeit. Lediglich markante Gefiedermerkmale werden hier aufgeführt. Eine jeweils detaillierte Gefiederbeschreibung, die zum Beispiel für Züchter wichtig sein könnte, die ihre Vögel auf Artenreinheit oder Mischlingsmerkmale überprüfen wollen, findet sich bei Forshaw (2003).

Die Hinweise zur Haltung und Zucht basieren auf persönlichen Erfahrungen oder auf Erkenntnissen, die in der Fachliteratur beschrieben wurden und die zu Erfolgen bei Haltung und Zucht der einzelnen Arten geführt haben. Sie erheben keinen Anspruch auf Allgemeingültigkeit.

Aktueller Status

Die Informationen zum Status der jeweiligen Art im Freiland wurde aus der aktuellen Liste der Weltnaturschutzorganisation IUCN ersehen (www.iucnredlist.org). Diese Liste gibt den aktuellen Status jeder Vogelart aufgrund der vorliegenden Informationen wieder und gelangt damit zu einer zusammenfassenden Einschätzung, die sich in einer der folgenden Kategorien niederschlägt:

- *EX (Extinct – ausgestorben)*
- *EW (Extinct in the Wild – in der Natur ausgestorben)*
- *CR (Critically Endangered – vom Aussterben bedroht)*
- *EN (Endangered – stark gefährdet)*
- *VU (Vulnerable – gefährdet)*
- *NT (Near Threatened – potenziell bedroht)*
- *LC (Least Concern – nicht gefährdet)*
- *DD (Data Defizient – keine ausreichenden Daten)*

Der so ermittelte Freilandstatus fließt dann in der Regel in die Artenschutzgesetzgebung der Länder ein und reglementiert Haltegenehmigung, Beringungsart und Meldepflicht.

Rotkappensittiche (Gattung *Purpureicephalus*)

Rotkappensittiche weichen mit einem sich stark nach vorn verjüngenden Schädel, einem schmalen, verlängerten Schnabel, einer auffälligen Gefiederfärbung und besonderen Verhaltensweisen bei der Balz

morphologisch und ethologisch deutlich von anderen australischen Großsittichen ab und wurden daher bereits frühzeitig in eine eigene monotypische Gattung (mit nur einer Art und ohne weitere Unterarten) gestellt.
Nach einigen recht unterschiedlichen Systemvorschlägen in den 1960er- und 1970er-Jahren wird die Gattung *Purpureicephalus* aufgrund von DNA-Untersuchungen heute verwandtschaftlich in der Nähe der Kragensittiche (Gattung *Barnardius*) eingeordnet, wobei die morphologischen und Verhaltensbesonderheiten mittlerweile als Anpassungen an die Nahrungsspezialisierung der Vögel gedeutet werden.

Rotkappensittich (*Purpureicephalus spurius*) (Kuhl, 1820)

Kennzeichen, Größe und Gewicht

Männliche Rotkappensittiche gehören zu den farblich auffälligsten Papageien. Sie sind an Stirn, Scheitel und Hinterkopf purpurrot, an der Wange leuchtend gelbgrün, auf dem Rücken und den Oberflügeln grün, an Kehle, Brust und Bauch purpurblau bis violett, an Flanken, Schenkeln und Unterschwanzdecken rot gefärbt. Der Schnabel ist hell graublau, die Iris dunkelbraun, die Füße sind graubraun. Das Weibchen zeigt insgesamt eine blassere Gefiederfärbung, eine schmale grüne Linie über dem Auge und einen kleineren Schnabel. Jungvögel tragen zunächst keine rote Kappe, zudem sind Hals und Kehle mattgrün, die Brust und der Bauch rotbraun gefärbt.

Der farblich attraktive Rotkappensittich weist eine Nahrungsspezialisierung auf. Mit dem verlängerten Oberschnabel kann er an die Samen vom Marri-Eukalyptus gelangen.

Gesamtlänge etwa 37 cm. Gewicht 105 bis 156 g (Männchen), 98 bis 135 g (Weibchen). Keine Unterarten.

Verbreitung, Lebensräume und Nahrung

Rotkappensittiche haben nur ein kleines Verbreitungsgebiet an der Südwestspitze Australien. Dort sind sie vor allem in bewaldeten Habitaten, aber auch in vereinzelten Baumgruppen, Baumsavannen, entlang von Flussläufen und selbst in Stadtparks und Obstplantagen anzutreffen. Dabei entfernen sie sich nie allzu weit von ihrem bevorzugten Futterbaum, dem Marri-Eukalyptus (*Eucalyptus calophylla*). Zwar zählen auch manche andere Samen, Früchte, Beeren, Nüsse, Blätter, Knospen, Insekten und deren Larven zum Nahrungsspektrum des Sittichs, aber die Samen des Marri und anderer Eukalyptusarten bilden ganzjährig einen Hauptnahrungsbestandteil und sind besonders im Winter eine wichtige Futterquelle, die dann mehr als 50 Prozent der gesamten aufgenommenen Nahrungsmenge ausmachen kann. Der schmale, vorstehende und an der Spitze verlängerte Schnabel stellt eine Spezialanpassung an die Aufnahme dieser Samen aus der Futterkapsel dar.

Soziale Organisation und Brutbiologie

Während die Jungvögel und Subadulten zeitweise innerhalb ihres Verbreitungsgebietes umherwandern und hier und dort auch in größeren Scharen nach Nahrung suchen, sind die Altvögel recht standorttreu und entfernen sich nur selten weiter von ihren Brutgebieten. Die Brutzeit reicht von August bis Dezember, gebrütet wird in einer hoch gelegenen Baumhöhlung, oft in einem Marri-Eukalyptusbaum.

Bei der Balz sitzt das Männchen in der Regel neben dem Weibchen, stellt die roten Oberkopffedern auf, lässt die Flügel hängen und sträubt das gelbe Rückengefieder. Dabei wird der gefächerte Schwanz etwas angehoben, aber nicht wie bei den Plattschweifsittichen seitlich geschlagen. In dieser Position stolzieren die Männchen vor den Weibchen und rufen dabei nahezu ununterbrochen.

Status im Freiland und Artenschutz

Allgemein scheinen Rotkappensittiche in den feuchteren Habitaten insgesamt noch häufiger vorzukommen als in den trockeneren Regionen, wo in den vergangenen Jahrzehnten leichte Rückgänge verzeichnet wurden. Insgesamt ist die Art jedoch noch nicht bedroht und zudem gesetzlich geschützt. Allerdings weisen Freilandforscher darauf hin, dass sie durch ihre Teil-Spezialisierung auf Marri-Samen unter Umständen langfristig gefährdet ist, vor allem auch, weil in den bislang ausgewiesenen Schutzgebieten keine größeren Areale mit Marri-Beständen vorhanden sind. Zudem werden die Vögel in den Obstanbaugebieten trotz eines generellen gesetzlichen Schutzes (und mit behördlicher Genehmigung) oft als Ernteschädlinge in großer Zahl abgeschossen. Beides könnte auf Dauer einen Rückgang der Populationen bewirken. Nach den Kriterien der IUCN gilt die Art insgesamt noch als häufig und wird als nicht gefährdet (LC) eingestuft.

Die fünf bis sechs reinweißen, breit-elliptischen und schwach glänzenden Eier haben eine durchschnittliche Größe von 27,5 x 23,2 mm. Sie werden drei Wochen lang vom Weibchen bebrütet. Nach dem Ausfliegen bleiben die Jungen bis zur Selbstständigkeit noch einige Wochen bei den Eltern und schließen sich dann zu Jungtiergruppen zusammen. Mit etwa 14 Monaten ist die Mauser in das Erwachsenengefieder abgeschlossen, manche Weibchen tragen aber auch im zweiten und dritten Lebensjahr noch Jungvogelmerkmale im Gefieder.

Allgemeine Hinweise zur Haltung und Zucht

Rotkappensittiche kamen erstmals 1854 und dann wieder 1873 in den Londoner Zoo. Die erste Zucht in Europa ist für das Jahr 1909 bei H. D. Astley und W. R. Fasey in England verzeichnet. Seither wird die Art regelmäßig in den Großsittichzuchtanlagen in ganz Europa gezüchtet, wenngleich sich ihre Beliebtheit – trotz der prächtigen Ausnahmefärbung – stets in Grenzen gehalten hat und keineswegs mit den Zahlen gehaltener Plattschweifsittiche konkurrieren kann. Das mag damit zusammenhängen, dass die Vögel einerseits einen enormen Platzbedarf haben und in Volieren, die kürzer als 5 Meter sind, kaum artgemäß zu halten sind. Andererseits bleiben die Vögel auch nach Jahren immer noch recht scheu und haben zudem ein großes Nagebedürfnis, was eine regelmäßige Erneuerung der Sitzäste und einen dickwandigen Hartholznistkasten (etwa 25 x 25 cm Grundfläche bei 70 bis 80 cm Höhe) erforderlich macht. Davon abgesehen sind die Vögel aber sehr robust, wenig kälteempfindlich und von der Stimme her nicht sehr laut. Zudem können sie gut mit anderen großen und mittelgroßen Sittichen zusammen gehalten werden, wenn die Voliere ausreichend dimensioniert ist. Die Ernährung der Vögel bereitet – trotz ihrer Nahrungsspezialisierung im Freiland – keine Schwierigkeiten. Wie alle anderen australischen Großsittiche nehmen auch sie mit einem handelsüblichen Großsittichfuttergemisch mit zusätzlichen Obst- und Gemüsebeigaben vorlieb.
Zur Brutzeit legt das Weibchen fünf bis sechs Eier und bebrütet sie 21 bis 22 Tage, die Nestlingszeit der Jungvögel beträgt 35 bis 37 Tage. Nistkastenkontrollen sind wegen der Scheu der Vögel auf ein Minimum zu beschränken und nur dann vorzunehmen, wenn das Weibchen den Kasten ohnehin verlassen hat.
Rotkappensittiche sind, da sie sich häufig auf dem Volierenboden aufhalten und dort scharrend nach Nahrung suchen, sehr anfällig für Parasiten-Infektionen. Die Volieren müssen deshalb regelmäßig gesäubert werden und die Vögel benötigen mindestens einmal jährlich eine Wurmkur.

Kragen- oder Ringsittiche (Gattung *Barnardius*)

Kragensittiche sind mittelgroße Sittiche mit langem, stufigen Schwanz, grüner Grundgefiederfärbung und dem namengebenden gelben Nackenband. Sie kommen nur auf dem australischen Festland vor. Ein Geschlechtsdimorphismus ist nicht ausgeprägt und die Jungvögel ähneln den Adulten. Alle vier Unterarten (siehe Seite 103) sind als Volierenvögel in menschlicher Obhut vertreten und vermehren sich dort regelmäßig. Sie werden allerdings etwas weniger häufig gehalten als Plattschweifsittiche. Die systematische Stellung der Kragensittiche ist umstritten.

Manche Autoren sehen sie eher in der direkten Verwandtschaft der Plattschweifsittiche (*Platycercus*), andere verweisen auf bestimmte morphologische Unterschiede und präferieren eine eigene Gattung. DNA-Untersuchungen belegen nun eine enge Verwandtschaft mit *Platycercus* und *Northiella*, bleiben aber bei der Abspaltung in eine eigene Gattung. Die traditionelle Sichtweise unterteilt die Gattung *Barnadius* in zwei Arten, den Barnardsittich (*Barnardius barnardi*) und den Bauers Ringsittich (*Barnardius zonarius*).

Die Unterarten des Barnardsittichs sind in Menschenhand des Öfteren gekreuzt worden.

Barnardsittich (*Barnardius barnadi*) (Shaw, 1805)

Kennzeichen, Größe und Gewicht

Die Grundgefiederfärbung beider Geschlechter ist grün, die Stirn ist rot. Ein olivfarbenes Band zieht sich vom Hinterkopf bis zum gelben Nackenband. Der Rücken ist dunkelgrün, der Flügelbug ist blau, die mittleren Flügeldecken und inneren Armdecken sind gelblich grün, die äußeren Armdecken und inneren Armschwingen dunkelgrün, Handdecken und Handschwingen schwarzbraun gefärbt. Die Iris ist dunkelbraun, der Schnabel grauweiß, die Füße sind grau. Die Weibchen gleichen den Männchen, sie sind insgesamt etwas blasser gefärbt und das Stirnband ist schmaler. Die Jungvögel gleichen den Weibchen, sie sind jedoch matter gefärbt und das schmale Stirnband ist bräunlich rot.

Gesamtlänge etwa 35 cm. Gewicht 111 bis 149 g (Männchen) und 102 bis 141 g (Weibchen).

Neben der Nominatform gibt es drei Unterarten. Der **Cloncurrysittich (*Barnardius barnardi macgillivrayi*)** unterscheidet sich vor allem durch eine hellere Grünfärbung, am Kopf und Hinterrücken sowie durch das fehlende Stirnband von der Nominatform. Der **Bauers Ringsittich (*Barnardius barnardi zonarius*)** zeigt eine dunkelgrüne Grundgefiederfärbung, einen schwarzen Kopf, ein gelbes Nackenband und einen intensiv gelb gefärbten Bauch. Der **Kragensittich (*Barnardius barnardi semitorquatus*)** gleicht dem Bauers Ringsittich, allerdings trägt er ein auffälliges rotes Stirnband und ist merklich größer (bis 40 cm) und schwerer (bis etwa 200 g).

Verbreitung, Lebensräume und Nahrung

Barnardsittiche der Nominatform sind in Westaustralien in Süd-Queensland, im westlichen New South Wales, im nördlichen Victoria und im östlichen Südaustralien verbreitet. Der Cloncurrysittich bildet eine isolierte Population im nordwestlichen Queensland. Bauers Ringsittiche schließen in Südaustralien an das Verbreitungsbiet der Nominatform an und bilden in den Flinders Ranges eine Hybridzone. Ihr Verbreitungsgebiet zieht sich bis zur australischen Westküste. An der südwestlichen Spitze Australien, südlich von Perth, ist der Kragensittich beheimatet. Die vier Unterarten des Barnardsittichs haben sich über große Teile des australischen Kontinents ausgebreitet und sind somit an ganz unterschiedliche Lebensräume angepasst. Sie bewohnen offene Waldgebiete, Savannengebiete, Eukalyptuswälder, Mallee- und Spinifex-Buschland sowie auch die dichten Küstenwälder im Südwesten. Hier und dort besiedeln sie auch Farmland, Parkanlagen und Gärten, allerdings scheint sich die zunehmende Kultivierung bestimmter Gebiete (Umwandlung in Getreidefelder und Schafweiden) für die Nominatform eher negativ auszuwirken, wogegen Bauers Ringsittiche im südwestlichen Australien von derartigen Maßnahmen zu profitieren scheinen.

Dem Barnardsittich sehr ähnlich gefärbt ist der Cloncurrysittich (siehe Abbildung Seite 17). Eindeutiges Unterscheidungsmerkmal ist die rote Stirnfärbung beim Barnardsittich, hier ein Jungvogel.

Im Allgemeinen ernähren sich die Kragensittiche von Samen, Früchten, Beeren, Nüssen, Blüten, Nektar, Knospen sowie Insekten und deren Larven. Allerdings zeigen die Tiere in verschiedenen Gebieten unterschiedliche Nahrungspräferenzen. Hier werden Eukalyptussamen, dort Akaziensamen, dort – je nach Verfügbarkeit – bestimmte Fruchtarten bevorzugt. In einer Ernährungsstudie im Südwesten Australiens wurden 51 Futterpflanzen aus 15 Pflanzenfamilien und Insekten aus sechs Insektenordnungen identifiziert. Darunter waren bis zu knapp 50 Prozent Samen von eingeführten Pflanzen und Kulturpflanzen, darunter vor allem kultiviertes Getreide.

Soziale Organisation und Brutbiologie

Kragensittiche leben paarweise oder in kleinen Gruppen zusammen. Sie sind in der Regel standorttreu, unternehmen aber in extremen Trockenzeiten kleinere Wanderungen in die Nähe von Wasserstellen. Die Hauptaktivitätsphasen der Vögel sind

am frühen Morgen (mit Flügen zur Tränke und zu den Nahrungsgebieten) und während der heraufziehenden Dämmerung (mit einer zweiten Phase der Nahrungsaufnahme). Die heißen Tagesstunden verbringen die Vögel im Schatten von Bäumen.
Die Brutzeit ist je nach Verbreitungsgebiet unterschiedlich. Die Populationen im Landesinneren brüten zwischen August und Februar, die nördlichen Populationen beginnen bereits ein oder zwei Monate früher mit der Brut. Die Bruthöhlen liegen oft in Ästen oder den Hauptstämmen lebender oder abgestorbener Eukalyptusbäume, meist oberhalb von 3 Meter Höhe, teilweise wesentlich höher.
Das Gelege besteht durchschnittlich aus vier bis fünf Eiern, die etwa 19 Tage lang bebrütet werden. Die Durchschnittsgröße von Barnardsittich-Eiern liegt bei 27,6 x 22,9 mm, die Eigröße von Bauers Ringsittichen bei 29,4 x 24,0 mm. Die Nestlingszeit beträgt etwa 35 Tage. Eine Jahresbrut ist die Regel, bei günstigen Nahrungsbedingungen kann es auch zu einer Anschlussbrut kommen. Bei längerer Trockenheit wird unter Umständen mit der Fortpflanzung ausgesetzt.

Status im Freiland und Artenschutz

Barnardsittiche sind in weiten Teilen ihres Verbreitungsgebietes gesetzlich geschützt, dürfen jedoch in den Getreideanbaugebieten Westaustraliens auf Antrag zum Schutz der Ernte getötet werden. Aufgrund ihres riesigen Verbreitungsgebietes und ihrer hohen ökologischen Anpassungsfähigkeit gelten alle vier Formen der Kragensittiche nach den IUCN-Kriterien als nicht gefährdet (LC).

Allgemeine Hinweise zur Haltung und Zucht

Ab der zweiten Hälfte des 19. Jahrhunderts kamen die Kragensittiche nach Europa und wurden wenig später schon nachgezüchtet. Die Erstzucht des Barnardsittichs erfolgte 1884 bei Graf Cornélli in Frankreich. Bauers Ringsittich wurde 1879 bei Köhler in Deutschland gezogen. Die Zucht des Cloncurrysittich gelang dagegen erst sehr viel später. 1939 erfolgte vermutlich die Ersteinfuhr der Tiere, die zum Herzog von Bedford gelangten. Alan Lendon hatte im gleichen Jahr in Australien den ersten Zuchterfolg. Erst Mitte der 1960er-Jahre kamen dann größere Importe nach Europa, in deren Folge der Aufbau sich selbst erhaltender Volierenpopulationen gelang. Heute sind alle vier Unterarten regelmäßig und preiswert von den Züchtern zu bekommen – oft sogar in unterartenreiner Qualität. Allerdings sind auch bei dieser Art wiederum viele Mischlinge (sowohl Unterartenmischlinge als auch Mischlinge mit Plattschweif, Sing- und Prachtsittichen) im Umlauf. Auf eine Reinzucht der Barnardsittich-Unterarten ist somit im Sinne einer seriösen Erhaltungszucht dringend zu achten.
Die Haltungsansprüche der Vögel sind bescheiden und gleichen denen der Plattschweif- und Prachtsittiche. Die Volieren

Kragensittiche und Bauers Ringsittiche (hier im Bild) sind bei den Züchtern am häufigsten anzutreffen. Alle Unterarten des Barnardsittichs benötigen größere Volieren.

sollten etwa 4 Meter lang, teilweise überdacht und mit einem Schutzraum für die Schlechtwetterperiode versehen sein. Die Ausstattung besteht neben den üblichen Sitzästen und einem flachen Badebecken aus dünnen Knabberästen von Obstbäumen oder Weiden, die bei Bedarf erneuert werden. Regelmäßige Wurmkuren sind anzuraten.

In Mitteleuropa beginnt die Brutzeit an warmen Tagen bereits im März, bei längerer Kälteperiode aber spätestens im April. Die Balz ähnelt der der Plattschweifsittiche und deutet auf die nahe Verwandtschaft zu diesen hin: Mit etwas abgestellten Flügeln richtet sich das Männchen auf und unter fortwährendem Zwitschern wird der gefächerte Schwanz hin und her geschlagen und anschließend das Weibchen gefüttert.

Als Nisthöhle genügt ein dickwandiger Holznistkasten von 60 bis 80 cm Höhe, einer Grundfläche von 25 x 25 cm und einem Schlupflochdurchmesser von 10 cm. Das Gelege wird allein vom Weibchen bebrütet. Die Jungen schlüpfen nach knapp drei Wochen und fliegen mit fünf Wochen aus. Das komplette Alterskleid tragen die Jungen bereits mit zwölf bis 14 Monaten.

Plattschweifsittiche (*Gattung Platycercus*)

Die Gattung *Platycercus* umfasst die eigentlichen Plattschweif- oder Rosellasittiche, die mit sechs Arten vor allem im trockenen subtropischen Südost- und Nordost-Australien sowie auf Tasmanien und den Inseln der Bass Strait verbreitet sind. Nur eine Art, der Brownsittich (*Platycercus venustus*), kommt im tropischen Nordaustralien vor. Manche Systematiker teilen die Gattung in acht Arten auf, in diesem Fall werden Strohsittich und Adelaidesittich, die hier als Unterarten des Pennantsittichs aufgeführt sind, als eigene Arten angesehen.

Kennzeichnend für die gesamte Gattung sind zum einen der lange, stufige Schwanz, die scharf abgegrenzten Wangenflecken und das gesprenkelte Rückengefieder.

Innerhalb der Gattung erfolgt oft noch eine Unterteilung in drei Verwandtschaftsgruppen. Zur ersten Artengruppe werden die beiden großen Arten, nämlich Gelbbauchsittich (*P. caledonicus*) und Pennantsittich (*P. elegans*), zur zweiten Verwandtschaftsgruppe Rosellasittich (*P. eximius*), Blasskopfrosella (*P. adscitus*) und Brownsittich gezählt. Etwas isolierter steht an dritter Stelle der Stanleysittich (*P. icterotis*), dessen Verbreitungsgebiet in Südwest-Australien zum einen geografisch abseits von den anderen Arten der Gattung liegt und der zum anderen auch durch seinen ausgeprägten Geschlechtsdimorphismus aus der übrigen Gruppe heraussticht.

Abgesehen vom Brownsittich werden alle Arten seit Jahrzehnten in Menschenobhut gehalten und erfolgreich nachgezüchtet, sodass Jungvögel stets und in der Regel zu moderaten Preisen bei den Züchtern zu bekommen sind.

Der Rosellasittich zählt zu den farbenprächtigsten Vertretern unter den australischen Sitticharten. Die Unterarten dieses Sittichs sind in Menschenhand vermischt worden.

Die Vögel gehören zu den aggressiveren australischen Großsittichen und werden in der Regel paarweise gehalten. Zu ihrem Wohlbefinden benötigen sie mindestens eine 3 bis 4 Meter lange, teilüberdachte Volieren mit daran anschließendem frostfreiem Schutzhaus. Lediglich der Brownsittich, der aus den tropischen Regionen Australiens stammt, ist deutlich schwieriger und anspruchsvoller in der Haltung (siehe Seite 121).

Gelbbauchsittich (*Platycercus caledonicus*) (Gmelin, 1788)

Kennzeichen, Größe und Gewicht

Die Männchen des Gelbbauchsittichs sind an Kopf, Nacken, Brust und Bauch gelb bis goldgelb gefärbt. Das Stirnband ist rot, die Wangen sind blau, Schulter und Rückenfedern dunkelbraun bis schwarz. Der Flügelrand und die Flügelunterseite sind blau gefärbt. Die Iris ist dunkelbraun, der Schnabel grauhornfarben, die Füße sind graubraun. Die Weibchen gleichen den Männchen, sind aber insgesamt etwas zierlicher, das Stirnband ist schmaler und der Schnabel etwas dunkler. Jungvögel gleichen zunächst den Weibchen, sind aber in der Farbgebung etwas blasser. Gesamtlänge etwa 37 cm. Gewicht 127 bis 142 g (Männchen), 109 bis 125 g (Weibchen).

Neben der Nominatform wird von manchen Systematikern noch die Unterart ***Platycercus caledonicus brownii*** anerkannt, die in der Gesamtfärbung etwas matter sein und einen grünen Anflug auf Bauch- und Aftergefieder ausweisen soll. Diese minimalen Farbunterschiede können jedoch, so die Meinung der Gegner der Aufspaltung in Unterarten, altersbedingt sein und im Rahmen der normalen Variationsbreite der Art liegen.

Verbreitung, Lebensräume und Nahrung
Gelbbauchsittiche kommen nur auf Tasmanien und den vorgelagerten küstennahen Inseln vor, wobei *Platycercus caledonicus brownii* auf King Island beschränkt ist. Die Vögel bewohnen unterschiedliche Lebensräume. Zwar bevorzugen sie Savannenwälder, sind aber auch in Regenwaldgebieten, Heidelandschaften, *Melaleuca*-Buschland, Obstplantagen, Parks und Gärten nachgewiesen worden. Lediglich Hochmoore und baumloses Farmland werden gemieden. Die Nahrung der Sittiche besteht vorrangig aus Samen von Gräsern, Sträuchern und Bäumen, aus Früchten, Beeren, Knospen, Blüten, Nektar sowie Insekten und deren Larven. In manchen Anbaugebieten, wo Weißdornhecken die typischen Einfriedungen von Farmen darstellen, haben sich die Vögel auf Weißdornbeeren spezialisiert. Aber auch die auf den Farmen angebauten Getreidesorten und Kulturfrüchte nehmen die Vögel häufig auf, daher sind sie nicht überall gern gesehene Gäste.

Soziale Organisation und Brutbiologie
Die Altvögel leben in der Regel in kleinen Gruppen von vier bis fünf Tieren zusammen, die Jungvögel neigen dagegen eher

Gelbbauchsittiche sind ausschließlich auf Tasmanien beheimatet. Es handelt sich bei dieser Art um den größten Vertreter der Plattschweifsittiche.

zur Bildung kleiner Schwärme mit 20 und mehr Vögeln. Größere Schwärme sind selten beobachtet worden. Zur Nahrungssuche vergesellschaften sich die Vögel oft mit Rosellasittichen und finden sich nicht selten auch auf Farmland und selbst in der Nähe von Farmgebäuden und Scheunen ein, um dort nach Getreideresten zu suchen.
Die Brutzeit beginnt auf Tasmanien im Oktober und zieht sich etwa bis Februar. Die Paare suchen sich als Nistplatz ein hohles Astloch oder Stammloch, meist in einem Eukalyptusbaum. Dort legen die Weibchen ihre Gelege von vier bis sechs Eiern (Durchschnittsgröße 29,5 x 23,7 mm)

auf einer Schicht von Holzmulm ab und bebrüten sie – wahrscheinlich ähnlich wie die Vögel in Menschenobhut – etwa 18 Tage lang. Details des Brutverhaltens aus dem Freiland sind kaum bekannt. Die ausgeflogenen Jungvögel bleiben noch gut einen Monat bei ihren Eltern und werden zeitweise von ihnen versorgt, ehe sie sich dann mit anderen Jungen zu umherziehenden Junggesellen-Schwärmen zusammenschließen.

Status im Freiland und Artenschutz

Gelbbauchsittiche kommen bislang häufig auf Tasmanien und den größeren Inseln der Bass Strait vor. Lediglich auf King Island wurden Bestandsrückgänge infolge von Abholzungen der dortigen Eukalyptuswälder registriert. Nach den IUCN-Kriterien gilt die Art derzeit als nicht gefährdet (LC). In der deutschen Bundesartenschutzverordnung sind die Vögel aufgrund ihrer guten Züchtbarkeit in Anlage 5 aufgeführt und damit von der Meldepflicht ausgenommen.

Allgemeine Hinweise zur Haltung und Zucht

1860 gelangte der Gelbbauchsittich schon nach Europa und kam zunächst in den Londoner Zoo, später auch nach Berlin. Das genaue Jahr der Erstzucht ist nicht bekannt, möglicherweise 1882 bei Baron de Cornely in Frankreich. Verbürgte Erfolge gab es ab 1929 bei Decoux in Frankreich und 1934 in England beim Herzog von Bedford. Erst Mitte der 1960er-Jahre kamen größere Importe nach Belgien, Holland und Deutschland, in deren Folge stabile Volierenbestände aufgebaut werden konnten. Allerdings hat die enge Verwandtschaft zu den anderen Plattschweifsitticharten und deren leichte Kreuzbarkeit untereinander im Verlauf der Zuchtgeschichte immer wieder zu Mischlingszuchten geführt, die den Vögeln heute noch gelegentlich anzusehen sind.

Die Pflegeansprüche der Vögel sind relativ gering. Sie benötigen eine 4 bis 5 Meter lange Voliere mit Schutzhaus, das im Winter nur frostfrei gehalten werden sollte. Manche Züchter überwintern ihre Vögel völlig „kalt“, das heißt in gut geschützten und überdachten Außenvolieren. Gelbbauchsittiche sind in Menschenobhut oft recht träge und neigen bei zu kleinen Volieren zur Verfettung. Entsprechend sollte die Ernährung wenig fettreiche Samen wie Sonnenblumenkerne und stattdessen mehr Obst und Grünfutter aufweisen. Auch frische Knabberzweige und Zweige mit Wildbeeren nehmen die Vögel häufig zur Beschäftigung bzw. Nahrungsergänzung an. Manche Vögel baden gern, eine Badeschale oder Sprinkleranlage in der Voliere wäre somit von Vorteil. Wie bei allen australischen Sittichen, die sich zeitweise auf dem Boden aufhalten, ist eine jährliche Wurmkur bei den Tieren zu empfehlen. Gelbbauchsittiche werden in Europa deutlich weniger gehalten als Rosella- und Pennantsittiche, auch scheint ihre Brutbereitschaft geringer zu sein. Die Nachzuchtstatistiken der deutschen Züchterver-

bände weisen zum Beispiel bis zu zehnmal höhere Nachzuchtzahlen bei Pennantsittichen auf!
Der Brutbeginn liegt meist im Mai. Vier bis sechs Eier umfasst im Durchschnitt das Gelege, das allein vom Weibchen bebrütet wird. Nach etwa 18 Tagen schlüpfen die Jungvögel, nach 35 Tagen verlassen sie das Nest. Die Jungen sind schon nach etwa einem Jahr geschlechtsreif, obwohl die Mauser in das Erwachsenengefieder dann noch nicht abgeschlossen ist.

Pennantsittich (*Platycercus elegans*) (Gmelin, 1788)

Kennzeichen, Größe und Gewicht
Pennantsittich-Männchen sind an Kopf, Unterrücken, Bürzel, Unterschwanzdecken und Unterseite karmesinrot, der Wangenfleck ist blauviolett, Rücken und Armdecken sind schwarz mit breiten roten Säumen. Der Flügelrand ist hellblau gefärbt, die Hand- und Armschwingen sind braunschwarz mit blauvioletten Säumen. Die mittleren Schwanzfedern sind dunkelbau, die äußeren hellblau mit blauweißen Spitzen. Die Iris ist dunkelbraun, der Schnabel grauhornfarben, die Füße sind graubraun. Das Weibchen gleich dem Männchen, ist jedoch häufig an Kopf und Schnabel etwas kleiner. Jungvögel sind nur an Stirn, Scheitel, Kehle, Oberbrust, Schenkeln und Unterschwanzdecken rot, ansonsten wirkt die übrige Körperfärbung (vor allem an Bauch, Unterbrust, Körperoberseite, Bürzel und Oberschwanzdecken) olivgrün.
Gesamtlänge etwa 36 cm. Gewicht 115 bis 170 g (Männchen), 99 bis 170 g (Weibchen).

Die Feinsystematik ist beim Pennantsittich bisher nicht befriedigend geklärt. Möglicherweise ist der **Adelaidesittich** (Unterarten ***fleurieuensis*** und ***subadelaidae***) eine Übergangsform bzw. ein Mischling aus dem „roten“ Pennantsittich und dem „gelben“ Strohsittich. Neben der Nominatform werden momentan meist fünf Unterarten unterschieden:
Platycercus elegans nigrescens ist kleiner als die Nominatform, die Rotanteile im Gefieder sind dunkler karmesinrot und die Federn auf dem Vorrücken tragen breitere rote Säume. ***Platycercus elegans melanopterus*** gleicht der Nominatform, jedoch sind die roten Federsäume auf dem Vorderrücken schmaler.
Bei ***Platycercus elegans fleurieuensis*** ist das Körpergefieder tiefer orangerot gefärbt, auch tragen die Federn des Hinternackens und Vorderrückens breite, mattorange gefärbte Säume. Diese und die nächste Form sowie diverse im Freiland nachgewiesene Mischformen aus beiden Unterarten werden in Züchterhand üblicherweise als „Adelaidesittiche“ bezeichnet.
Platycercus elegans subadelaidae wirkt farblich wie (und ist vielleicht auch) eine Übergangsform zum Strohsittich ***Platycercus elegans flaveolus***. Dieser trägt überall dort, wo die Nominatform rot gefärbt ist, eine gelbe Gefiederfärbung. Seine Stirn ist orangerot, Flügelbug, mittlere Flügeldecken und äußere Armdecken sind heller

Die Jungvögel vom Pennantsittich weisen noch grüne Federn im Grundgefieder auf. Im Adultgefieder ist diese Färbung nicht mehr vorhanden.

blau, die Schwanzoberseite ist gelbgrau. Diese Form ist insgesamt etwas kleiner und leichter als die Nominatform

Verbreitung, Lebensräume und Nahrung

Der eigentliche Pennantsittich ist in Ost- und Südost-Australien in einem breiten Küstenstreifen großräumig verbreitet. Eine isolierte Population der Nominatform existiert weiterhin im mittleren Osten von Queensland. Die Unterart *nigrescens* kommt ebenfalls isoliert im Hochland von Nordost-Queensland vor, die Unterart *melanopterus* ausschließlich auf Kangaroo Island vor der australischen Südküste. Die beiden Adelaidesittich-Unterarten leben auf der Halbinsel Fleurieu im südöstlichen Australien (*fleurieuensis*) und etwas weiter nördlich im südlichen Teil der Flinders Ranges (*subadelaidae*). Dazwischen erstreckt sich eine breite Kontaktzone, in denen Mischlinge beider Formen anzutreffen sind. Hier vermischen sich diese Formen auch mit dem Strohsittich, dessen Verbreitungsgebiet von hier östlich bis zum Verbreitungsgebiet des Pennantsittichs (Nominatform) reicht, wo wiederum eine Kontaktzone die Entstehung natürlicher Hybriden begünstigt.

Alle Unterarten sind recht flexibel bei der Wahl ihres Lebensraums. Die eigentlichen Pennantsittiche bewohnen Gebiete mit durchschnittlich etwas größeren jährlichen Niederschlagsmengen in Höhenlagen zwischen 600 und 1500 Meter. Sie finden sich vor allem am Rand der Regenwälder und den sich daran anschließenden Eukalyptuswäldern. Weiter südlich sind sie auch Bewohner von Feuchtwäldern, Baumsavannen, Heidestrauchland und Farmland. Auch der bevorzugte Lebensraum der Adelaidesittiche reicht von bewaldeten Tälern und offenen Wäldern bis hin zu kultiviertem Farmland und Obstplantagen. Selten sind die Vögel weit entfernt von Wasserstellen anzutreffen. Letzteres gilt auch für die Strohsittiche im Süden Australiens. Sie halten sich häufig in Überschwemmungsgebieten mit Eukalyptusbäumen oder feuchten Savannenregionen auf, fliegen zur Nahrungsaufnahme aber auch in das trockenere Mallee-Buschland und suchen ebenso Farmland und Obstplantagen auf.

Das Nahrungsspektrum ist vielfältig. Sie nehmen bevorzugt Samen von Eukalyptus und Akazien zu sich, aber auch Samen von Gräsern und Sträuchern, außerdem Früchte, Beeren, Knospen, Blüten, Nektar sowie Insekten und deren Larven. Pennantsittiche aller Unterarten suchen ihre Nahrung – abhängig vom Lebensraum – entweder bevorzugt in den Bäumen und Sträuchern oder aber auf dem Boden. Hier und dort sind die Vögel auch zu Kulturfolgern geworden, indem sie auf Farmland und in Plantagen ihre Nahrung suchen. Manche Vögel machen sich sogar die Futterplätze in den Gärten und Parks zunutze und ernähren sich an den Futterhäusern zeitweise von den dort angebotenen Sonnenblumenkernen und Fertigfuttermischungen.

Soziale Organisation und Brutbiologie

Die soziale Grundeinheit der Pennantsittiche aller Unterarten ist das Paar. Mehrere Paare bilden gelegentlich kleine Trupps von sieben bis zwölf Vögeln. Nur selten wird von größeren Schwärmen berichtet. Man geht davon aus, dass die adulten Paare das ganze Jahr über zusammen bleiben; nur selten sieht man Einzelvögel außerhalb der Brutzeit umherziehen. Die Brutzeit liegt – je nach Verbreitungsgebiet – zwischen August und Dezember und zieht sich selten auch bis Anfang Januar hin.
Das Nest wird in der Regel in einem hohlen Ast oder Stammloch in Eukalyptusbäumen angelegt, aber auch in hohlen Zaunpfählen, Mauernischen, unter Dächern und selbst in herkömmlichen Nistkästen waren Pennantsittichbruten zu verzeichnen.

Das Weibchen legt drei bis acht Eier (Durchschnittsgröße von Eiern der Nominatform 29,4 x 24,2 mm), aus denen nach rund 19 Tagen die Jungen schlüpfen. In einer Studie im Black Mountain Nature Reserve in Canberra betrug die mittlere Gelegegröße 5,8 Eier, aus denen durchschnittlich vier Junge schlüpften und statistisch gesehen 2,7 Junge flügge wurden. Der Bruterfolg lag also – gemessen an dem Ursprungsgelege – bei etwa 50 Prozent. Nach rund fünf Wochen verlassen die Jungen die Nisthöhle und werden dann noch weitere drei bis vier Wochen von den Eltern betreut.
Interessant ist, dass die jungen Pennantsittiche (Unterarten *elegans* und *melanopterus*) im ersten Jahr überwiegend olivgrün, die Subadulten im zweiten Jahr überwiegend (aber noch nicht vollständig) rot gefärbt sind und erst im dritten Lebensjahr ihre volle Ausfärbung erreichen. Sie sind demzufolge recht einfach als Jungvögel oder Subadulte zu erkennen und somit in Freilandstudien gut zu unterscheiden.

Allgemeine Hinweise zur Haltung und Zucht

1861 wurde der Pennantsittich, 1863 der Adelaidesittich und 1867 der Strohsittich erstmals im Londoner Zoo gezeigt, wo um 1870 zumindest der Strohsittich, wahrscheinlich auch der Pennantsittich nachgezogen wurde. Die Erstzucht des Adelaidesittichs gelang erst 1907 bei Fasey in England. Bis zur australischen Ausfuhrsperre im Jahre 1960 kamen alle drei Formen (der Adelaidesittich wahrscheinlich in den beiden Unterarten *fleurieuensis* und *subadelaidae*) nach Europa, wobei die Importe von Pennantsittichen in der Überzahl gewesen sein dürften. Denn bis heute sind die Bestände und Nachzuchtzahlen von Stroh- und Adelaidesittichen deutlich kleiner als die des Pennantsittichs.

In der Haltung sind alle Formen anspruchslos und ausdauernd. Sie benötigen geräumige, etwa 4 bis 5 Meter lange Volieren, möglichst mit einem geschützten Innenraum, der im Winter nur frostfrei gehalten werden sollte. Die Vögel sind stets paarweise und möglichst nicht in direkter Nachbarschaft zu anderen *Platycercus*-Arten unterzubringen. Andernfalls käme es zu ständigen Reibereien der Nachbarn am Trenngitter. Regelmäßige Wurmkuren gehören zur Gesundheitsprophylaxe.

Die Zucht gelingt am besten in dickwandigen und recht tiefen (Naturstamm-)Nisthöhlen von 60 bis 70 cm Länge und 20 bis 25 cm Innendurchmesser. Das Einschlupfloch sollte etwa 9 cm Durchmesser haben. In der Regel bebrüten die Weibchen ihre Gelege recht zuverlässig und auch die Aufzucht der Jungen geht meist problemlos vonstatten. Ebenso wie im Freiland verlassen die Jungvögel des Pennantsittichs der Nominatform und der Unterart *melanopterus* mit überwiegend olivgrünem Gefieder die Nisthöhlen und sind erst nach knapp zwei Jahren großenteils umgefärbt. Jungvögel der Unterart *nigrescens* werden dagegen mit rotem Gefieder (wenn auch matter als bei den Elterntieren) flügge. Bemerkenswerterweise gibt es bei Bruten in Menschenobhut aber auch Pennantsittich-Jungvögel der Nominatform, die bereits mit vollständig rotem Gefieder ihre Nisthöhle verlassen. Versuche aus den 1960er-Jahren haben ergeben, dass dafür unter anderem eine Mangelernährung verantwortlich sein kann.

Pennantsittiche halten sich gern auf dem Erdboden auf. Hier ein Jungvogel.

Status im Freiland und Artenschutz

Alle Formen des Pennantsittichs kommen derzeit im Freiland noch häufig bis sehr häufig vor und werden von der IUCN als nicht gefährdet (LC) eingestuft. In Australien sind die Vögel zwar gesetzlich geschützt, es werden jedoch auf Antrag Abschussgenehmigungen für Vögel erteilt, die auf Plantagen einfallen und zum Beispiel Obsternten gefährden. In der deutschen Bundesartenschutzverordnung sind die Vögel aufgrund ihrer guten Züchtbarkeit in Anlage 5 aufgeführt und damit von der Meldepflicht ausgenommen.

Beim Pennantsittich ist es mittlerweile fast unmöglich, artenreine Zuchten zu fordern, weil in der Vergangenheit die eintreffenden Importe nicht sauber auseinandergehalten wurden (bzw. bei den Pennant- und Adelaidesittich-Formen auch kaum einwandfrei auseinanderzuhalten waren). Demzufolge existiert mittlerweile ein „Einheits“-Pennant- und ein „Einheits“-Adelaidesittich in den Volieren der Liebhaber, wogegen lediglich der Strohsittich noch unterartenrein erhalten sein dürfte. Hinzu kommen die nun immer häufiger auftretenden Pennantsittich-Mutationen, die mittlerweile auf alle anderen Unterarten übertragen wurden, sodass inzwischen ein heilloser Mischmasch an Vögeln existiert, deren Farbgebung kaum an die klare und exotisch-bunte Färbung der Ursprungsvögel heranreicht. Und schließlich sind auch diverse Mischlinge im Umlauf, denn der Pennantsittich paart sich bereitwillig mit anderen *Platycercus*-Arten und den Kragensittichen. Sogar eine Kreuzung mit einem Großen Alexandersittich (*Psittacula eupatria*) ist in der Literatur beschrieben.

Blasskopfrosella (*Platycercus adscitus*) (Latham, 1790)

Kennzeichen, Größe und Gewicht

Beim Blasskopfrosella – die Nominatform wird auch als Blauwangenrosella bezeichnet – sind beide Geschlechter sehr ähnlich gefärbt. Das Weibchen ist in der Regel nur etwas kleiner und leichter und zeigt meist eine etwas geringere Farbintensität. Der Kopf ist blassgelb, der Nacken strohgelb, die vorderen Wangen sind weiß; sie werden scharf von einem blauen Wangenfleck am Hals abgesetzt. Brust, Bauch und Unterrücken sind hellblau, die Rückenfedern schwarz mit gelben Säumen. Flügeldecken und Außenfahnen der Schwingen sind mittelblau, ein Schulterfleck auf den kleinen Flügeldecken ist schwarz. Die Oberschwanzdecken sind grünblau, die Unterschwanzdecken rot. Die Iris ist schwarzbraun, der Schnabel hornfarben, die Füße sind graubraun. Jungvögel sind etwas matter gefärbt und alle Farben wirken verwaschener. Die Gelbanteile sind zunächst mehr grau bis bräunlich.
Gesamtlänge etwa 30 cm. Gewicht 89 bis 113 g (Männchen), 82 bis 110 g (Weibchen).

Neben der Nominatform wird noch die Unterart ***Platycercus adscitus palliceps*** beschrieben. Sie ähnelt im Wesentlichen der zuvor beschriebenen Form, besitzt aber keinen blauen Wangenfleck und die gelben Federsäume auf dem Rücken sind stärker ausgeprägt.
Der australische Ornithologe Joseph Forshaw weist darauf hin, dass diese übliche Unterscheidung der beiden Unterarten (hauptsächlich am Merkmal des blauen Wangenflecks) nicht haltbar sei, weil Vögel mit diesem Merkmal im gesamten Verbreitungsbiet der Art zu finden seien, besonders häufig in der weiter oben beschriebenen Mischzone beider Formen.

Verbreitung, Lebensräume und Nahrung

Das Verbreitungsgebiet des Blauwangenrosellas (Nominatform) liegt im Norden

Blasskopfrosellas zählen zu den leicht zu vermehrenden Arten.

Australiens und reicht von der Halbinsel Cape York südwärts bis zum Atherton-Tafelland. Daran schließt sich eine breite Kontaktzone zur Unterart *palliceps* an, in der Mischlinge beider Formen anzutreffen sind. Das Verbreitungsgebiet des Blasskopfrosellas reicht dann von dort (Nord-Queensland) südlich bis in den Norden von New South Wales.

Blasskopfrosellas beider Unterarten sind Tieflandvögel, die offene Waldgebiete, Savannen, baumbestandene Flussläufe, trockenes Buschland in der Nähe von Wasserstellen und Ränder von Waldlichtungen bewohnen. Darüber hinaus dringen sie auch bis in menschliche Ansiedlungen vor und suchen auf landwirtschaftlichen Nutzflächen, in Parks und Gärten nach Nahrung. Diese besteht bevorzugt aus Samen von Gräsern, Kräutern, Sträuchern und Bäumen, aber auch Früchte, Beeren, Nüsse, Nektar sowie Insekten und deren Larven gehören zum breiten Nahrungsspektrum. Beliebt sind die Vögel in den ländlichen Regionen und Anbaugebieten, weil dort bestimmte unerwünschte Ackerunkräuter und deren Samen zu ihrer bevorzugten Nahrung gehören; zeitweise werden sie dort aber auch verfolgt, wenn sie dem reifenden Obst in den Plantagen allzu großzügig zusprechen. In einer ökologischen Studie in Südost-Queensland wurde festgestellt, dass sich Blasskopfrosellas zur Nahrungsaufnahme überwiegend in Bäumen und Sträuchern aufhielten und 47 Pflanzenarten für ihre Ernährung nutzten.

Soziale Organisation und Brutbiologie

Das Paar ist die übliche soziale Einheit, in der adulte Blasskopfrosellas im Freiland zu beobachten sind, während Jungvögel und Subadulte sich oft zu kleinen Junggesellengruppen zusammenschließen. Zur Nahrungssuche vereinen sich die Vögel in manchen Gebieten mit Rotflügel-, Barnard- und Rosellasittichen. Anderenorts sind solche gemischten Gruppen dagegen selten, da dann jede dieser Arten offenbar eine etwas andere ökologische (Nahrungs-)Nische besetzt.

Die Brutzeit reicht im Nordosten des Verbreitungsgebietes von August bis Dezember, die nördlicheren Populationen schreiten – abhängig von ausreichenden Niederschlägen – ganzjährig zur Brut. Die Bruthöhle befindet sich üblicherweise in

Ein junger Blasskopfrosella mit einer markanten Kopfgefiederfärbung im Vogelpark Marlow.

einem hohlen Ast oder Stammloch, oft in einem Eukalyptusbaum und im Durchschnitt in knapp 4 Meter Höhe. Aber auch in verrottenden Baumstümpfen und hohlen Zaunpfählen wurden schon Nester gefunden. Auf einer Schicht von Holzmulm legt das Weibchen meist fünf oder sechs Eier (Durchschnittsgröße von Eiern der Nominatform 26,4 x 22,6 mm) und bebrütet sie rund 19 Tage. Etwa 35 Tage später verlassen die Jungen die Nisthöhle und sind zwei bis drei Wochen später selbstständig. Rund 16 Monate lang dauert der schrittweise erfolgende Wechsel in das Erwachsenengefieder.

Status im Freiland und Artenschutz

Beide Formen des Blasskopfrosellas sind im Nordosten Australiens weit verbreitet und vielerorts noch häufig bis sehr häufig. Sie werden somit von der IUCN als nicht gefährdet (LC) eingestuft. In der deutschen Bundesartenschutzverordnung sind die Vögel aufgrund ihrer guten Züchtbarkeit in Anlage 5 aufgeführt und damit von der Meldepflicht ausgenommen.

Allgemeine Hinweise zur Haltung und Zucht

1873 zeigte der Londoner Zoo erstmals Blasskopfrosellas (Unterart *palliceps*) in seinem Vogelhaus, Blauwangenrosellas erst 14 Jahre später 1887. Deren Erstzucht erfolgte jedoch schon 1872 bei Prinzessin von Groy in Belgien. Erst viel später, Ende der 1950er-Jahre, gelang die Zucht der Nominatform bei E. Hallstrom in Australien und 1969 bei A. Preußiger in der BRD. Bis zum australischen Ausfuhrverbot kamen die Vögel regelmäßig nach Europa, allerdings in kleineren Stückzahlen als die anderen *Platycercus*-Arten. Das mag vor allem mit deren schlichter Färbung zusammenhängen, denn Haltungsprobleme waren schon nach wenigen Volierengenerationen ausgeschaltet. Heute sind Blasskopfrosellas in den Volieren der Sittichliebhaber regelmäßig vertreten, und auch Nachzuchten sind meistens preisgünstig zu bekommen.

Die Haltungsbedingungen, Ernährung, Volierengröße, Nistkästen, Gesundheitsprophylaxe usw. gleichen denen der anderen Plattschweifsitticharten. Auch bei ihnen gilt eine paarweise Haltung als oberstes Gebot, möglichst ohne *Platycercus*-Verwandtschaft in den Nachbarvolieren. Die Paarzusammenstellung kann manchmal

Schwierigkeiten bereiten, und eine Disharmonie der Vögel führt dann in der Regel nicht zu befriedigenden Bruterfolgen. Es wird deshalb empfohlen, die Paare bereits als Jungvögel zusammenzustellen und dann zur Geschlechtsreife heranwachsen zu lassen.
Blasskopfrosella-Weibchen legen in Menschenobhut bis zu neun Eier und bebrüten sie 19 Tage lang. Die Jungen schlüpfen im Abstand der Eiablage. So kommt es vor, dass bereits mehrere Tage alte Jungvögel vorhanden sind, ehe das letzte Küken schlüpft. Diese Nesthäkchen sind dann besonders gefährdet und werden nicht selten von den älteren Jungvögeln totgedrückt. Etwa 35 Tage dauert die Nestlingszeit und weitere 15 bis 20 Tage vergehen, ehe die Jungen selbstständig ausreichend Nahrung aufnehmen. Da Blasskopfrosellas oft eine Zweitbrut anschließen, müssen die Jungvögel von den Elterntieren getrennt werden, wenn sich größere Reibereien anbahnen. Die Jungen mausern nach gut einem Jahr in das Altersgefieder, die endgültige Kopffärbung bekommen sie aber erst im zweiten Lebensjahr.
Artenreine Blasskopfrosellas sind heute in Zuchtanlagen selten. Zum einen sind die beiden im Freiland vorkommenden Unterarten züchterisch nicht immer sauber auseinandergehalten worden. Zum anderen sind diverse Farbmutationen und Transmutationen im Spiel, und drittens verpaaren sich Blasskopfrosellas auch bereitwillig mit anderen Plattschweifsitticharten, mit Kragensittichen, Rotkappensittchen und selbst den deutlich kleineren Singsittichen.

Rosellasittich (*Platycercus eximius*) (Shaw, 1792)

Kennzeichen, Größe und Gewicht

Die Männchen des Rosellasittichs sind an Kopf, Hals, Brust und Unterschwanzdecken leuchtend rot gefärbt, ein auffälliger Kinn- und Wangenfleck ist weiß. Der Bauch ist gelb, manchmal mit grünen Federchen durchsetzt. Das Rückengefieder ist schwarz mit gelbgrünen Federsäumen. Die kleinen Flügeldecken bilden einen schwarzen Fleck, die mittleren Flügeldecken und die großen Handdecken sind hellblau, die Handschwingen schwarz gefärbt. Die Schwanzoberseite ist blaugrün, die Iris dunkelbraun, der Schnabel grauweiß und die Füße sind graubraun. Die Weibchen gleichen den Männchen, sind aber in der Regel etwas kleiner und etwas blasser gefärbt. Der Wangenfleck ist schmutzig weiß und alle Farbpartien sind weniger scharf gegeneinander abgegrenzt. Jungvögel sind insgesamt etwas kleiner und blasser gefärbt als die Altvögel.
Gesamtlänge etwa 30 cm. Gewicht 95 bis 120 g (Männchen), 90 bis 122 g (Weibchen).

Neben der Nominatform werden zwei weitere Unterarten beschrieben. Die Unterart ***Platycercus eximius elecica*** (entspricht der früheren Unterart *cecilae* und wird in Züchterkreisen meist als „Prachtrosella" bezeichnet) ist im Vergleich zur Nominatform an Kopf und Brust dunkler rot gefärbt und die Säume der Rückenfedern sind breit goldgelb. Die Unterart ***Platycercus eximius diemenensis*** gleicht der Nominatform, aber auch hier sind Kopf- und Oberbrust dunkler rot gefärbt, außerdem tragen die Tieren einen größeren weißen Wangenfleck.

Verbreitung, Lebensräume und Nahrung
Die Nominatform ist in Südaustralien im Bundesstaat Victoria und im Südosten von New South Wales verbreitet. Daran schließt sich eine Hybridzone an, die zum Verbreitungsgebiet der Unterart *elecica* überleitet, das sich bis in den Nordosten von Queensland erstreckt. Die Unterart *diemenensis* kommt nur im Nordosten von Tasmanien. 1979 wurde auch ein erster Brutversuch auf King Island in der Bass Strait registriert.
Rosellasittiche sind vorwiegend in offenen Landschaften zu Hause, also in offenen Wäldern, baumbestandenen Grassavannen, den Randbereichen von Farm-, Weide- und Ackerland sowie in den Baumbeständen entlang von Straßen und Waldrändern. Darüber hinaus erweisen sie sich auch als Kulturfolger und sind in Obstplantagen, städtischen Parks und Gärten zu finden. Von Rodungen und „Flurbereinigungen" profitieren die Vögel in der Regel sogar und besiedeln diese Gebiete in kurzer Zeit, sofern noch genügend Bäume mit geeigneten Bruthöhlungen erhalten geblieben sind.
Rosellasittiche nehmen ihre Nahrung zum großen Teil vom Boden auf. Grassamen und Samen von Wildkräutern gehören demnach zum bevorzugten Nahrungsspektrum. Darüber hinaus mögen sie aber auch Samen, Früchte und Beeren von Sträuchern und Bäumen, wobei eine gewisse Präferenz für Eukalyptus- und Akaziensamen zu bestehen scheint. Die Vögel gelten mancherorts als Ernteschädlinge (und werden als solche verfolgt!), denn sie nehmen gern angebautes Obst, besonders Äpfel und Birnen, zu sich. In einer ökologischen Studie in Südost-Queensland wurde festgestellt, dass Rosellasittiche überwiegend am Boden fraßen und Samen, Früchte und Blüten von insgesamt 82 Pflanzenarten zu sich nahmen. In einer Vergleichsuntersuchung an Blasskopfrosellas wurde festgestellt, dass diese sich zur Nahrungsaufnahme überwiegend in Bäumen und Sträuchern aufhielten und 47 Pflanzenarten für ihre Ernährung nutzten.

Rosellasittiche fressen sehr gern Äpfel.

Soziale Organisation und Brutbiologie

Rosellasittiche leben ganzjährig paarweise zusammen und besetzen eigene Territorien, deren Grenzen aber nicht starr sind, sondern sich gelegentlich verschieben oder mit den Territorien anderer Paare überlappen. Die Jungtiere und Subadulten bilden dagegen kleine Schwärme mit bis zu 25 Tieren. Gemischte Futterschwärme mit Singsittichen, jungen Pennantsittichen und Blasskopfrosellas sind gelegentlich zu beobachten, allerdings haben nahrungsökologische Studien ergeben, dass Rosellasittiche und Blasskopfrosellas in manchen Gebieten unterschiedliche Nahrungsnischen besetzen.

Die Brutzeit der Rosellasittiche beginnt im August und zieht sich – je nach Verbreitungsgebiet – bis in den Februar hin. Zu Beginn der Balzzeit sind vermehrt die Lautäußerungen der Vögel zu vernehmen. Die eigentliche Balz verläuft ähnlich wie bei den anderen Plattschleifsitticharten: Sie umfasst den aufrechten Gang, das Vorstecken der Flügelbuge und das auffällige Hin-und-her-Schleudern des gefächerten Schwanzgefieders. Das Nest befindet sich üblicherweise in einem hohlen Astloch oder Stammloch eines lebenden oder abgestorbenen Eukalyptusbaumes, darüber hinaus wurden aber auch Nester in hohlen Zaunpfählen, in den Nesttunneln von Bienenfressern und selbst in Kaninchenbauen am Boden gefunden. Das Gelege umfasst vier bis neun Eier, im Durchschnitt fünf (Durchschnittsgröße von Eiern der Nominatform 26,9 x 21,7 mm), die 19 Tage allein vom Weibchen bebrütet werden.

Status im Freiland und Artenschutz

Alle drei Unterarten des Rosellasittichs sind derzeit im Freiland noch weit verbreitet und gelten als häufig bis sehr häufig. Sie werden deshalb von der IUCN als nicht gefährdet (LC) eingestuft. In Australien sind die Vögel zwar gesetzlich geschützt, es werden jedoch auf Antrag Abschussgenehmigungen erteilt, um Ernteschäden zu minimieren. In der deutschen Bundesartenschutzverordnung sind die Vögel aufgrund ihrer guten Züchtbarkeit in Anlage 5 aufgeführt und damit von der Meldepflicht ausgenommen.

Nach 32 bis 34 Tagen fliegen die Jungvögel aus, halten sich dann aber noch einige Zeit nach dem Selbstständigwerden in der Nähe ihrer Eltern auf. Die Umfärbung in das Erwachsengefieder vollzieht sich über mehrere Monate und ist erst im zweiten Lebensjahr abgeschlossen. Die Altvögel schließen nicht selten eine zweite Brut an.

Allgemeine Hinweise zur Haltung und Zucht

1861 kamen die ersten Rosellasittiche nach Spanien, wo 1863 bei Dr. Saco die Erstzucht glückte. 1862 waren sie im Londoner Zoo zu sehen. Erste verbürgte Zuchten des Tasmanischen Rosellas (Unterart *diemenensis*) erfolgten 1886 bei Marquise de Brisay in Frankreich, die Unterart *elecica* wurde ab 1934 beim Herzog von Bedford in England gezogen. Bis zum australischen Ausfuhrverbot gelangten

Frische Zweige sind auch bei den Rosellasittichen sehr beliebt.

viele Rosellasittiche auf den europäischen Vogelmarkt, vor allem die als „Prachtrosella" bezeichnete Unterart *elecica*. Bald gelangen vielerorts Zuchten und machten von weiteren Importen unabhängig. Heute ist der Rosellasittich der am häufigsten gehaltene Plattschweifsittich, der stets zu günstigen Preisen von den Züchtern zu bekommen ist.

Seine Haltungsansprüche sind bescheiden. Er schreitet in einer mindestens 3 Meter langen Voliere bereitwillig zur Brut, ist ausdauernd, (fast) winterhart und benötigt nur ein trockenes, zugluftfreies und möglichst frostfreies Winterquartier, nimmt mit dem üblichen Großsittichfutter vorlieb und sowohl Holznistkästen als auch Naturstammhöhlen als Nistplätze an. Auch für diese Art gilt die Regel einer mindestens einmal jährlich vorbeugenden Wurmkur sowie das Gebot der nur paarweisen Haltung, möglichst auch ohne andere Plattschweifsittichpaare in den Nachbarvolieren.

Rosellasittiche knabbern zwar gern an frischen Weichholzzweigen (Obstbaum, Weide), sind aber generell keine größeren Holzzerstörer. Deswegen können Volieren für Rosellas (und andere Plattschweifsittiche) durchaus aus preiswerten Materialien (Holz und dünnem Draht mit etwa 1 mm Drahtstärke) bestehen.

Die Weibchen brüten in der Regel zuverlässig und ziehen ihre Jungen meist problemlos auf. Allerdings ist die Harmonie der Paarpartner eine wichtige Voraussetzung. Zwar gibt es immer wieder Berichte von erfolgreichen Brutpaaren, die erst als erwachsene Vögel zusammengestellt wurden. Wenn man aber die Möglichkeit (und Zeit) hat, sollte man stets Jungvögel aus verschiedenen Blutlinien erwerben und schon als Subadulte zu Paaren zusammenstellen. Deren Harmonie im späteren Brutgeschehen ist dann (fast) sichergestellt.

Wie für die zuvor beschriebenen Arten gilt auch für Rosellasittiche, dass arten- oder gar unterartenreine Vögel heute nur schwierig zu bekommen sind. Zum einen sind seinerzeit wahrscheinlich alle drei Unterarten importiert und miteinander gekreuzt worden. Zum anderen haben wir es besonders bei dieser Art mit diversen Einkreuzungen von anderen australischen Großsittichen (*Polytelis, Barnardius, Purpureicephalus*), Singsittichen (*Psephotus*) und sogar Nymphensittichen (*Nymphicus hollandicus*) zu tun. Hinzu kommen zahlreiche Farbmutationen und Transmutationen, die den ursprünglichen Rosellasittich nach Auffassung der Autoren nicht „schöner“ gemacht haben, zumindest aber kaum noch die Möglichkeit für artenreine und mutationsfreie Vögel bieten.

Brownsittich (*Platycercus venustus*) (Kuhl, 1820)

Kennzeichen, Größe und Gewicht

Brownsittiche weichen mit ihrer schlichteren Färbung ein wenig von der exotisch bunten Färbung ihrer Gattungsgenossen ab. Adulte Männchen und Weibchen sind nahezu gleich gefärbt. Der Kopf ist schwarz, die Wangen sind weiß mit blauem Rand zum Hals hin. Einige Vögel tragen ein schmales rotes Stirnband. Das Rückengefieder ist schwarz mit breiten, gelben Säumen. Brust-, Bauch-, Unterrücken- und Bürzelfedern sind gelb mit einer ausgeprägten schwarzen Schuppenzeichnung. Die Unterschwanzdecken sind leuchtend rot, die Außenfahnen und Deckfedern der Schwingen sind leuchtend blau, die Innenfahnen und Flügelspitzen schwarz. Die Iris ist dunkelbraun, der Schnabel grauhornfarben, die Füße sind grau. Weibchen gleichen den Männchen, besonders bei jüngeren Tieren können aber die Farben etwas weniger intensiv sein, zum Beispiel ist der Kopf braunschwarz statt schwarz, der Wangenfleck kann undeutlicher abgegrenzt sein, Kopf und Schnabel können etwas kleiner sein. Die Jungvögel gleichen den Adulten, sind aber in allen Farben zunächst verwaschener.

Gesamtlänge etwa 28 cm. Gewicht 85 bis 100 g (Männchen), 78 bis 92 g (Weibchen).

Neben der Nominatform wird von einigen Autoren noch die Unterart ***Platycercus venustus hilli*** beschrieben. Sie unterscheidet sich durch eine feinere grauschwarze Säumung der Bauch- und Brustfedern, die zu einem leicht schuppigen Aussehen führt.

Verbreitung, Lebensräume und Nahrung

Brownsittiche sind im nordwestlichen und nördlichen Australien einschließlich der größeren vorgelagerten Inseln beheimatet. Die Nominatform besiedelt den östlichen Teil des Northern Territory und den äußersten Nordwesten von Queensland. Die Unterart *hilli* bewohnt die Kimberley Region in Westaustralien. Ihr Verbreitungsgebiet reicht östlich bis an das der Nominatform heran, wo eine Übergangszone mit Mischlingen beider Unterarten existiert.
In ihrem vorwiegend tropisch geprägten Verbreitungsgebiet bewohnen Brownsittiche eine Vielzahl unterschiedlicher Lebensräume: von Monsun-, offenen Eukalyptus- und *Melaleuca*-Wäldern über baumbestandene Savannen und Galeriewälder in Wassernähe, Lichtungen, Küstenstreifen, Uferregionen von Flüssen bis hin zu Mangrovenwäldern und Überschwemmungsgebieten.
Über die Nahrungspräferenzen des Brownsittichs im Freiland ist nur wenig bekannt. Er gilt – wie die anderen Plattschweifsitticharten auch – als Nahrungsgeneralist,

Status im Freiland und Artenschutz

Im Vergleich zu anderen Plattschweifsitticharten sind Brownsittiche deutlich seltener und vielerorts nur lückenhaft verbreitet. Vermutlich hat ihre Populationsgröße seit Beginn des 20. Jahrhunderts stetig abgenommen, hält sich aber gegenwärtig auf einem stabilen Niveau. Unmittelbare Bedrohungsfaktoren für die Art scheinen gegenwärtig nicht zu bestehen, sodass sie – unter anderem aufgrund ihres großen Gesamtverbreitungsgebietes im Norden Australiens – von der IUCN derzeit als nicht gefährdet (LC) eingestuft wird. In Australien sind die Vögel vollständig gesetzlich geschützt. In der deutschen Bundesartenschutzverordnung sind die Vögel in Anlage 5 aufgeführt und damit von der Meldepflicht ausgenommen.

der sich von vielerlei Samen, Früchten, Beeren, Knospen, Blüten, Nektar und wahrscheinlich auch Insekten und deren Larven ernährt. Samen von Gräsern sowie Akazien-, Eukalyptus- und *Melaleuca*-Samen werden scheinbar bevorzugt.

Soziale Organisation und Brutbiologie

In kleinen Gruppen von sechs bis acht Vögeln oder paarweise sind Brownsittiche üblicherweise anzutreffen. Sie halten sich bei der Nahrungssuche offenbar mehr in den Baumkronen und weniger am Boden auf als ihre Gattungsgenossen. Aufgrund ihrer etwas schlichteren Färbung sind sie im Blätterwerk gut getarnt. Insgesamt gelten die Vögel als deutlich scheuer als die anderen Plattschweifsittiche und lassen sich in der Regel nur aus größerer Entfernung beobachten. Auch an den Wasserlöchern, die sie regelmäßig zweimal am Tag aufsuchen, sind sie viel zurückhaltender und vorsichtiger als andere Vogelarten, die sich dort einfinden.

Eine genaue Brutzeit scheint für die Vögel nicht zu existieren, sie richten ihre Fortpflanzungsaktivitäten vermutlich vor allem nach den äußeren Bedingungen (Niederschläge, Nahrungsverfügbarkeit). Das Nest wird, wie bei den anderen *Platycercus*-Arten auch, in einem hohlen Ast- oder Stammloch, meist in einem Eukalyptusbaum in der Nähe einer Wasserstelle, angelegt. Ein Gelege vom King-River im Northern Territory umfasste fünf Eier mit einer Durchschnittsgröße von 26,6 x 21,6 mm.

Über die Brutgewohnheiten der Art im Freiland ist so gut wie nichts bekannt. Sie gleichen wahrscheinlich denen von Vögeln in menschlicher Obhut. Demnach beträgt die Brutzeit etwa 19 Tage, die Nestlingszeit ungefähr fünf Wochen. Vermutlich bleiben die Jungvögel nach dem Ausfliegen noch einige Zeit bei den Eltern. Die Mauser in das Erwachsengefieder vollzieht sich schrittweise innerhalb eines Jahres.

Allgemeine Hinweise zur Haltung und Zucht

Kurz vor der Jahrhundertwende im Jahr 1899 war der Brownsittich erstmals in Europa zu sehen, und zwar im Londoner Zoo. Die Erstzucht gelang jedoch erst rund

Auch Brownsittiche in Volierenhaltung brüten in der kalten Jahreszeit.

30 Jahre später 1928 beim Herzog von Bedford in England. Bis zum Zweiten Weltkrieg wurden diese Vögel nur selten, danach bis zum australischen Exportstopp sporadisch eingeführt. Dr. Burkard in der Schweiz erhielt 1969 zehn Paare als Direktimport aus Australien, aus denen er mit den Jahren einen Zuchtstamm bis in die vierte Generation aufbauen konnte. Fast alle Jungvögel, die seinerzeit zu anderen Züchtern gelangten, stammten aus seiner Zucht. Bis heute sind Brownsittiche keine häufigen Vögel in den Liebhaberzuchten und bleiben unter anderem wegen verschiedener Haltungsansprüche meist den Großsittich-Spezialisten vorbehalten.

Erfahrene Züchter empfehlen für diese Vögel eine 4 bis 5 Meter lange Voliere mit einem daran anschließenden beheizbaren Schutzhaus. Da diese Vögel ursprünglich aus überwiegend tropischen Regionen stammen, sind sie keineswegs so „hart“ und ausdauernd wie die anderen Plattschweifsitticharten. Hinzu kommt eine ausgeprägte und oft überraschend auftretende Aggressivität der Männchen. Die Verpaarung sollte daher möglichst schon im Jugendalter der Vögel vonstatten gehen, in dem (zuvor per DNA-Test geschlechtsbestimmte) Jungvögel verschiedenen Geschlechts zusammengewöhnt werden und dann gemeinsam die Geschlechtsreife erreichen. Mit solchen Paaren besteht am ehesten Aussicht auf einen Bruterfolg.

Aber auch bei langjährigen Paaren, die schon erfolgreich Junge aufgezogen haben, kann bei den Männchen eine plötzliche Aggressivität zu Attacken auf das Weibchen und sogar zu deren Tötung führen. Die streng paarweise Haltung und eine Volierenunterbringung ohne nachbarschaftliche Kontakte zu anderen Plattschweifsittichen ist eine weitere Grundvoraussetzung. An die Ernährung stellen die Vögel keine anderen Ansprüche als die übrigen australischen Großsittiche. Eine regelmäßige Wurmkur gehört zum Standard-Vorsorgeprogramm.

Da Brownsittiche hierzulande oft schon im Winter oder zeitigen Frühjahr oder aber erst im Spätherbst mit der Balz und Brut beginnen, muss der Nistkasten (Bodenfläche etwa 25 x 25 cm, Höhe etwa 60 bis 100 cm, Einschlupfloch 8 cm Durchmesser) im beheizten Innenraum untergebracht

werden. Manche Züchter empfehlen, unter dem Nistkastenboden zusätzlich noch eine Wärmeplatte anzubringen, damit die Jungen in Schlechtwetterperioden nicht verklammen und schließlich sterben.
Das Gelege besteht aus fünf bis sieben Eiern, die vom Weibchen in der Regel recht zuverlässig bebrütet werden. Allerdings nehmen manche Weibchen Nestkontrollen übel. Sie sollten deshalb auf ein Minimum bzw. auf Zeiten reduziert werden, wenn sich das Weibchen außerhalb der Nisthöhle aufhält. Die Brutdauer beträgt etwa 19 Tage, die Nestlingszeit ungefähr 35 Tage. Rund drei Wochen nach dem Ausfliegen sind die Jungvögel selbstständig.
Derzeit besteht noch die Chance, artenreine Jungvögel des Brownsittichs zu erwerben, denn Mischlingszuchten (bisher mit Rosellasittich, Blasskopfsittich und Strohsittich) sind selten und Farbmutationen bzw. deren Transmutationen bisher nur aus Einzelfällen bekannt. Ob es auch noch unterartenreine Vögel in europäischen Beständen gibt bzw. ob es überhaupt zwei deutlich differenzierbare Unterarten gibt (was mehrere namhafte Autoren bezweifeln), ist ungewiss.

Stanleysittich (*Platycercus icterotis*) (Temminck & Kuhl, 1820)

Kennzeichen, Größe und Gewicht

Der Stanleysittich ist die kleinste Art der *Platycercus*-Gruppe und zeigt auch den deutlichsten Geschlechtsdimorphismus von allen Arten. Beim Männchen sind Kopf, Nacken, Unterseite und Unterschwanzdecken scharlachrot gefärbt. Ein auffälliger Kinn- und Wangenfleck ist gelb. Die Rückenfedern sind schwarz mit gelbgrünen oder roten Säumen, die Oberschwanzdecken grün. Die Schwingen sind schwarz mit blauen Außenfahnen, Flügeldecken und Flügelrand sind blau, die kleinen Deckfedern bilden einen schwarzen Fleck. Die Iris ist dunkelbraun, der Schnabel hornfarben mit grauer Schnabelbasis, die Füße sind braun. Das Weibchen ähnelt in der Färbung dem Männchen, allerdings sind alle Farben weniger intensiv und die Brust ist oft von grünen Federn durchsetzt. Gleiches gilt auch für die Jungvögel, deren Farbgebung weniger intensiv und verwaschen wirkt.
Gesamtlänge etwa 26 cm. Gewicht 55 bis 86 g (Männchen), 43 bis 70 g (Weibchen).

Stanleysittiche sind sehr ruhige und verträgliche Vögel.

Neben der Nominatform wird die Unterart ***Platycercus icterotis xanthogenys*** beschrieben. Sie gleicht in der Färbung der Nominatform, jedoch sind die gelben Wangenflecken blasser, die Federsäume am Vorderrücken zeigen eine rote und graubraune Säumung und Bürzel und Oberschwanzdecken sind grauoliv.

Verbreitung, Lebensräume und Nahrung

Stanleysittiche haben ihr Verbreitungsgebiet an der südwestlichen Spitze des australischen Kontinents. Die Nominatform lebt in Küstennähe und in den etwas weiter landeinwärts gelegenen Regionen an der südwestlichen Küste etwa östlich von Albany. Die Unterart *xanthogenys* schließt mit einer Kontaktzone westlich daran an und dehnt sich östlich bis zur Westküste und nördlich etwa bis nach Perth aus. Offene Landschaften wie lichte Wälder, Eukalyptus-Savannen, *Melaleuca*-Vegetation und Grasland mit spärlichem Baumbewuchs bilden die bevorzugten Lebensräume, in ländlichen Regionen sind die Vögel aber nicht selten auch auf Farmland, Stoppelfeldern, in Obstplantagen, Parks und Gärten zu beobachten – meist nicht allzu weit entfernt von der nächsten Wasserstelle.

Wie die anderen *Platycercus*-Formen sind auch Stanleysittiche Nahrungsgeneralisten, bei denen in einer Ernährungsstudie 48 Futterpflanzen aus 17 Familien identifiziert wurden. Dabei scheinen sie aber Samen von Gräsern und Kräutern, die sie vorwiegend am Boden aufnehmen können, den Vorzug zu geben. Weiterhin sind im Nahrungsspektrum aber auch Beeren, Früchte, Blattknospen, Blüten, Nektar sowie Insekten und deren Larven verzeichnet. In Obstanbaugebieten sind die Vögel unbeliebt, denn sie gelten als Ernteschädlinge, die offenbar besonders den rotschaligen Äpfeln arg zusetzen können. In einer entsprechenden Studie an drei Untersuchungsstellen im Südwesten wurde letztlich aber festgestellt, dass die von den Sittichen verursachten Ernteschäden (mit untersucht wurden Rotkappen- und Kragensittiche) nur geringe wirtschaftliche Verluste nach sich zogen.

Soziale Organisation und Brutbiologie

Stanleysittiche leben in der Regel paarweise oder in Familiengruppen zusammen. Mehrere Familiengruppen vereinen sich in Zeiten üppigen Nahrungsangebotes zu kleinen Schwärmen, größere Schwärme bilden sich hingegen nur selten. Innerhalb dieser Kleingruppen bildet das Paar die zentrale soziale Einheit. Die Paarbindung besteht das ganze Jahr über und wird durch regelmäßiges Partnerfüttern gefestigt.

Im Verhalten zeigen Stanleysittiche manche Übereinstimmungen mit den Arten der Singsittichgattung (*Psephotus*). So sind zum Beispiel Flugbild und Lautäußerungen sehr ähnlich. Der australische Ornithologe Joseph Forshaw sieht unter anderem deshalb in den Stanleysittichen eine Art Bindeglied zwischen Plattschweif- und Singsittichen.

Die Brutzeit beginnt im Juli. Die Bruthöhle liegt in der Regel in einem Stamm- oder

Status im Freiland und Artenschutz

Beide Unterarten des Stanleysittichs sind derzeit im Freiland zwar mancherorts nicht (mehr) häufig und nur noch lückenhaft verbreitet, andererseits profitieren die Vögel aber von der Ausweitung der Getreideanbauflächen und Eukalyptuswälder als zusätzliche Lebensräume. Sie werden aufgrund ihres großen Gesamtverbreitungsareals gegenwärtig von der IUCN als nicht gefährdet (LC) eingestuft. In Australien sind die Vögel zwar gesetzlich geschützt, es werden jedoch auf Antrag Fang- und Abschussgenehmigungen erteilt, um Ernteschäden zu minimieren. In der deutschen Bundesartenschutzverordnung sind die Vögel aufgrund ihrer guten Züchtbarkeit in Anlage 5 aufgeführt und damit von der Meldepflicht ausgenommen.

Astloch eines Eukalyptusbaumes, deren Einschlupfloch sich nach einer Studie im Wickepin-Distrikt (südöstlich von Perth) in durchschnittlich 8,5 Meter Höhe befand. Im Durchschnitt waren die Höhlen 70,2 cm tief und hatten einen Durchmesser von 18,4 cm. Die Gelegegröße lag bei dieser Untersuchung zwischen zwei und sieben Eiern, meistens waren es sechs oder sieben (durchschnittliche Größe von Eiern der Nominatform 26,7 x 21,8 mm). Die Brutdauer wurde dort mit 23 bis 25 Tagen ermittelt (deutlich länger als bei Bruten in Menschenobhut!). Nach 28 bis 37 Tagen verließen die Jungen das Nest. In dieser besagten Studie schlüpften aus insgesamt 50 Eiern 42 Junge (= 84 Prozent), von denen wiederum 36 Jungtiere flügge wurden (= 85,7 Prozent). Der Gesamtbruterfolg lag bei 72 Prozent, wobei pro Nest im Durchschnitt vier Junge ausflogen.

Allgemeine Hinweise zur Haltung und Zucht

Wie bei vielen anderen Sitticharten auch war es der Londoner Zoo, der den Stanleysittich erstmalig 1864 in seiner Kollektion hatte. Offenbar wurde er aber erst mehr als 40 Jahre später gezüchtet, nämlich 1908 etwa gleichzeitig bei den Züchtern Fasey, Astley und Perkins in England. Weitere vereinzelte Zuchten in den Niederlanden, Frankreich und Deutschland folgten und erst nach dem Zweiten Weltkrieg kam es großflächig zum Aufbau stabiler Bestände in Menschenobhut.

Heute gilt der Stanleysittich als unempfindlich und „winterhart“ (aber auch er weiß einen frostfreien Innenraum zu schätzen). Seine ansprechende Färbung, seine angenehme Stimme und seine Fortpflanzungsbereitschaft machen ihn seit Jahren zu einem viel gehaltenen Volierenvogel, dessen Jungvögel allerdings inzwischen kaum noch absetzbar sind, und wenn, dann zu einem recht niedrigen Preis.

In der Haltung ist der Stanleysittich recht anspruchslos (er benötigt allerdings eine jährliche Wurmkur), kommt notfalls auch mit einer 2 Meter langen Voliere zurecht und schreitet dort auch in gewöhnlichen Holznistkästen von 20 x 20 x 30 cm bereitwillig zur Brut. Die Weibchen brüten meist

Juvenile Stanleysittiche gleichen erst nach einigen Monaten ihren Eltern

zuverlässig (Brutzeit etwa 18 bis 19 Tage) und ziehen ihre Jungvögel in der Regel problemlos auf. Die Nestlingszeit beträgt 30 bis 35 Tage.

Auch über eine erfolgreiche Gemeinschaftshaltung (und -zucht) des Stanleysittichs mit Schildsittichen, Pflaumenkopfsittichen, Grassittichen und Prachtfinken ist in der Literatur berichtet worden. Artenreine Jungvögel kann man hier und dort noch erwerben, allerdings sind Mischlinge mit Sing-, Rotkappen- und Vielfarbensittichen in der Literatur erwähnt und möglicherweise im Erbgut mancher Vögel vertreten. Mutationszuchten sind derzeit noch eher die Ausnahme. Ob es allerdings in Europa auch noch reinerbige Bestände beider Unterarten gibt, ist ungewiss, zumal wahrscheinlich beide Formen ursprünglich importiert und dann in Züchterhand vermischt wurden.

Blutbauchsittiche (*Gattung Northiella*)

Die Blutbauchsittiche bilden nur eine Art mit vier Unterarten. Es sind mittelgroße Sittiche mit langem, stufigem Schwanz, verhältnismäßig kleinem Schnabel und einem nur schwach ausgeprägtem Geschlechtsdimorphismus. Blutbauchsittiche werden von mehreren Autoren traditionell der Gattung *Psephotus* (Singsittiche) zugeordnet. DNA-Untersuchungen belegen jedoch eher eine nähere Verwandtschaft zu den Kragen- und Plattschweifsittichen. Wir folgen in unserem Buch deshalb diesen Studien und ordnen die Blutbauchsittiche (wieder) der alten Gattung *Northiella* zu.

Blutbauchsittich (*Northiella haematogaster*) (Gould, 1838)

Kennzeichen, Größe und Gewicht

Das Männchen ist an Kopf und Wangen blau gefärbt. Hinterkopf, Nacken und Rücken sind grauoliv, Kehle und obere Brust gelboliv. Der Bauch ist gelb mit einem variablen roten Bauchfleck. Flügelbug und Handdecken sind mittelblau, kleine und mittlere Flügeldecken gelboliv, äußere Armdecken oliv mit breiten blauen Säumen. Der Hinterrücken ist grauoliv. Das Weibchen gleicht dem Männchen, aber der rote Bauchfleck ist weniger ausgedehnt und die blaue Gesichtsfärbung blasser. Die Jungvögel ähneln dem Weibchen, allerdings tragen sie insgesamt mattere Farben und der rote Bauchfleck ist nur ansatzweise vorhanden. Gesamtlänge etwa 30 cm. Gewicht 65 bis 105 g (Männchen), 68 bis 90 g (Weibchen).

Es gibt vier Unterarten. Die zuvor beschriebene Nominatform wird in Züchterkreisen in der Regel **Gelbsteißsittich** genannt. Die zweite Unterart ***Northiella haematogaster haematorrhous*** **(Rotsteißsittich)** unterscheidet sich vor allem durch die Ausdehnung der Rotfärbung auf Schenkel, Afterregion und Unterschwanzdecken. Außerdem sind die kleinen und mittleren Flügeldecken braunrot.
Die Unterart ***Northiella haematogaster pallescens*** **(Blasser Gelbsteißsittich)** ist auffällig blasser gefärbt als die Nominatform. Und die vierte Unterart ***Northiella haematogaster narethae*** **(Narethasittich)** trägt ein dunkelgelbes Bauchgefieder ohne roten Bauchfleck, ein rotes Steißgefieder und nur blassrosa gefärbte kleine Flügeldecken. Die Stirn ist grünblau, der übrige Teil des Gesichts mauve-blau. Mit 61 bis 80 g bei Männchen und 49 bis 70 g bei Weibchen ist diese Unterart etwas kleiner und leichter als die Nominatform.

Verbreitung, Lebensräume und Nahrung
Die Art kommt von New South Wales und Südaustralien im Osten (Gelbsteißsittich) über Süd-Queensland im Norden (Rotsteißsittich) bis zum nordöstlichen Südaustralien (Blasser Gelbsteißsittich) vor. Die Unterart *narethae* ist weiter westlich im südöstlichen Westaustralien beheimatet. Offene Graslandschaften mit spärlichem Baumbewuchs, Mallee-Buschland, baumbestandene Ränder von Anbauflächen und Baumgruppen entlang von Wasserläufen bilden den bevorzugten Aufenthaltsort der Blutbauchsittiche. Hier und dort wurde eine enge Bindung der Vögel an bestimmte Baumarten (Sandelholz, Akazien, Kasuarinen) festgestellt.
Wie viele Vögel der Trockenzonen Australiens sind auch Blutbauchsittiche keine direkten Nahrungsspezialisten. Sie nehmen eine Vielzahl verschiedener Samen von Gräsern, Kräutern und Bäumen, außerdem Früchte und Beeren, Blüten, Nektar sowie Insekten und deren Larven zu sich. Auch in Getreidefeldern sind die Vögel manchmal anzutreffen, und selbst auf Bahngleisen suchen sie nach herabgefallenen Getreidekörnern vom Bahntransport.

Rotsteißsittiche sind eher schlicht gefärbt.

Soziale Organisation und Brutbiologie

Blutbauchsittiche leben paarweise oder in kleinen Gruppen zusammen, die sich an bevorzugten Futterplätzen oder Wasserstellen gelegentlich auch zu kleinen Schwärmen zusammenschließen. In der Regel liegt die Gruppengröße bei nur zehn bis zwölf Vögeln. Hier und dort wurden auch gemischte Gruppen mit Vielfarben- und Bauers Ringsittichen beobachtet.
Die Brutzeit beginnt meist Ende Juli und endet im Dezember. Ausgiebige Regenfälle können den Beginn der Balzzeit einleiten. Für die Balz nimmt das Männchen eine aufrechte Körperhaltung ein, drückt die Flügelbuge nach vorn und richtet die Scheitelfedern zu einer kleinen Haube auf. Der Schwanz wird gefächert und seitlich geschwenkt.
Die Nisthöhlen befinden sich in Astlöchern oder Baumstämmen (oft von Akazien oder Kasuarinen), nicht selten sogar in Bodennähe. Auf eine Schicht von verrottendem Holzmulm legt das Weibchen vier bis neun Eiern (Durchschnittsgröße von Gelbsteißsittch-Eiern 23,4 x 19,4 mm, von Narethasittich-Eiern 23,1 x 18,5 mm), die es knapp drei Wochen lang bebrütet. Weitere Brutdetails aus dem Freiland sind kaum bekannt; sie gleichen vermutlich den Beobachtungen bei Vögeln in menschlicher Obhut.

Status im Freiland und Artenschutz

Gelbsteiß-, Rotsteiß- und Blasser Gelbsteißsittich sind aufgrund ihrer großflächigen Verbreitung noch gebietsweise häufig. Narethasittiche wurden dagegen zeitweise als seltene Form eingestuft, mittlerweile scheint aber klar geworden zu sein, dass die Vögel – mehr als die anderen Unterarten – kleine Wanderungen unternehmen und ihren jeweiligen Standort je nach Klima bzw. Niederschlägen wechseln. So kann es vorkommen, dass sie in bestimmten Gegenden jahrelang nicht gesichtet werden, aber wiederum an anderer Stelle überaus häufig in Erscheinung treten.
Blutbauchsittiche sind in Australien vollständig geschützt, der Narethasittich hat darüber hinaus eines besonderen Schutzstatus in Westaustralien. Nach den Kriterien der IUCN werden alle vier Unterarten gegenwärtig als nicht gefährdet (LC) eingestuft.

Allgemeine Hinweise zur Haltung und Zucht

Rotsteißsittiche kamen erstmals 1862 in den Londoner Zoo, wogegen die Einfuhr von Gelbsteiß- und Blassen Gelbsteißsittichen noch auf sich warten ließ. Der erst 1921 beschriebene Narethasittich wurde zum ersten Mal Mitte der 1940er-Jahre im Zoo von Adelaide in Australien gezeigt, später auch in der Anlage des Herzogs von Bedford gehalten. Die Erstzuchten der ersten drei Unterarten glückten schon Ende der 1870er-Jahre in Belgien, Frankreich und England, allerdings kam es seinerzeit nicht zum Aufbau von Zuchtstämmen. Erst Mitte der 1960er-Jahre kamen dann wieder kleinere Importe von Blutbauchsittichen nach Europa, darunter auch zehn Paare des Narethasittichs, die der Tierfänger

Gelbsteißsittiche sind in Europa noch unterartenrein zu bekommen.

Christian Krause im Auftrag von Dr. Burkard und mit Genehmigung der australischen Behörden 1965 in die Schweiz brachte.
Wildfänge aller vier Unterarten waren zunächst heikle Vögel und benötigten eine sorgfältige Eingewöhnung und Akklimatisierung. Ab Mitte der 1960er-Jahre kam es dann aber zunehmend zu besseren Zuchterfolgen. Die Narethasittich-Zucht glückte erstmals 1971 in der BRD (fast gleichzeitig bei K. H. Stegeweit, H. J. Nießen und H. Pferdmenges) und 1972 in der Schweiz bei Dr. Burkard.
Blutbauchsittich-Männchen zeichnen sich unter allen anderen australischen Großsittichen durch eine besonders hohe Aggressivität aus, die sich sowohl gegen das eigene Weibchen als auch gegen andere Volierenbewohner (selbst größere Sitticharten) richten kann. Die Paare sollten deshalb möglichst schon im Jugendalter zusammengestellt und anschließend paarweise in einer separaten Voliere gehalten werden. Doppelte Drahtwände zu den Nachbarvolieren beugen Kämpfen und Verletzungen mit den darin lebenden Vögeln vor. Besser noch sind separate, einzeln stehende Volieren ohne Sittiche und Papageien als Nachbarn.

Blutbauchsittiche, vor allem die Narethasittiche, beginnen meist schon sehr zeitig im Jahr (oft bereits im Februar) mit der Brut. Schwach geheizte Innenräume sind deshalb für die Haltung ebenso notwendig wie die Platzierung der Nistkästen im Innenraum. Zur Brut nutzen die Paare sowohl Naturstammhöhlen als auch Holznistkästen. Letztere sollten Innenmaße von etwa 25 x 25 cm bei einer Höhe von etwa 50 cm und einem Schlupflochdurchmesser von 5 bis 6 cm haben. Die gewöhnlich vier bis fünf Eier werden vom Weibchen etwa 19 Tage lang bebrütet, die Jungen danach noch zwölf bis 14 Tage gehudert. Nach vier bis knapp fünf Wochen fliegen die Jungvögel aus und erreichen wenig später ihre Selbstständigkeit. Zu diesem Zeitpunkt ist eine sorgfältige Beobachtungen der Eltern- und Jungtiere notwendig, damit der rechte Zeitpunkt der Trennung der Jungtiere nicht verpasst wird. Denn nicht selten richtet das Männchen seine Aggression auch vehement gegen die Jungen und kann diese unter Umständen ernstlich verletzten.
Die Reinzucht der vier Unterarten des Blutbauchsittichs sollte oberstes Gebot sein, denn allzu viel Schaden wurde in der Ver-

gangenheit schon durch Mischlingszuchten angerichtet. Am häufigsten dürften noch reinerbige Rotsteißsittiche anzutreffen sein, wogegen die anderen drei Formen inzwischen häufig mehr oder weniger ausgeprägte Mischlingsmerkmale tragen. Jeder rote Fleck im Bauchgefieder des Narethasittichs ist beispielsweise ein Hinweis auf eine frühere Einkreuzung von Rotsteißsittichen. Neben den genannten Unterartenmischlingen sind auch Mischlingsverpaarungen mit Singsittichen, Vielfarbensittichen und sogar Blasskopf- und Rosellasittichen bekannt geworden, was auf die nahe Verwandtschaft der Plattschweifsittiche hindeutet.

Innerhalb der Singsittichgruppe sind die Vielfarbensittiche die farblich attraktiveren Vögel.

Singsittiche (Gattung *Psephotus*)

Die Gattung der Singsittiche umfasst fünf Arten schlanker, mittelgroßer Sittiche mit langem, stufigem Schwanz. Alle Arten zeigen einen deutlichen Geschlechtsdimorphismus; die Jungvögel ähneln in der Regel den Weibchen. Verwandtschaftlich werden sie gelegentlich als Bindeglied zwischen den eigentlichen Plattschweifsittichen und den Grassittichen angesehen. Systematisch werden oft zwei Gruppen innerhalb der Gattung unterschieden: einmal die Untergattung *Psephotus* mit Sing- und Vielfarbensittich. Zum anderen die Untergattung *Psephotellus* mit Goldschulter-, Hooded- und Paradiessittich. Diese Aufteilung gründet sich auf geringfügige morphologische und ethologische Unterschiede zwischen beiden Gruppen. Der **Hoodedsittich** (***Psephotus dissimilis***) wird von manchen Systematikern als Unterart des Goldschultersittichs aufgefasst.

Der **Paradiessittich** (***Psephotus pulcherrimus***) wurde zuletzt um 1927 in Freiland nachgewiesen, mittlerweile gilt er offiziell als ausgestorben. Allerdings halten sich hartnäckig Gerüchte, wonach noch kleine Restbestände in Menschenobhut vorhanden sein sollen. Genährt werden diese Gerüchte durch gelegentlich auftauchende Berichte und Fotos von „Paradiessittichen“, die sich aber in der Regel als Mischlinge zwischen Goldschulter- und Vielfarbensittich erweisen. In diesem Buch bleibt der Paradiessittich demzufolge als nicht (mehr) gehaltene Art ausgespart. Die anderen vier Formen sind dagegen zum Teil häufige und zeitweise begehrte Volierenvögel, die regelmäßig und meist zu moderaten Preisen von den Züchtern zu bekommen sind.

Singsittich (*Psephotus haematonotus*) (Gould, 1838)

Kennzeichen, Größe und Gewicht

Beim Männchen ist das Grundgefieder grün. Stirn, Scheitel und Wangen sind bläulich grün. Der Bauch ist gelb, die inneren und mittleren Flügel- und Armdecken sind bläulich grün, die äußeren mittleren Flügeldecken gelb gefärbt. Auffällig ist der rote Hinterrücken. Die Iris ist braungrau, der Schnabel schwarz, die Füße sind rosagrau. Das Weibchen zeigt eine grüne bis olivgrüne Grundgefiederfärbung mit gelbgrauer Bauchfärbung und angedeuteten Blautönen in den Armdecken. Ihm fehlt der rote Hinterrücken. Junge Weibchen gleichen den adulten Weibchen, junge Männchen ähneln den adulten Männchen, beide Geschlechter sind jedoch deutlich matter gefärbt als die Altvögel. Der rote Hinterrücken ist bei den männlichen Jungvögeln nur schwach ausgeprägt.
Gesamtlänge etwa 27 cm. Gewicht 55 bis 85 g (Männchen), 50 bis 77 g (Weibchen).

Neben der Nominatform wird die Unterart ***Psephotus haematonotus caeruleus*** beschrieben, die sich vor allem durch ein deutlich blasseres und bläulicheres Gefieder (bei den Männchen) von der Nominatform unterscheidet. Das Weibchen zeigt eine eher bräunlich graue Körperoberseite und einen weißen Bauch.

Verbreitung, Lebensräume und Nahrung

Singsittiche bewohnen den südöstlichen Teil des australischen Kontinents. Das Verbreitungsgebiet der Nominatform erstreckt sich vom südlichen Victoria bis ins südliche Queensland und östliche Südaustralien hinein, die Unterart *caeruleus* schließt im Westen daran an und bewohnt etwa die Osthälfte von Südaustralien und kommt nördlich bis ins südliche Queensland vor. Offene Landschaften, spärlich bewaldete Gebiete mit Gräsern und Kräutern als Bodenbedeckung, Grasland, offenes Mallee-Buschland, aber auch gerodetes Farmland, Weideland mit einzelnem Baumbestand und selbst Stadtparks und Sportplätze mit großen Rasenflächen bilden die Lebensräume der Singsittiche. Die Vögel entfer-

Von den Singsittichen sind in Menschenobhut auch zahlreiche farblich mutierte Vögel entstanden.

nen sich nie allzu weit von der nächsten Wasserstelle. Nach dem morgendlichen Flug zur Wasserstelle begeben sie sich auf Nahrungssuche. Paarweise oder in kleinen Trupps suchen sie – meist auf dem Boden – nach Samen von Gräsern und Kräutern, seltener nehmen sie auch Beeren, Früchte und frische Blattteile zu sich. Die heißen Tagesstunden verbringen die Tiere in der Regel im Schatten von Bäumen. Erst am späten Nachmittag folgt eine zweite Aktivitätsphase mit erneuter Nahrungsaufnahme.

Soziale Organisation und Brutbiologie

Das Paar bildet die soziale Kerneinheit der Singsittiche, oft sind auch Familiengruppen unterwegs. In Gegenden mit üppigem Nahrungsangebot finden sich auch kleine Schwärme als Zusammenschluss mehrerer Kleingruppen. In diesen Kleingruppen scheint eine echte Rangordnung zu bestehen, was voraussetzt, dass sich alle Gruppenmitglieder persönlich kennen. Die verpaarten Weibchen haben dabei denselben Rang wie ihre Männchen. Eine solche Rangordnung ist bislang für kaum eine andere australische Sittichart bekannt.
Die Brutzeit beginnt Anfang August mit der Balz des Männchens. Häufiges Partnerfüttern, begleitet von lauten Rufen und heftigem Kopfnicken, leitet die Balz ein. Dieses Kopfnicken ist ursprünglich aus dem Hochwürgen von Nahrung zur Fütterung des Weibchens entstanden und wurde erst sekundär durch eine „Überbetonung“ zum Balzelement. Die Brutplätze des Singsittichs sind in der Regel Astlöcher und hohle

Status im Freiland und Artenschutz

Der Singsittich ist in weiten Teilen seines großen Verbreitungsgebietes sehr häufig und wird demzufolge auch von der IUCN als nicht gefährdet (LC) eingestuft. In Australien ist die Art vollständig gesetzlich geschützt.

Baumstämme, aber auch in verlassenen Sperlingsnestern unter Haus- oder Schuppendächern und selbst in den Niströhren von Bienenfressern wurden schon brütende Vögel beobachtet.
Das Weibchen legt bis zu sieben Eier. Sie sind reinweiß, breit elliptisch und haben eine Durchschnittsgröße von 23,5 x 19,2 mm. Nach einer Brutzeit von knapp drei Wochen schlüpfen die Jungen. Währenddessen versorgt das Männchen das Weibchen mit Nahrung. Anfangs nähert es sich etwa stündlich rufend und kopfnickend der Nisthöhle. Das Weibchen kommt dann heraus und beide Vögel fliegen zu einem benachbarten Baum, wo das Weibchen vom Männchen gefüttert wird. Die Nestlingszeit beträgt knapp fünf Wochen, weitere zwei Wochen vergehen nach dem Ausfliegen bis zur Selbstständigkeit der Jungvögel.

Allgemeine Hinweise zur Haltung und Zucht

Mitte der 1850er-Jahre kam der Singsittich erstmals nach Europa und schritt bereits 1857 im Londoner Zoo zur Brut. Weitere Bruterfolge in den 1860er-Jahren folgten in

Wildfarbenes Singsittich-Männchen an einer Wasserstelle im Vogelpark Marlow.

Deutschland, Frankreich, Belgien und den Niederlanden. Seitdem bauten sich schnell stabile Volierenstämme auf. Heute gilt der Singsittich als einer der robustesten australischen Großsittiche, der wenig krankheitsanfällig ist, zuverlässig brütet und zudem eine recht angenehme Stimme hat, die auch bei empfindlichen Nachbarn kein Problem darstellt. Oft wird er sogar als Ammenvogel für die Aufzucht schwieriger Arten eingesetzt – dies allerdings mit dem Nachteil, dass die jeweiligen Jungvögel fehlgeprägt werden und später bei Zuchtversuchen ihre eigenen Artgenossen unter Umständen nicht akzeptieren.

Die Haltung von Singsittichen gelingt in der Regel ohne Schwierigkeiten. Sie sind mit einer 3 Meter langen Voliere, einem handelsüblichen Großsittichfutter und den üblichen Pflegemaßnahmen – inklusive einer jährlichen Wurmkur – zufrieden. Bei Bereitstellung eines Nistkastens (Höhe 40 cm, Grundfläche 17 x 17 cm, Schlupfloch 6 cm im Durchmesser) schreiten sie außerdem bereitwillig zur Brut. Die vier bis sieben, im Durchschnitt fünf Eier werden allein vom Weibchen etwa 19 Tage lang bebrütet, während das Männchen für die Futterversorgung des Weibchens zuständig ist. Mit knapp vier Wochen sind die roten Bürzelfedern der jungen Männchen zu erkennen und erlauben bereits im Nistkasten eine eindeutige Geschlechtsbestimmung der Jungvögel. Sie verlassen den Nistkasten nach etwa 30 bis 35 Tagen, werden dann noch einige Zeit von den Eltern weiter versorgt und können auch nach dem Selbstständigwerden weiterhin im Familienverband belassen werden. Zur Zucht eingesetzt werden sollten die Jungvögel erst im Alter von etwa zwölf Monaten. Dann sind sie komplett ausgefärbt und geschlechtsreif.
Singsittiche verpaaren sich relativ leicht mit Sittichen anderer Arten zum Beispiel mit anderen *Psephotus*-Arten und den nahe verwandten Blutbauchsittichen. Aber auch mit Rotkappen- und Barnardsittichen und sogar mit Schmucksittichen kam es schon zu Mischlingszuchten, die im Sinne artenreiner Erhaltungszuchten unbedingt vermieden werden sollten. Inwieweit noch unterartenreine Vögel beider Singsittichformen (*haematonotus* und *caeruleus*) in Menschenobhut existieren, ist ungewiss.

Vielfarbensittich (*Psephotus varius*) (Clark, 1910)

Kennzeichen, Größe und Gewicht
Grundsätzlich zeichnen sich beide Geschlechter des Vielfarbensittichs durch

eine gewisse Färbungsvariabilität aus. Ein glänzendes Grün an Kopf, Wangen, Hals, Brust und Oberbauch ist die Grundgefiederfarbe des Männchens. Sein Stirnband ist gelb, ein kleiner Fleck auf dem Hinterkopf ist zimtfarbig bis tiefrot. Die kleinen Flügeldecken sind gelb, Handschwingen und Handdecken dunkelblau. Der Unterbauch und teilweise auch die Schenkel sind rot gefärbt und mit gelben Federn durchsetzt, der Bürzel ist hellgrün, die Oberschwanzdecken sind rotbraun. Die Grundgefiederfärbung des Weibchens ist bräunlich grün, Brust und Bauch sind blassgrün, ein gelbes Stirnband ist nur angedeutet, ein Flügelfleck ist leuchtend rot. Jungvögel sind im Allgemeinen matter gefärbt; den jungen Männchen fehlt das Rot am Unterbauch und den Schenkeln, insgesamt sind sie aber kräftiger gefärbt als die jungen Weibchen und somit schon im Nistkasten zu unterscheiden.
Gesamtlänge etwa 27 cm. Gewicht 50 bis 71 g (Männchen), 51 bis 70 g Weibchen. Keine Unterarten.

Verbreitung, Lebensräume und Nahrung

Vielfarbensittiche haben ein großes Verbreitungsgebiet in Zentral- und Südaustralien, überwiegend südlich des 24. Breitengrades. Sie sind Bewohner von trockenen Graslandschaften mit spärlichem Baumbewuchs, von Mulga- und Mallee-Savannen, Salzwüsten und Buschland – oft allerdings in der Nähe von Wasserlöchern oder kleinen Flussläufen. Ihre Nahrung suchen die Vögel vorwiegend am Boden. Sie besteht demzufolge vor allem aus Samen von Gräsern und Kräutern, allerdings nehmen sie auch Samen, Blätter, Früchte und Beeren in Bäumen und Sträuchern zu sich. Ergänzend bereichern Insekten und deren Larven ihren Speiseplan. Hier und dort zeigen sich die Vögel auch auf Getreidefeldern und nehmen Weizen- und Haferkörner auf.

Bei den Vielfarbensittichen sind Männchen (links) und Weibchen (rechts) gut zu unterscheiden.

Soziale Organisation und Brutbiologie

Paare und Kleingruppen sind die üblichen sozialen Organisationsformen, in denen man Vielfarbensittichen im Freiland begegnet. Sie neigen kaum zur Schwarmbildung; lediglich in Gebieten mit besonders üppigem Nahrungsangebot sind gelegentlich auch größere Gruppen zu beobachten, wobei eine Obergrenze bei etwa 40 bis 50 Tieren zu liegen scheint. Auch gemischte

Status im Freiland und Artenschutz

Vielfarbensittiche sind in weiten Teilen ihres riesigen Verbreitungsgebietes in Inneren Australiens häufig und werden demzufolge auch von der IUCN als nicht gefährdet (LC) eingestuft. In Australien ist die Art vollständig gesetzlich geschützt.

Gruppen mit Barnardsittichen oder Narethasittichen sind mancherorts gesichtet worden.

Die Brutzeit liegt zwischen Juli und Anfang Dezember, im Norden des Verbreitungsgebietes beginnt sie im Herbst. Das Balzverhalten ähnelt dem des Singsittichs (siehe dort). Die Nisthöhlen der Vielfarbensittiche finden sich idealerweise in morschen Baumhöhlungen oder hohlen Ästen in großer Höhe vom Boden und in Wassernähe. Oft sind die Vögel aber aus Mangel an solchen Nisthöhlen gezwungen, auf enge Höhlungen in kleinwüchsigen Bäumen in Bodennähe, in Zaunpfählen oder sogar in (von Eisvögeln und anderen Vögeln gegrabene) Höhlungen in Uferböschungen auszuweichen.

Auf einer Unterlage aus Holzmulm legt das Weibchen vier bis sieben Eier (Durchschnittsgröße 24,2 x 18,8 mm) und bebrütet sie allein etwa 19 Tage lang. Nach dem Verlassen der Nisthöhle im Alter von vier bis maximal fünf Wochen bilden die Jungvögel zusammen mit den Eltern eine Familiengruppe, die noch längere Zeit Bestand hat. Im Alter von drei Monaten beginnt bei den Jungen die Mauser ins Erwachsenengefieder.

Allgemeine Hinweise zur Haltung und Zucht

Erstmalig in Europa wurde der Vielfarbensittich 1861 im Londoner Zoo gezeigt. 1876 gelang die Erstzucht bei einem französischen Züchter. Anfangs erwiesen sich die Wildfänge als recht anfällig gegenüber dem mitteleuropäischen Klima, seit Ende der 1950er-Jahre gelang dann aber bereits der Aufbau stabiler Bestände in Menschenobhut. Seither ist der Vielfarbensittich stets preisgünstig von den Züchtern zu bekommen, er wird aber etwas weniger häufig gehalten als andere Arten der Gattung *Psephotus*.

Die Haltungsansprüche der Art ähneln denen des Singsittichs, allerdings beginnen die Vögel unter Umständen schon recht zeitig im Frühjahr mit der Brut. Dadurch kann es zum einen (bei zu kalter Witterung) beim Weibchen zu Legenot kommen, zum anderen kommt es vor, dass die Jungtiere – da das Weibchen nur etwa eine Woche hudert – bei niedrigen Außentemperaturen verklammen und sterben. Manche Züchter arbeiten deshalb mit einer Nistkastenheizung, die bei Bedarf zugeschaltet werden kann.

Nach knapp fünf Wochen verlassen die Jungvögel den Nistkasten (Kastenmaße wie beim Singsittich) und sind wenig später selbstständig. In einer größeren Voliere kann man versuchen, sie weiterhin mit den Eltern zusammen zu halten, oft werden aber vor allem die jungen Männchen vom

alten Männchen verjagt. In dem Fall sollte eine getrennte Unterbringung in einer Nachbarvoliere erwogen werden. Die Jungvögel sind mit etwa einem Jahr voll ausgefärbt und geschlechtsreif.
Da der Vielfarbensittich leicht mit anderen Arten aus der eigenen Gattung, aber auch mit anderen Großsitticharten (wie Blutbauchsittich oder Rosellasittich) gekreuzt werden kann und er zudem – auch im Freiland – eine gewisse Farbvariabilität aufweist, ist es nicht immer ganz einfach, wirklich artenreine Tiere zu erkennen und zu erwerben. Eine Reinzucht des Vielfarbensittichs ohne Selektion auf bestimmte Farbmerkmale wie den ausgeprägten roten Bauch unter Bewahrung der natürlichen Färbungsvariabilität ist das Zuchtziel, das heute nicht mehr so ganz einfach zu erreichen ist. Reinerbige Tiere – und dann noch möglichst ohne Farbmutations-Merkmale – dürften inzwischen selten geworden sein.

Goldschultersittich (*Psephotus crysopterygius*) (Gould, 1858)

Kennzeichen, Größe und Gewicht

Beim Männchen sind Stirnband und Augenumgebung blassgelb, der Oberkopf ist schwarz, die Kopfseiten sind hell bläulich grün. Hals, Brust, Oberbauch und Oberschwanzdecken sind türkisblau gefärbt, Unterbauch, Schenkel und Unterschwanzdecken scharlachrot. Rücken, Schultern und kleine Flügeldecken sind erdbraun, die mittleren Flügeldecken goldgelb. Die Iris ist braun, der Schnabel grauhornfarben, die Füße sind graubraun. Beim Weibchen sind Kopfseiten und Kehle hellgrau, Oberkopf und Nacken bronzebraun, Halsseiten, Rücken, Schulter, Flügel und Brust matt gelblich grün gefärbt.
Der Unterbauch, die Flanken und Oberschwanzdecken sind graugrün gefärbt und am Bauch mit roten und weißen Federchen durchmischt. Flügelbug, Armschwingen und Außenfahnen der Handschwingen sind blassblau. Die Jungvögel ähneln den Weibchen, allerdings zeigen die jungen Männchen schon frühzeitig eine dunklere und leuchtendere Kopfseiten- und Unterschwanzdecken-Färbung.
Gesamtlänge etwa 26 cm. Gewicht etwa 56 g beim Männchen, die Weibchen sind etwas leichter.
Keine Unterarten.

Verbreitung, Lebensräume und Nahrung

Der Goldschultersittich ist gegenwärtig nur noch in zwei kleinen, voneinander isolierten Populationen auf der Halbinsel Cape York in Nord-Queensland beheimatet. Sein Lebensraum sind die feuchten oder halbtrockenen offenen Eukalyptus- oder *Melaleuca*-Savannen mit bodendeckenden Gräsern und niedrigem Buschwerk. Die Sittiche leben in der Regel in Gebieten mit bodenständigen Termitenbauten, die oft inmitten von (zeitweise) überschwemmten Flächen und an den Rändern von Grasebenen zu finden sind. Ihre Nahrung suchen die Vögel überwiegend am Boden. Bevorzugt werden die Samen einjähriger Gräser aufgenommen

Goldschultersittiche sind schwierig zu vermehrende Vögel. Das Foto zeigt ein Paar dieser Art, links das Männchen und rechts das Weibchen.

– je nach Standort und Reifezeit unterschiedliche Arten. Die Samen tragenden Grashalme werden auf den Boden herabgebogen und mit einem Fuß festgehalten. Außerdem gehören Blüten und die frischen Austriebe der *Melaleuca*-Bäume zur bevorzugten Nahrung.

Soziale Organisation und Brutbiologie

Außerhalb der Brutsaison leben Goldschultersittiche in lockeren Schwärmen von Altvögeln, Jungtieren und den noch unverpaarten zweijährigen Männchen zusammen. Zu Beginn der Brutzeit sondern sich dann die adulten Paare, die über mehrere Jahre oder möglicherweise sogar zeitlebens zusammenbleiben, von der Gruppe ab und werden in der Nähe ihrer Bruthügel aktiv.

Die Nester werden in einer vom Weibchen selbst gegrabenen Kammer in einem bodenständigen Termitenbau angelegt. Das Balzverhalten gleich dem des Hoodedsittichs. Die Brutzeit liegt zwischen März und Juni, die vier bis sieben Eier (Durchschnittsgröße 20,6 x 17,8 mm) werden im April abgelegt und knapp drei Wochen lang bebrütet.
Nach einer Studie auf Artemis Station und Dixie Station, einem der beiden Teil-Verbreitungsgebiete der Art, kamen durchschnittlich 68 Prozent der Eier zum Schlupf, von den Jungtieren wurden wiederum nur 67 Prozent flügge, sodass sich daraus insgesamt ein Bruterfolg von etwa 45 Prozent errechnet. Demzufolge geht mehr als die Hälfte der Eier bzw. Jungvögel (in der Regel durch Beutegreifer) verloren.
Die Nestlingszeit dauert etwa fünf Wochen, danach fliegen die Jungen schon recht geschickt aus und bilden wenig später zusammen mit ihren Eltern Familiengruppen. Bis zu fünf weitere Wochen vergehen, ehe die Jungvögel ihre Selbstständigkeit erlangt haben. Bei manchen Paaren beteiligen sich in der darauffolgenden Brutsaison junge unverpaarte Männchen als Helfer bei der Jungenaufzucht.
Ebenso wie Hoodedsittiche gehen auch Goldschultersittiche eine Nisthöhlensymbiose mit einer Nachtfalterart (*Trisyntopa scatophaga*) ein. Deren Larven leben gewöhnlich in den Nestern und ernähren sich vom Kot der Jungtiere, wodurch die Bruthöhle sauber bleibt.

Status im Freiland und Artenschutz

*Der Bestand der Goldschultersittiche ist in den letzten Jahrzehnten stark zurückgegangen und man schätzt die Größe beider noch vorhandener Populationen auf etwa 2.000 adulte Individuen. Während in der zweiten Hälfte des vorigen Jahrhunderts vor allem der Fang für den illegalen Vogelmarkt für den Rückgang verantwortlich gemacht wurde, sind es in der heutigen Zeit die Lebensraumveränderungen und das vermehrte Vorkommen von Beutegreifern. Zum einen haben Überweidung und unkontrollierte Brandrodungen, zum anderen die dadurch begünstigte Zunahme der Schwarzkehl-Würgatzel (*Cracticus nigrogularis*), die zu den Fressfeinden dieses Sittichs zählt, zu einer deutlichen Bestandsdezimierung beigetragen. Auch die Beschädigung von Termitenhügeln als wichtige Brutplätze des Goldschultersittichs wird als Grund für den Rückgang der Vögel diskutiert. Im australischen Bundesstaat Queensland ist der Goldschultersittich als bedrohte Vogelart gesetzlich geschützt. Regelmäßige Monitoring-Programme, ein kontrolliertes Brandrodungs-Management (zumindest in den Nationalparks) und eine extensive Weidewirtschaft in manchen Gebieten sollen auf Dauer zur Bestandserhaltung des Sittichs beitragen.*

Aufgrund des kleinen Restverbreitungsgebietes hat die IUCN die Art vor Jahren schon als stark gefährdet (EN) eingestuft. In seiner Liste der bedrohten Tierarten hat das Washingtoner Artenschutzübereinkommen die Art auf den Anhang I (A) gesetzt und damit jeglichen kommerziellen Handel mit Wildvögeln unterbunden. Volierennachzuchten unterliegen der Meldepflicht bei der zuständigen Behörde und seit 2001 der geschlossenen Beringung mit Artenschutzkennzeichen.

Allgemeine Hinweise zur Haltung und Zucht

1897 kamen die ersten sechs Goldschultersittiche nach Europa, zwei davon in den Londoner Zoo. Danach tauchten sie nur vereinzelt im Handel auf und erst 1955 gelang es dem Australier E. Hallström von einer Expedition 20 Tiere mitzubringen und wenig später (1956) nachzuzüchten. Bis 1959 hatte sich sein Bestand auf 40 Tiere erhöht. 1962 und 1964 gelangten die ersten Paare zu Dr. Burkard in die Schweiz, wo 1968 die Erstzucht glückte. Bis 1994 gelang ihm die Zucht bis in die siebten Generation. Anfangs erwiesen sich die Vögel als recht (kälte-)empfindlich, nach der Eingewöhnung vertrugen sie das mitteleuropäische Klima jedoch recht gut und schritten bald zur Brut. Mittlerweile haben sich gute Zuchtstämme etabliert, wenngleich die Vögel immer noch nicht allzu häufig gehalten werden.

Da Goldschultersittiche im tropischen Teil Australiens vorkommen, sind sie deutlich

empfindlicher gegenüber Kälte und Nässe als die meisten anderen australischen Sitticharten. Sie benötigen deshalb in Schlechtwetterperioden ein heizbares Schutzhaus mit daran anschließender, teilüberdachter und windgeschützter Freivoliere (Grundfläche etwa 3 x 1 Meter mit 2 Meter Höhe) zu ihrem Wohlbefinden.
Da die Vögel in Mitteleuropa oft schon im zeitigen Frühjahr (Februar) oder aber erst im Herbst mit der Brut beginnen, sollte der Nistkasten (Maße wie beim Singsittich) zum einen im Innenraum hängen, zum anderen mit einer Bodenheizung versehen sein, die bei Bedarf zuschaltbar ist. Aufgrund ihrer natürlichen Brutplatzwahl in einem Termitenhügel (mit zum Teil recht konstanter Innentemperatur) hudern die Weibchen ihre Jungen nur eine gute Woche und verlassen danach zeitweilig das Nest. Bei kalten Außentemperaturen würden die Jungen dann unter Umständen verklammen und sterben.
Goldschultersittiche sind recht aggressive Vögel; eine frühzeitige Paarzusammenstellung mit Jungvögeln ist deshalb anzuraten. Die Paare sollten separat in Einzelvolieren gehalten werden, in deren Nachbarschaft keine weiteren *Psephotus*-Arten untergebracht sein sollten. Zumindest ist dies die gängige „Lehrmeinung", wogegen andere Züchter die Erfahrung gemacht haben, dass *Psephotus*-Nachbarn unter Umständen sogar brutstimulierend wirken können. Die Brutdauer des Goldschultersittichs ist etwas länger als beim Hoodedsittich, nämlich 23 bis 24 Tage. Zur Aufzucht ist auf jeden Fall ein gutes Eifutter oder besser noch die Zugabe von hart gekochtem Ei notwendig. Mit etwa fünf Wochen sind die Jungen flügge und können dann noch einige Zeit im Familienverband gehalten werden. Allerdings ist sorgfältig auf aufkommende Aggressionen des adulten Männchens zu achten, in dessen Folge die Jungen dann unverzüglich von den Eltern zu trennen sind. Mit vier Monaten beginnt die Mauser in das Adultgefieder. Mit 16 Monaten sind die Jungvögel vollständig ausgefärbt und geschlechtsreif.

Hoodedsittich (*Psephotus dissimilis*) (Collett, 1898)

Kennzeichen, Größe und Gewicht

Der Hoodedsittich ähnelt dem Goldschultersittich, allerdings sind beim Männchen Stirn, Oberkopf, Nacken und Augenregion schwarz, die Unterseite ist zarter rot, die

Hoodedsittiche sind begehrte Volierenvögel. Diese Abbildung zeigt ein Männchen.

Flügeldecken sind großflächiger gelb gefärbt. Die Iris ist braunschwarz, der Schnabel hell graublau, die Füße sind braungrau. Das Weibchen ähnelt dem Weibchen des Goldschultersittichs, jedoch sind Stirn und Scheitel blass graugrün, Wangen, Brust und Bauch sind verwaschen pastellblau, Bürzel und Oberschwanzdecken türkisgrün. Jungvögel ähneln den Weibchen, allerdings tragen die jungen Männchen eine intensivere Kopffärbung.
Gesamtlänge etwa 27 cm. Gewicht 50 bis 60 g (Männchen), 54 bis 59 g (Weibchen). Keine Unterarten.

Verbreitung, Lebensräume und Nahrung
Hoodedsittiche kommen in der tropischen Zone Australiens, und zwar in einem relativ kleinen Gebiet im Norden des Northern Territory vor. Dort bewohnen die Vögel offene (Eukalyptus-)Baumsavannen und baumbestandene Graslandschaften, oft im steinigen Hügelland und bevorzugt in Regionen mit einem hohen Anteil an Termitenhügeln, in denen sie ihre Brutkammern anlegen.
Die Nahrung, welche die Hoodedsittiche überwiegend am Boden aufnehmen, besteht fast ausschließlich aus Gras- und Kräutersamen. Weiterhin ernähren sie sich von anderen Samen, Früchten, Beeren, Blüten, Nektar sowie Insekten und deren Larven. In einer Freilandstudie nordöstlich von Katherine wurden die Fressgewohnheiten der Hoodedsittiche ausführlich erfasst. Dabei wurden zum einen die wichtigsten Futterpflanzen (etwa 15 Arten) nachgewiesen, zum anderen wurde deutlich, dass sich die Nahrungspräferenzen der Vögel über den Jahresverlauf ändern und zum dritten wurde die Aufnahmetechnik und die Frequenz der Nahrungsaufnahme erfasst. Häufig wurden zum Beispiel Samenstände mit dem Schnabel auf den Boden gebogen, dort mit dem Fuß festgehalten und dann „abgeerntet“. Bei zwei Samenarten (*Eriachne ciliata* und *Plectrachne pungens*), welche die Vögel aus der Samenhülle schälten, betrug die Aufnahmefrequenz 44,7 bzw. 20,3 Samen pro Minute.

Soziale Organisation und Brutbiologie
Hoodedsittiche leben in der Regel paarweise oder schließen sich zu kleinen Trupps zusammen. In Regionen mit besonders üppigem Nahrungsangebot wurden auch schon kleine Schwärme mit 20 bis 30, in Ausnahmefällen sogar mit über 100 Vögeln beobachtet. Zur Brutzeit bilden sie häufig gemischte Futterschwärme mit Schwarzgesicht-Schwalbenstaren (*Artamus cinereus*). Diese Verbindung mit den Staren wird so gedeutet, dass die Sittiche sie als Wächter nutzen. Die Alarmrufe der Stare bei potenziellen Gefahren veranlassen die Sittiche zum Abfliegen.
Die Balzzeit beginnt im Dezember oder Januar. Die Männchen werden nun ruffreudiger, umkreisen ihre Weibchen mit flatternden Flügeln und schreiten dann mit gesträubten Brustfedern und leicht aufgestellten Stirnfedern auf sie zu. Fast gleichzeitig beginnt das Ausheben einer Nistkammer in einem Termitenhügel. Die

Status im Freiland und Artenschutz

Der Lebensraum des Hoodedsittichs ist in den vergangenen Jahrzehnten deutlich geschrumpft, insbesondere wegen zunehmender Überweidung und des Brandrodungs-Managements. Aber dort, wo die Lebensräume durch die Aborigines gemanagt werden oder in den Nationalparks liegen, sind die Populationen stabil. Der Gesamtbestand wird gegenwärtig auf etwa 20.000 Vögel geschätzt und erfüllt unter anderem damit die IUCN-Kriterien zur Einstufung als nicht gefährdet (LC). In Australien ist die Art gesetzlich geschützt.
In der Liste der bedrohten Tierarten des Washingtoner Artenschutzübereinkommens steht die Art im Anhang I (A). Wildvögel sind damit vom kommerziellen Handel ausgenommen. Aufgrund seiner guten Züchtbarkeit sind die Nachzuchten in Deutschland allerdings mittlerweile bereits in Anlage 5 zur Bundesartenschutzverordnung aufgelistet und damit von der Meldepflicht befreit.

Höhe der Termitenhügel mit Hoodedsittich-Nestern betrug durchschnittlich 2,28 Meter. Im Durchschnitt hatte der Eingangstunnel einen Durchmesser von 59 mm und eine Länge von 37,8 cm. Er lag zwischen 0,85 und 2,32 Meter über dem Boden. Am Ende des Tunnels befindet sich die Nistkammer, in die das Weibchen in der eigentlichen Brutzeit (zwischen Ende Januar und Mitte April) seine drei bis fünf breit-elliptischen Eier (Durchschnittsgröße 20,8 x 18,3 mm) legt.

Die Brutzeit dauert knapp drei Wochen, die Nestlingszeit knapp einen Monat. Als brutbiologische Besonderheit, die der Hoodedsittich mit dem nahe verwandten Goldschultersittich teilt, gilt die Symbiose mit einer Nachtfalterart. Die Raupen des Schmetterlings ernähren sich einerseits (zu ihrem Vorteil) vom Kot der Jungtiere und halten damit andererseits (zum Vorteil der Sittiche) die Höhle sauber. Mit dem Ausfliegen der Jungen verpuppen sich die Raupen.
Mit der ungewöhnlichen Brutplatzwahl in Termitenhügeln haben sich die Sittiche eine neue Brutplatznische erschlossen, die zum einen einem Bruthöhlenmangel in ihren oft baumarmen Lebensräumen entgegenwirkt, zum anderen den Weibchen aber auch mehr Handlungsspielraum während der Brutzeit lässt. Sie können das Gelege zeitweise verlassen, denn der Termitenhügel wirkt als Wärmespeicher mit einer relativ konstanten Temperatur im Inneren.

Allgemeine Hinweise zur Haltung und Zucht

Wann der Hoodedsittich erstmalig nach Europa kam, ist nicht bekannt. Nach Deutschland kamen die ersten Vögel 1934, um 1960 hielt sie Dr. Groen in den Niederlanden und ab 1962 waren sie auch in der Anlage von Dr. Burkard in der Schweiz vertreten. Die Erstzuchten erfolgten 1912 in England und dann erst wieder 1930 in Australien. Dr. Burkard züchtete die Art seit 1965. Bis 1995 hatte er die Art in der achten Generation gezüchtet und mehr als

300 Paare an interessierte Züchter abgegeben und damit sicherlich maßgeblich zur Verbreitung der Art in Europa beigetragen. Seit Mitte der 1960er-Jahre gelang es in mehreren Ländern Europas, stabile Volierenbestände aufzubauen. Die Vögel sind mittlerweile ähnlich robust wie Sing- oder Vielfarbensittiche, allerdings benötigen sie in den Schlechtwetterperioden deutlich mehr Wärme als diese, also ein beheiztes Schutzhaus im Winter und eine teilüberdachte, windgeschützte Außenvoliere (von etwa 3 Meter Länge, 2 Meter Höhe und mindestens 1 Meter Breite) in der übrigen Jahreszeit. Zum Vorsorgeprogramm gehört neben einer regelmäßigen Grundreinigung der Voliere vor allem eine halbjährliche Wurmkur.

Die Verpaarung der Vögel erfolgt am besten noch im Jugendalter, denn adulte Männchen sind oft ausgesprochen aggressive Vögel, die unter Umständen selbst das eigene Weibchen attackieren. Das gilt umso mehr gegenüber anderen Vögeln, sodass für diese Art nur eine separate Paarhaltung infrage kommt. Auch eine doppelte Drahtbespannung zu den Volierennachbarn kann deshalb nicht schaden.

Die Brutzeit beginnt in Mitteleuropa oft erst im Herbst; manche Paare haben sich jedoch im Laufe mehrerer Generationen auf das Frühjahr als Brutbeginn umgestellt.

Zur Brut nutzen die Vögel heute in der Regel gewöhnliche, möglichst dickwandige (dadurch Wärme speichernde) Holznistkästen (Größe wie beim Singsittich). Dabei ist es von Vorteil, wenn diese Nistkästen eine eingebaute Bodenheizung haben, die man bei niedrigen Außentemperaturen (vor allem bei Herbstbruten) bei Bedarf zuschalten kann. Andernfalls besteht die Gefahr, dass die Jungen verklammen, denn das Weibchen hudert unter Umständen nur wenige Tage.

Hoodedsittich weisen einen deutlich sichtbaren Geschlechtsdimorphismus auf. Hier ist das Männchen im Vordergrund zu sehen.

Die durchschnittlich fünf bis sechs Eier werden 21 bis 22 Tage lang bebrütet. Die Aufzucht der Jungen gelang bei Burkard anfangs nur durch Zusatzgaben von tierischem Eiweiß, vor allem Ameisenpuppen. Gekochtes Ei leistet aber meist ebenso gute Dienste, außerdem ist zur Aufzucht ein gutes Keimfutter (ohne Sonnenblumenkerne) notwendig. Die Geschlechter der Jungvögel sind bereits in der Bruthöhle zu unterscheiden. Mit einem Jahr sind sie vollständig durchgemausert und geschlechtsreif.

Mischlingszuchten mit dem nahe verwandten Goldschultersittich und den beiden anderen *Psephotus*-Arten sind im Sinne einer seriösen Erhaltungszucht unbedingt zu vermeiden.

Bourkesittiche (Gattung *Neopsephotus*)

Bourkesittiche wurden systematisch lange Zeit zu den Grassittichen (*Neophema*) gerechnet, allerdings hat man schon frühzeitig funktionell-morphologische Unterschiede zwischen beiden Formen herausgearbeitet, die diese verwandtschaftlichen Beziehungen in Zweifel zogen. DNA-Untersuchungen haben in neuerer Zeit nun ergeben, dass die Art nicht eng mit den Grassittichen verwandt ist und demzufolge eine eigene (monotypische) Gattung *Neopsephotus* für den Bourkesittich gerechtfertigt erscheint.

Bourkesittich (*Neopsephotus bourkii*) (Gould, 1841)

Kennzeichen, Größe und Gewicht
Das Männchen weist eine braungraue Oberseite und eine bräunlich rosa gefärbte Unterseite auf. Ein Stirnband (unterschiedlicher Breite und Farbausprägung), Schultern, Unterflügel, Unterschwanz, Schenkel und Flanken sind blau, Augenumgebung und vordere Wangen cremeweiß, die übrigen Gesichtspartien haben eine rosa-weiße Schuppenzeichnung. Die Iris ist braunschwarz, der Schnabel bleigrau und die Füße sind graubraun. Dem Weibchen fehlt das blaue Stirnband und

Bourkesittiche sind sehr ruhige Vögel, die erst in den Dämmerungsstunden aktiver werden.

es ist etwas matter gefärbt. Auch Jungvögel haben eine mattere Grundfärbung, allerdings zeigen junge Männchen oft schon Ansätze einer bläulichen Stirn. Gesamtlänge etwa 19 cm. Gewicht 41 bis 49 g (Männchen), 37 bis 49 g (Weibchen). Keine Unterarten.

Verbreitung, Lebensräume und Nahrung
Bourkesittiche bewohnen ein großes Areal im Inneren Australiens, das nur im Westen bis an die Küste reicht. Sie sind vorwiegend Vögel der Trockenregionen und bevorzugen Mulga-, Salzbusch- und Strauchsteppen, aber auch offene Akazien- und Eukalyptuswälder gehören zu ihrem Lebensraum. Ihre Nahrung nehmen die Tiere vielfach am Boden zu sich, wo sie hauptsächlich Samen von Gräsern und Kräutern aufnehmen. Aber auch in den Kronen der Akazien und Eukalyptusbäume suchen sie nach Nahrung. Lokale Wanderungen, welche die Tiere hier und dort unternehmen, finden hauptsächlich in Abhängigkeit von Regenfällen und der Verfügbarkeit von Nahrung statt.

Soziale Organisation und Brutbiologie

Bourkesittiche werden üblicherweise paarweise oder in kleinen Gruppen angetroffen. In besonders trockenen Gebieten oder Dürreperioden finden sich die Tiere auch schon mal in größeren Schwärmen von über 100 Tieren an den offenen Wasserlöchern zusammen.

Die Brutzeit setzt bei Bourkesittichen in der Regel nach ausgiebigen Regenfällen ein, allerdings mit einem Häufigkeitspeak zwischen Juli und Dezember. In zwei näher untersuchten Brutbäumen lagen die Nester in 7 bis 8 Meter Höhe in Eukalyptusbäumen. Die im Durchschnitt fünf Eier, die nur das Weibchen bebrütet, sind rund bis breit-elliptisch und messen durchschnittlich 20,7 x 17,3 mm. Über das Brutverhalten der Vögel im Freiland ist insgesamt nur wenig bekannt, vermutlich lassen aber die Beobachtungen bei der Haltung und Zucht in Menschenobhut Rückschlüsse auf das Freilandverhalten zu.

Allgemeine Hinweise zur Haltung und Zucht

Die ersten Einfuhren des Bourkesittichs nach Europa gehen auf die zweite Hälfte des 19. Jahrhunderts zurück, erste Zuchten gelangen bereits 1877 bei H. Kessels in Belgien, 1880 bei Dr. Ruß in Deutschland und 1906 bei Fasey in England. Heute sind Bourkesittiche fest etabliert in den deutschen Zuchtanlagen, wobei vor allem die diversen Farbschläge einen größeren Interessentenkreis finden dürften, wogegen die Vögel in der Naturfarbe offenbar weniger gefragt und im Rückgang begriffen sind.

Status im Freiland und Artenschutz

Bourkesittiche sind in ihrem gesamten Verbreitungsgebiet häufig. Ihre Bestände nehmen durch eine Reduzierung der Schafhaltung und eine Intensivierung der Landwirtschaft mit einem zunehmenden Angebot an Oberflächenwasser offenbar zu. Zudem scheinen die Vögel ihre Verbreitungsgebiete nach Norden auszudehnen, sodass derzeit nirgendwo nennenswerte Bestandseinbußen zu verzeichnen sind. Dennoch genießt die Art in Gesamtaustralien einen gesetzlichen Schutz. Die IUCN stuft die Art als nicht gefährdet (LC) ein.

Der Bourkesittich gehört zu den anspruchslosesten und unempfindlichsten Papageienvögeln in menschlicher Obhut. Allerdings benötigt auch er zu seinem Wohlbefinden mindestens eine kleinere Voliere mit anschließendem Schutzraum. Eine Gruppenhaltung ist sowohl mit mehreren adulten Paaren als auch mit den jeweiligen Jungvögeln gut möglich.

Gegen niedrige Temperaturen ist er unempfindlich. Ernährt wird der Bourkesittich mit einem handelsüblichen Großsittichfuttergemisch, das allerdings vermehrt Hirsesaaten und wenig Sonnenblumenkerne enthalten sollte. Manche Vögel schätzen auch Obstbeigaben. Grünfutter (vor allem Löwenzahnblätter und Vogelmiere) hat aber Priorität, vor allem dann, wenn es auf dem Volierenboden gereicht wird. Überhaupt halten sich Bourkesittiche häufig auf dem Volierenboden auf,

um dort nach herabgefallenem Futter zu suchen. Wegen der dadurch erhöhten Infektionsgefahr empfiehlt sich bei ihnen eine (halb-)jährliche Wurmkur.
Für eine empfindliche Nachbarschaft gehören Bourkesittiche zu den angenehmsten Volierenbewohnern, denn ihre Lautäußerungen sind mehr als unauffällig. Vom Verhalten her zeigen sie keine spektakulären Abweichungen gegenüber anderen verwandten Sitticharten, allerdings liegt eine ihrer Aktivitätsphasen in der Dämmerung, bei hereinbrechender Dunkelheit. Wenn alle anderen Volierenbewohner bereits ihre Schlafplätze eingenommen haben, finden sich Bourkesittiche oft noch in der Gruppe aktiv fressend auf dem Volierenboden.

Der Grad der Sozialität scheint bei Bourkesittichen nur mäßig ausgeprägt zu sein. Enges Zusammensitzen der Altvögel, soziale Gefiederpflege und Partnerfüttern sind offenbar nur auf den Zeitraum der Balz und des Brutbeginns beschränkt. Während der übrigen Zeit sitzen die Tiere – einschließlich der ausgeflogenen Jungvögel – stets im Abstand von mehreren Zentimetern auseinander.
Bei der Balz verbeugt sich das Männchen leicht vor dem Weibchen, richtet sich dann zur vollen Größe auf, fächert die Schwanzfedern und hebt die Flügel leicht an, sodass die blaue Schulter- und Flankenfärbung sichtbar wird. Dann schreitet es unter trillernden Lauten auf das Weibchen zu, füttert es und leitet die Kopulation ein. Zur Zucht nehmen die Vögel mit etwas

Ein junger Bourkesittich – diese Art ist ruhig und anspruchslos und gehört daher zu den idealen Volierenvögeln.

größeren Wellensittich-Nistkästen vorlieb. Das Weibchen legt bis zu acht, im Durchschnitt aber fünf bis sechs Eier, die 18 bis 19 Tage lang bebrütet werden.
Schon nach einem Monat sind die Jungen flügge und weitere zwei Wochen später selbstständig. Sie können dann problemlos bei den Eltern belassen werden, auch wenn das Weibchen schon mit einer zweiten Brut beginnt.
Jungvogel sollten frühestens im Alter von einem Jahr zur Zucht eingesetzt werden, auch wenn die Geschlechtsreife schon etwas früher eintritt. Zwei Jahresbruten sollten zugelassen werden, danach kann das Elternpaar gut eine Regenerationspause gebrauchen.

Grassittiche (*Gattung Neophema*)

Grassittiche sind etwas größer als Wellensittiche und in sechs Arten über Zentral- und Südaustralien sowie Tasmanien und die Inseln der Bass Strait verbreitet. Aufgrund von DNA-Untersuchungen haben sich die Vermutungen von verwandtschaftlichen Beziehungen zum Wellensittich – entfernter auch zum Bourkesittich – bestätigt. Außerdem besteht eine enge Verwandtschaft zu den Erd- und Nachtsittichen der Gattung *Pezoporus*. Manche Systematiker unterscheiden aufgrund von leichten Farbunterschieden und der Ausprägung des Geschlechtsdimorphismus noch zwei Untergattungen innerhalb der Gattung *Neophema*: nämlich *Neonanodes* (Schmuck-, Fein-, Klippen- und Orangebauchsittich) sowie *Neophema* (Schön- und Glanzsittich).

In Europa werden gegenwärtig nur vier Arten **(Schmuck-, Fein-, Schön- und Glanzsittich)** gehalten, oft aber (nur noch) in mutierter und/oder transmutierter Form bzw. als Mischlinge. Als naturfarbene Vögel sind sie in den Volierenbeständen rückläufig oder teilweise fast verschwunden.

Klippensittiche (*Neophema petrophila*) wurden ab 1870 gelegentlich in Europa gehalten und wenig später auch gezüchtet. Auch gab es vor dem australischen Ausfuhrstopp 1960 wieder einige Paare und Zuchterfolge, aber ein stabiler Bestand konnte damals nicht aufgebaut werden. Diese Vögel dürften heute in europäischen Haltungen nicht mehr oder höchstens

Einige Grassitticharten sind farblich sehr attraktive Vögel, hier ein wildfarbenes Schönsittichweibchen beim Sonnenbad.

noch ganz vereinzelt vorhanden sein, dagegen können australische Züchter zum Teil respektable Erfolge mit Klippensittichen aufweisen. Die Art gilt im Freiland als häufig und nicht bedroht.

Der **Orangebauchsittich (*Neophema chrysogaster*)** – auch Goldbauchsittich genannt – gehört mit einem Bestand von nur noch etwa 50 Vögeln (Bestandschätzung von 2010) im Freiland dagegen zu den seltensten Papageienarten überhaupt. Er wird von der IUCN als vom Aussterben bedroht (CR) eingestuft. Nach Europa kamen einige Vögel ab 1873 und dann etwa 100 Jahre später wieder einige, allerdings ohne nennenswerte Zuchterfolge. Daten über die Zucht des Orangebauchsittichs liegen lediglich aus einem australischen Erhaltungszuchtprogramm vor, das zeitweise auch Auswilderungen von Nachzuchten zum Ziel hatte. Der Bestand der Vögel in Menschenobhut wird gegenwärtig auf maximal 170 Tiere geschätzt.

Schmucksittich (*Neophema elegans*) (Gould, 1837)

Kennzeichen, Größe und Gewicht

Das Männchen des Schmucksittichs ist an Scheitel, Nacken und Rücken olivgelb gefärbt, die Brust ist olivgelb gestrichelt, Zügel, Unterbauch und Steiß sind gelb, in der Mitte des Bauches oft mit schwach orange gefärbtem Anflug. Ein vorderes Stirnband ist dunkelblau, das zum Scheitel hin hellblau abgesetzt ist. Der Flügelbug ist blau, die äußeren mittleren Flügeldecken sind hellblau. Die Iris ist dunkelbraun, der Schnabel grauschwarz und die Füße sind braungrau. Weibchen ähneln den Männchen, sind jedoch in allen Farben matter, auch ist der orange Bauchfleck selten vorhanden. Auch Jungvögel sind zunächst matt gefärbt. Ihnen fehlt zudem das blaue Stirnband oder es ist kaum ausgeprägt.
Gesamtlänge etwa 22 cm. Gewicht 44 bis 51 g (Männchen), 41 bis 47 g (Weibchen).

Neben der Nominatform wird von manchen Systematikern die Unterart ***Neophema elegans carteri*** beschrieben, deren Unterscheidungsmerkmale aber kaum für die Trennung zweier Unterarten ausreichen, sodass die Art heute zunehmend monotypisch – mit einer südöstlichen und einer südwestlichen Population – geführt wird

Verbreitung, Lebensräume und Nahrung

Von den Schmucksittichen gibt es zwei getrennte Populationen im Südwesten und im Südosten Australiens (mit Ausnahme Tasmaniens). Ihre typischen Lebensräume sind offene Landschaften mit spärlichem Baumbewuchs, vor allem offene Baumsavannen, Akazien-Buschland, Galeriewald, Marschland und Grasland, aber auch mit vereinzelten Bäumen bestandenes Farm- oder Weideland.
Schmucksittiche sind in erster Linie Samen- und Früchtefresser. Sie ernähren sich bevorzugt mit den Samen von Gräsern und krautigen Pflanzen, die sie überwiegend in Bodennähe suchen. Aber auch Grünfutter, Beeren und kleinere Früchte gehören zum Nahrungsspektrum. Auf Farmland wurden sie auch bei der Aufnahme von Getreidekörnern beobachtet. Hier und dort bilden die Vögel zur Nahrungssuche zusammen mit Feinsittichen oder – wo sie noch vorkommen – Orangebauchsittichen gemischte Gruppen.

Schmucksittiche sind, wie alle Grassitticharten, sehr leise Vögel.

Soziale Organisation und Brutbiologie

Außerhalb der Brutzeit bilden die Sittiche Schwärme von etwa 20 bis hin zu mehreren hundert Vögeln. Sie schließen sich hier und dort mit Feinsittichen, seltener auch mit größeren Arten wie Rotkappen- oder Bauers Ringsittichen zu kleinen Futterschwärmen zusammen. In der Brutsaison lösen sich diese Gruppen auf und die Vögel sind nur noch paarweise oder in kleinen Trupps zu beobachten Schmucksittiche brüten im Freiland zwischen Mitte August und Ende Dezember. Die Bruthöhle wird in einem hohlen Ast oder in einem Stammloch eines Baumes in 3 bis 12 Meter Höhe über dem Boden angelegt. Die vier bis fünf Eier (Durchschnittsgröße 21,2 x 17,9 mm) werden auf einer Unterlage von verrottendem Holzmulm abgelegt und etwa 19 Tage lang allein vom Weibchen bebrütet. Nach dem Ausfliegen im Alter von etwa fünf Wochen schließen sich die Jungtiere mit den adulten Vögeln zu kleinen Schwärmen zusammen und gehen gemeinsam der Nahrungssuche nach.

Allgemeine Hinweise zur Haltung und Zucht

Schmucksittiche kamen bereits 1859 in den Londoner Zoo und 1874 nach Deutschland, dann wieder in den 1930er-Jahren und verstärkt in den 1950er-Jahren, sodass bereits vor dem australischen Importstopp 1960 größere Volierenbestände aufgebaut werden konnten. Heute sind sie beinahe weltweit in den Zuchtanlagen der Sittichliebhaber fest etabliert und schreiten dort – selbst unter widrigen Bedingungen – meist problemlos zur Brut. Dies hat zu großen Beständen in Menschenobhut geführt, allerdings haben die inzwischen aufgekommenen Farbmutationen und die leichte Kreuzbarkeit der Vögel mit anderen Grassittichen zu einem recht unübersichtlichen Schmucksittich-Bestand geführt. Das Aufspüren artenreiner und mutationsfreier Tiere und deren reine Weiterzucht ist somit eine wichtige Aufgabe in der gegenwärtigen Vogelzucht.

Schmucksittiche sollten in etwa 2 Meter langen Volieren mit angeschlossenem Schutzraum, der bei winterlichen Minustemperaturen möglichst frostfrei sein muss, gehalten werden. Sie können in entsprechend größeren Volieren mit anderen australischen Großsittichen und auch mit kleineren Prachtfinken, Tauben und Weichfressern vergesellschaftet werden. Allerdings empfiehlt sich für diese Art keine Gruppenhaltung mehrerer Schmucksittich-Paare. Diese wurde zwar in großen Volieren bereits erfolgreich praktiziert, in kleineren Zuchtvolieren können die Männchen dagegen untereinander recht aggressiv werden.

Status im Freiland und Artenschutz

Schmucksittiche bewohnen im Freiland ein großes Areal und gelten dort vielerorts noch als häufig. Von der IUCN wird die Art deshalb als nicht gefährdet (LC) eingestuft. In Australien sind die Vögel gesetzlich geschützt.

Zur Brutzeit akzeptieren die Paare gewöhnliche Holznistkästen (Hoch- oder Querformat 15 x 15 x 30 cm). Das Weibchen legt vier oder fünf Eier und bebrütet das Gelege knapp drei Wochen lang. Die Jungvögel fliegen frühestens mit 33 Tagen aus und werden dann noch bis zu vier Wochen überwiegend vom Männchen weitergefüttert, während das Weibchen sich zu einer Anschlussbrut wieder in den Nistkasten zurückzieht.
Zwei Bruten im Jahr sind fast immer die Regel. Mit etwa vier Monaten ist die Mauser der Jungvögel in das erste Erwachsenengefieder abgeschlossen, mit rund zwölf Monaten sind die Jungtiere vollständig erwachsen, ausgefärbt und fortpflanzungsfähig.

Feinsittich (*Neophema chrysostoma*) (Kuhl, 1820)

Kennzeichen, Größe und Gewicht

Feinsittiche ähneln sehr den zuvor beschriebenen Schmucksittichen (siehe oben) und werden häufig mit ihnen verwechselt. Sie unterscheiden sich durch das weiter ausgedehnte Blau auf den Flügeln, das schmalere und dunklere blaue Stirnband, das sich nur bis zum Auge erstreckt, und das weniger intensiv leuchtende gelbe und olivgelbe Gefieder. Die Iris ist dunkelbraun, der Schnabel grauschwarz und die Füße sind braungrau. Weibchen sind etwas matter gefärbt, das Stirnband ist zudem schmaler, das Blau der Flügeldecken leicht olivgrün überhaucht. Jungvögel ähneln den Weibchen, allerdings ist ihre Oberseite mehr olivfarben, das Stirnband fehlt oder ist nur schwach angedeutet, die blauen Armdecken tragen mattgrüne Spitzen.
Gesamtlänge etwa 21 cm. Gewicht 33 bis 61 g (Männchen), 44 bis 53 g (Weibchen). Keine Unterarten.

Verbreitung, Lebensräume und Nahrung

Verbreitet sind die Feinsittiche fast im gesamten südöstlichen Australien. Ihre Brutgebiete liegen auf Tasmanien, im südlichen Victoria und im südöstlichen Südaustralien. Das Winterquartier erstreckt sich nordwärts bis in den Südosten von Queensland und den Nordosten von Südaustralien.
Feinsittiche besiedeln viele verschiedene Lebensräume, sie scheinen aber Baumsavannen, Strauchsavannen, grasbewachsene Waldlichtungen und offene Graslandschaften zu bevorzugen. Auch im Kultur-

Artenreine Feinsittiche sind eine absolute Rarität in den Volieren.

land, zum Beispiel in Obstplantagen, sind sie gelegentlich anzutreffen. Ihre Nahrung nehmen die Vögel großenteils auf dem Boden zu sich. Sie besteht aus den Samen vieler verschiedener Gräser- und Kräuterarten, außerdem aus Blüten, Beeren, Früchten sowie Insekten und deren Larven. In den Anbaugebieten stehen auch Getreide, die Blütenkörbe der Sonnenblumen und Obst auf dem Speiseplan.

Soziale Organisation und Brutbiologie

Paare oder kleine Gruppen sind die übliche Organisationsform des Feinsittichs im Freiland, zur Brutzeit kommen sogar kleine Schwärme zusammen, oft auch als gemischte Formationen mit Schmucksittichen und – als die Art noch häufiger war – mit Orangebauchsittichen. Manche Populationen des Feinsittichs unternehmen ausgedehnte Wanderungen in die Brutgebiete und zurück in ihre Winterquartiere. Deren Dynamik ist bislang aber nicht hinreichend entschlüsselt und kann vermutlich nur durch eine größer angelegte Beringungsaktion geklärt werden.

Die Brutzeit der Vögel beginnt gegen Ende Oktober und wird mit der Nistplatzsuche und der Balz der Männchen eingeleitet. Diese richten sich dabei zunächst zur vollen Höhe auf, lassen ihre Flügel hängen und präsentieren auf diese Weise ihre blauen Flügeldecken. Es folgt unter nickenden Kopfbewegungen das Füttern des Weibchens.

Gebrütet wird meist in Höhlen in hohen Eukalyptusbäumen, aber auch in Baumstümpfen in Bodennähe oder in Zaunpfählen wurden Brutkammern gefunden. Dort hinein legen die Weibchen auf verrottendem Holzmulm ihre vier bis sechs Eier (Durchschnittsgröße 22,5 x 19,6 mm), die sie knapp drei Wochen lang bebrüten. Die Jungvögel sind nach einer Nestlingszeit von etwa 30 Tagen bis Ende Februar flügge, bleiben dann aber noch einige Zeit bei ihren Eltern.

Status im Freiland und Artenschutz

Zur Brutzeit sind Feinsittiche in ihren Brutarealen auf Tasmanien, in Süd-Victoria und im Südosten von Südaustralien häufig zu beobachten, danach verteilen sich die Paare und Gruppen wieder auf das größere Gesamtverbreitungsgebiet, wodurch die Vögel lokal weniger häufig bis selten, anderenorts dagegen regelmäßig bis häufig anzutreffen sind. Insgesamt werden die Populationen des Feinsittichs als stabil angesehen und die Art gilt in weiten Teilen des Verbreitungsgebietes noch als häufig. Von der IUCN wird die Art deshalb als nicht gefährdet (LC) eingestuft. In Australien sind die Vögel gesetzlich geschützt.

Allgemeine Hinweise zur Haltung und Zucht

Feinsittiche gelangten erstmals 1874 nach Europa (Zoo Berlin), aber erst in den 1960er- und 1970er-Jahren kamen dann wieder nennenswerte Importe auch nach Deutschland, mit denen ein kleiner Zuchtstamm aufgebaut wurde. Die europäischen Erstzuchten scheinen 1879 bei

Bigeau in Frankreich und 1886 bei W. Harres in Deutschland gelungen zu sein. Heute gibt es einige gute Bestände von Feinsittichen in Deutschland, allerdings ist der sehr ähnliche und nahe verwandte Schmucksittich zweifellos die attraktivere und häufiger gehaltene Art. Kreuzungen zwischen diesen beiden Arten, Mutations- und Transmutationszuchten gefährden mittlerweile die vorhandenen artenreinen Bestände.
An die Haltungsbedingungen stellt der Feinsittich keine besonderen Ansprüche. Er ist sowohl paarweise (in 2 Meter langen Volieren) als auch in artgleichen Gruppen (in 3 bis 4 Meter langen Volieren) zu halten und kann zudem problemlos mit anderen (auch größeren) Sitticharten, Prachtfinken, Tauben und Weichfressern vergesellschaftet werden. Unter allen vier Grassittich-arten, die gegenwärtig für eine Haltung infrage kommen, ist der Feinsittich am besten für die Gruppenhaltung geeignet. Eine solche Gruppe bietet vielfältige Beobachtungsmöglichkeiten und tiefe Einblicke in das Sozialverhalten der Art. Die Zucht gelingt jedoch am produktivsten bei der paarweisen Haltung.
Das Gelege umfasst durchschnittlich fünf Eier, die Brutzeit liegt bei 19 Tagen, die Nestlingszeit bei einem Monat. Ausfliegende Jungvögel sind manchmal durch ihr _ anfangs stürmisches Verhalten gefährdet, das nicht allzu selten zu einem Genickbruch am Volierengitter führt. Kurze Flugbahnen mit Unterbrechungen durch (optische) Barrieren wie Schilfmatten, Reisigbündel und Ähnliches sind somit in den ersten Tagen hilfreich. Mit etwa neun Monaten sind die Jungvögel ausgefärbt und wenig später auch geschlechtsreif.

Schönsittich (*Neophema pulchella*) (Shaw, 1792)

Kennzeichen, Größe und Gewicht

Der männliche Schönsittich ist oberseits grün und unterseits leuchtend gelb gefärbt, einige Vögel tragen einen orangefarbenen Bauchfleck. Die Stirn ist kräftig dunkelblau, der vordere Scheitel, Zügel und Wangen sind hellblau. Flügelbug, Flügelrand, mittlere und äußere Flügeldecken und Armdecken sind blau, die inneren kleinen und mittleren Flügeldecken kastanienrot gefärbt. Die Iris ist braungrau, der Schnabel grauschwarz und die Füße sind braungrau. Das Weibchen trägt ein helleres blaues Kopfgefieder, einen gelbweißen Zügel, ein hellgrünes Hals- und Brustgefieder und ihm fehlen die roten Flügeldecken. Jungvögel ähneln den Weibchen, allerdings ist das blaue Gesichtsfeld insgesamt weniger ausgedehnt und matter. Junge Männchen tragen ein dunkleres Blau am Kopf und zeigen nur Spuren von Rot auf den inneren Flügeldecken.
Gesamtlänge etwa 20 cm. Gewicht 37 bis 46 g (Männchen), 35 bis 44 g (Weibchen). Keine Unterarten.

Verbreitung, Lebensräume und Nahrung

Das Verbreitungsgebiet des Schönsittichs ist ein breiter Landstreifen im Südosten Australiens und reicht von Südost-Queensland südlich bis zum Osten und zum mitt-

Ein Schönsittich in der natürlichen Färbung. Diese Art wird häufig gehalten.

leren Norden von Victoria. Die Art fehlt im äußersten Südosten sowie auf Tasmanien und den vorgelagerten Inseln. Sie scheint kein zusammenhängendes Verbreitungsgebiet zu bewohnen, sondern bildet in mehreren Verbreitungsinseln getrennte Populationen, die aber offenbar untereinander in genetischem Austausch stehen, sodass sich bislang keine Unterarten herausgebildet haben.

Schönsittiche sind Bewohner von offenen Baumsavannen, Wald- und Savannenrändern mit anschließendem Grasland, von Heidestrauchformationen und Weideland. Sie sind ökologisch recht anpassungsfähig und demnach auch gelegentlich in eher untypischen Habitaten wie auf bewaldeten Bergkämmen, Obstplantagen und in Getreideanbaugebieten anzutreffen.

Schönsittiche sind Nahrungsgeneralisten. Sie zählen Samen, Blüten, Nektar, Früchte, Blätter und Schildläuse (!) zu ihrem Nahrungsspektrum. In einer Studie im Chiltern State Park in Nordost-Victoria wurden mehr als 60 verschiedene Nahrungskomponenten für Schönsittiche ermittelt. Die wichtigsten Futterpflanzen sind Gräser, Korbblütler und andere krautige Bodendecker, deren Samen die Hauptnahrungsbestandteile darstellen.

Soziale Organisation und Brutbiologie

Außerhalb der Brutzeit sieht man die Vögel gewöhnlich in Futterschwärmen von fünf bis 30 Tieren, manchmal auch in größeren Ansammlungen (ausnahmsweise wurde von 100-bis 200-köpfigen Schwärmen berichtet). Zum Ende des Winters sondern sich die Paare von den Schwärmen ab und besetzen ihre Bruthöhle, die in der Regel zunächst von den Männchen inspiziert wird.

Die Brutzeit der Schönsittiche liegt zwischen August und Dezember. Sie nisten in Baumhöhlungen, in Löchern von Baumstümpfen, Zaunpfählen und sogar in umgestürzten Baumstämmen auf dem Boden. Die vier bis sechs Eier (Durchschnittsgröße von 21,1 x 17,8 mm) werden in diesen Höhlungen auf einer Schicht von verrottendem Holzmulm abgelegt und knapp drei Wochen lang vom Weibchen bebrütet. Das Männchen füttert das Weibchen zunächst innerhalb der Bruthöhle, später übergibt es die Nahrung außerhalb der Höhle auf einem Ast. Nach etwa 30 Tagen fliegen die Jungen aus, werden danach noch knapp zwei Wochen von den Elterntieren versorgt und ziehen noch einige Zeit mit den Famili-

Status im Freiland und Artenschutz

Die Art ist im Freiland generell noch nicht bedroht, allerdings sind hier und dort Bestandseinbußen durch Beutegreifer (Füchse, Katzen), durch den Verlust von Brutbäumen zur Holzgewinnung und durch unsystematische Brandrodungen zu verzeichnen. Die Gesamtpopulation wird derzeit auf rund 20.000 Vögel geschätzt. Die IUCN stuft die Art deshalb gegenwärtig als nicht gefährdet (LC) ein. In Australien sind Schönsittiche gesetzlich geschützt.

engruppen umher, eher sie abwandern. Je nach Gebiet und Lage der Nisthöhle werden den vorliegenden Freilandstudien zufolge statistisch zwischen 1,5 und 3,4 Jungvögel pro Nest flügge.

Allgemeine Hinweise zur Haltung und Zucht

Um 1850 kamen die ersten Schönsittiche in die Zoos von Antwerpen und London. In London glückte 1852 bereits die Erstzucht, 1855 gelang die Zucht bei A. M. Delon in Frankreich und 1861 im Zoo Antwerpen. Damals waren die Vögel recht empfindlich und hinfällig, erst nach dem Zweiten Weltkrieg gelang der Aufbau stabiler Volierenpopulationen.

Heute gilt der Schönsittich als widerstandsfähig und ausdauernd. Seine Haltung und Zucht bereitet keine Schwierigkeiten mehr, allerdings sind die Bestände in den letzten Jahren durch Mutations- und Transmutationszuchten so stark beeinträchtigt worden, dass heute nur noch vereinzelte artenreine Bestände existieren.

Vom Schönsittich gibt es zahlreiche Mutationen wie dieser Vertreter.

An Unterkunft und Ernährung stellt der Schönsittich keine besonderen Ansprüche. Er ist allerdings – vor allem während der Brutzeit – der aggressivste unter den Grassittichen und deshalb prädestiniert für die paarweise Haltung. Ihm genügt pro Paar eine etwa 2 Meter lange Voliere mit Teilüberdachung und anschließendem Schutzhaus. Die Überwinterung sollte frost- und zugluftfrei erfolgen. Mit anderen friedliebenden Papageienarten, Tauben, Prachtfinken und Weichfressern können die Vögel in ausreichend großen Volieren vergesellschaftet werden.

Die Balz beginnt hierzulande etwa im April mit den immer lebhafter und ruffreudiger werdenden Männchen. Sie folgen den Weibchen nun vermehrt durch die Voliere, zeigen dann eine aufrechte Körperhaltung und drücken die Schultern leicht nach vorn. Nach den wenig später erfolgenden Kopulationen legt das Weibchen vier bis

sechs, seltener drei oder sieben Eier in einen gewöhnlichen Nistkasten, der etwas größer als ein Wellensittichkasten sein sollte. Die Brutzeit liegt bei etwa 18 bis 19 Tagen, die Nestlingszeit bei etwa einem Monat. Nach dem Ausfliegen werden die Jungen weiterhin von den Eltern versorgt, nach etwa zwei bis drei Wochen deutet sich durch die zunehmende Aggressivität des Männchens jedoch an, dass nun eine neue, zweite Brut beginnen soll, sodass der Familienverband dann genau beobachtet werden sollte und die Jungvögel eventuell von den Eltern getrennt werden müssen.
Mit etwa fünf bis sechs Monaten haben die Jungen ins Altersgefieder gemausert und sind wenig später geschlechtsreif. Man sollte sie allerdings frühestens im darauffolgenden Frühsommer zur Brut einsetzen. Zwei Bruten im Jahr sind angemessen. Danach sollte man seinen Zuchttieren Ruhe gönnen (und den Nistkasten vorübergehend entfernen).

Glanzsittich (*Neophema splendida*) (Gould, 1841)

Kennzeichen, Größe und Gewicht

Das Glanzsittichmännchen ist oberseits grün, Vorderkopf, Wangen und obere Flügeldecken sind türkisblau, das Kinn ist mehr dunkelblau gefärbt. Kehle und Oberbauch sind leuchtend rot, Unterbauch und Schwanzunterseite kräftig gelb. Die Iris ist braungrau, der Schnabel schwarz und die Füße sind braungrau. Beim Weibchen ist die blaue Kopffärbung heller und weniger

Glanzsittiche sind äußerst begehrte Volierenvögel – hier die intensiver gefärbten Männchen.

ausgedehnt, die Oberseite ist olivgrün, Brust und Kehle sind grünlich, die Unterseite ist gelblich. Das Glanzsittichweibchen ähnelt damit sehr dem Schönsittichweibchen, allerdings ist die blaue Kopffärbung bei ihm ausgedehnter und intensiver. Jungvögel ähneln den Weibchen, allerdings sind sie insgesamt matter gefärbt. Gesamtlänge etwa 20 cm. Gewicht 37 bis 44 g (Männchen), 36 bis 37 g (Weibchen). Keine Unterarten.

Verbreitung, Lebensräume und Nahrung

Glanzsittiche haben ein riesiges Verbreitungsgebiet in Zentral- und Südaustralien. Es reicht von Queensland über New South Wales und Nordwest-Victoria bis Westaustralien. Einzelne Beobachtungen weiter nördlich und außerhalb des definierten Verbreitungsgebietes gehen in der Regel auf entflogene Käfigvögel zurück.
Ganzsittiche sind in der Regel eng an trockenes Mallee-Buschland – oft in Verbin-

Status im Freiland und Artenschutz

Der Glanzsittich galt Anfang des 20. Jahrhunderts als seltener, wenn nicht fast ausgestorbener Vogel. Dies mag mit teilweise großen Importen nach Europa, aber auch mit dem Wanderverhalten der Art zusammenhängen, das bis heute nicht richtig verstanden ist. Es wurde beobachtet, dass Gruppen von Glanzsittichen plötzlich in Gegenden auftauchten, wo sie seit 20 Jahren nicht mehr gesichtet worden waren, und umgekehrt, was zu unterschiedlichen Einschätzungen ihrer Populationsgröße führte. Diese Unsicherheit schlug sich auch zeitweise in dem Status nieder, der dieser Art zugewiesen wurde. Von der IUCN wurde der Glanzsittich bis in die jüngste Vergangenheit (2004) als gefährdet (VU) geführt, heutige Bestandsuntersuchungen sehen die Art hingegen nicht mehr als bedroht an und stufen ihn demzufolge als nicht gefährdet (LC) ein. In Australien genießt er dennoch vollständigen gesetzlichen Schutz.

dung mit *Triodia*-Gräsern – gebunden, wobei sie offenbar niedergebranntes Mallee-Buschland gegenüber unberührter Mallee-Vegetation bevorzugen, wie einige Beobachtungen in unterschiedlichen Teilen des Verbreitungsgebietes belegen. Die sich nach ausgedehnten Buschfeuern wieder regenerierende Bodenvegetation scheint ein wichtiger Bestandteil ihres Nahrungsspektrums zu sein, das Samen von Gräsern (besonders von *Triodia*) und krautigen Pflanzen, aber auch Früchte, Knospen, Blüten und Blätter umfasst. Der überwiegende Teil der Nahrungsaufnahme geht am Boden vonstatten. Darüber hinaus bewohnt der Glanzsittich baum- und strauchbewachsenes Hügelland sowie Akazienbuschland.

Soziale Organisation und Brutbiologie

Glanzsittiche werden in der Regel paarweise oder in kleinen Gruppen von bis zu 20 Vögeln angetroffen, häufig bei der Nahrungssuche am Boden. Dort sind sie recht gut getarnt und flüchten bei Störungen zunächst zu Fuß oder fliegen zu einem nahegelegenen Baum, von wo aus sie das weitere Geschehen beobachten. Die Tiere sind nicht selten viele Kilometer entfernt von der nächsten Wasserstelle anzutreffen, was die Freilandforscher zu der Annahme bewogen hat, dass sie ihren Flüssigkeitsbedarf durch die Aufnahme von Tau oder Wasser speichernden Pflanzen(teilen) decken können.

Die Brutzeit ist etwas variabel und von der Nahrungsverfügbarkeit und von Regenfällen abhängig. Sie liegt gewöhnlich zwischen August und Dezember. Das Nest wird üblicherweise in einem Stamm- oder Astloch eines lebenden oder abgestorbenen Eukalyptusbaums angelegt.

Die drei bis sechs Eier sind leicht glänzend, breit-elliptisch und messen im Durchschnitt 22,5 x 18,6 mm. Die genaueren Brutdetails sind aus dem Freiland nur unzureichend bekannt; sie werden denen der Volierenvögel (siehe nächste Seite) gleichen.

Allgemeine Hinweise zur Haltung und Zucht

1871 kamen die ersten Glanzsittiche in den Londoner Zoo, wo wahrscheinlich bereits im darauffolgenden Jahr die erste Zucht glückte. Weitere Bruterfolge sind dann erst in den 1930er-Jahren in Belgien, USA und England dokumentiert. Bis dahin waren die Vögel in Menschenobhut überaus selten – so selten, dass der englische König Georg V. 1933 von der australischen Regierung ein Paar geschenkt bekam. Wenig später kam es zu einigen Massenimporten, die auch die privaten Liebhaber erreichten. Die Importvögel erwiesen sich aber zunächst aufgrund der klimatischen Verhältnisse in Europa als anfällig, hinzu kamen Endoparasiten (Wurmbefall) als Todesursache. Erst nach dem Zweiten Weltkrieg gelang es, stabile Volierenbestände aufzubauen, und heute werden Glanzsittiche in großer Zahl von Vogelhaltern gezüchtet.

Inzwischen sind auch bei dieser Art wahrscheinlich mehr farbmutierte oder transmutierte als wildfarbene Vögel in Züchterhand, denn Mischlingszuchten mit Schön-, Schmuck- und Feinsittichen sind (auch zur „Übertragung“ bestimmter Mutationsfarben) in vielen Zuchtanlagen an der Tagesordnung. Ein dringender Aufruf zur Reinerhaltung der ursprünglichen Zuchtstämme erscheint demnach an dieser Stelle angeraten.

Glanzsittiche sind heute anspruchslos in der Haltung, nehmen mit kleinen, etwa 2 Meter langen Volieren vorlieb und brüten zuverlässig. Der Nistkasten sollte die Maße von etwa 17 x 17 cm und eine Höhe von 25 bis 30 cm, das Einschlupfloch einen Durchmesser von 6 cm haben.

Das Gelege umfasst drei bis sechs Eier, die Brutzeit liegt bei 18, die Nestlingszeit bei etwa 30 Tagen. Manche Weibchen wurden dabei beobachtet, wie sie frische Grashalme in das Bürzelgefieder steckten und in den Nistkasten trugen. Sie dienten nicht als Nestunterlage und offenbar auch nicht zur Erhöhung der Luftfeuchtigkeit im Kasten. Die Bedeutung dieses Verhaltens bedarf somit noch einer Klärung.

Junge Glanzsittiche müssen nach dem Ausfliegen sorgfältig beobachtet und eventuell von den Elterntieren getrennt werden, wenn erste Aggressionen auftreten. Sie sind bereits mit etwa acht Monaten fortpflanzungsfähig, sollten aber erst mit etwa einem Jahr zur ersten Brut eingesetzt werden.

Bei der Zusammenstellung neuer Paare ist darauf zu achten, dass die Männchen den arttypischen breiten, roten Bruststreifen, der zum gelben Unterbauch klar angegrenzt ist, aufweisen. Keinesfalls sollte den immer häufiger angebotenen „rotbäuchigen“ Tieren, also denen mit stark zum Unterbauch verlängerter Rotfärbung, der Vorzug gegeben werden. Denn diese Vögel sind selektiv auf dieses Merkmal hin gezüchtet worden und repräsentieren nicht den typischen Wildvogel.

Schwalbensittiche (Gattung *Lathamus*)

Die Schwalbensittiche sind eine monotypische Gattung mit nur einer Art, die in ihrer Größe den Grassittichen, in ihrem Äußeren eher den Plattschweifsittichen und im funktionell-morphologischen Bau ihrer Zunge eher den Loris ähnelt. Lange Zeit waren deshalb die verwandtschaftlichen Verhältnisse der Art unklar. DNA-Untersuchungen haben nun ergeben, dass die Vögel in die Nähe der Plattschweifsittiche (*Platycercini*) zu stellen sind, während der Bau der Zunge mittlerweile als konvergente Entwicklung (vergleichbare Ernährungsweise der Loris und der Schwalbensittiche) aufgefasst wird und somit kein stammesgeschichtliches Entwicklungsmerkmal darstellt.

Schwalbensittiche sind doch näher mit den Plattschweifsittichen verwandt, als lange Zeit angenommen wurde.

Schwalbensittich (*Lathamus discolor*) (Shaw, 1790)

Kennzeichen, Größe und Gewicht

Die Männchen haben eine leuchtend grüne Grundgefiederfarbe mit mehr gelblicher Unterseite. Stirn, Kehle, Vorderwangen, Unterflügeldecken und Flügelbug sind rot, der Scheitel ist blau, die Ohrdecken sind türkisgrün, Zügel und Ränder der roten Gesichtspartie sind gelb. Die Iris ist gelborange, der Schnabel bräunlich hornfarben und die Füße sind graubraun.
Weibchen sind in allen Bereichen weniger kräftig gefärbt und zeigen geringere Rotausdehnungen im Gesicht. Jungvögel sind matter als Weibchen gefärbt und tragen nur wenige bzw. gering ausgedehnte Farbabzeichen am Kopf.
Gesamtlänge etwa 25 cm. Gewicht 46 bis 76 g (Männchen), 45 bis 72 g (Weibchen). Keine Unterarten.

Verbreitung, Lebensräume und Nahrung

Schwalbensittiche leben im Südosten Australiens (Südost-Queensland, New South Wales, Victoria und Südaustralien) sowie auf Tasmanien und einigen größeren Inseln der Bass Strait. Zur Brutzeit ziehen die Festland- und Inselpopulationen über die Bass Strait nach Tasmanien und brüten dort hauptsächlich in den küstennahen Regionen des Ostens; eine kleinere Population brütet auch im Norden und möglicherweise im Binnenland.

Die Vögel kommen in einer Vielzahl bewaldeter Lebensräume, vor allem aber in Trockenwäldern und Savannen vor. Sowohl in den Winterquartieren auf dem australischen Festland als auch auf Tasmanien besteht jeweils eine enge Bindung der Vögel an das Vorkommen zweier Eukalyptus-Baumarten, nämlich *Eucalyptus globulus* und *E. ovata*, welche die wichtigsten Futterbäume der Art sind und zu bestimmten Zeiten über 90 Prozent der Gesamtnahrung liefern. Schwalbensittiche werden oft zusammen mit Loris verschiedener Arten in gemischten Schwärmen in blühenden Bäumen bei der Aufnahme von Blütenpollen und Nektar angetroffen. Weiterhin nehmen die Vögel auch Früchte und Beeren, unreife Samen von Wildgräsern sowie Insekten und deren Larven zu sich.

Status im Freiland und Artenschutz

Die genaue Populationsgröße der Art ist nicht bekannt, denn aufgrund der Wanderungen der Vögel zwischen Winterquartier und Brutplätzen ergeben die bislang vorgenommenen Bestandserhebungen recht unterschiedliche Schätzungen. Insgesamt ist der Bestand in den letzten Jahren stark zurückgegangen. Hauptursache sind Lebensraumveränderungen, vor allem die Vernichtung von Eukalyptuswäldern für Landwirtschaftszwecke.

Die geschätzte Gesamtpopulation umfasst gegenwärtig noch etwa 2500 adulte Vögel, damit gilt die Art seit 2006 im Sinne der IUCN als stark gefährdet (EN). Sie ist inzwischen auch in Australien/Tasmanien gesetzlich geschützt. Schutzmaßnahmen werden durch das „Swift Parrot Recovery Team“ koordiniert und umfassen unter anderem Projekte zur Bestandsüberwachung, kartografische Erfassung und Pflege der Eukalyptusbestände von E. globulus *und* E. ovata, *Einbeziehung der Landbesitzer in das Arterhaltungsprogramm sowie Öffentlichkeitsarbeit, in der auf die Schutzbedürftigkeit der Vögel hingewiesen wird.*

Soziale Organisation und Brutbiologie

In den Winterquartieren werden in der Regel kleine Gruppen von fünf bis 30 Tieren angetroffen, in den Brutgebieten schließen sich dagegen häufig größere Gruppen zusammen und bilden dort Übernachtungs- und Futterschwärme. Die Nacht verbringen die Tiere meistens auf gemeinsamen Schlafbäumen, suchen dann am frühen Morgen und kurz vor der Dämmerung in deren Nähe nach Nahrung und begeben sich tagsüber hingegen auf weitere Flüge zu ergiebigen Nahrungsquellen.

Die Paare bleiben oft über Jahre hinweg zusammen, fliegen gemeinsam in die Winterquartiere und zurück in die Brutgebiete, wo sie vielfach sogar den gleichen Brutplatz wie im Vorjahr wieder einzunehmen versuchen. Die Brutzeit beginnt im September und endet mit dem Ende der Blütezeit der bevorzugten Eukalyptusarten im Februar. Ein bestandslimitierender Faktor scheint somit die Verfügbarkeit von ausreichend blühenden *Eukalyptus-globulus*-Bäumen zu sein. Einer Studie zufolge

Der Schwalbensittich ist in seiner Heimat bedroht.

hatten die beobachteten Paare nur in drei von zehn Jahren einen Bruterfolg zu verzeichnen.
Die Nisthöhle wird in einem hohlen Ast oder Stammloch in einem lebenden oder abgestorbenen Eukalyptusbaum angelegt. 40 genauer vermessene Nester befanden sich im Durchschnitt 13,4 Meter über dem Boden. Vierer- und Fünfergelege sind die Regel, die mittlere Gelegegröße in einem Brutgebiet in Südost-Tasmanien lag bei 4,4 Eiern pro Gelege. Die Eier sind leicht glänzend und breit-elliptisch, die Durchschnittsgröße von 88 vermessenen Eiern betrug 24,7 x 20,3 mm.
Das Weibchen bebrütet die Eier knapp drei Wochen lang und hudert die geschlüpften Jungen noch etwa zwei Wochen. Die Nestlingszeit liegt zwischen fünf und sechs Wochen. Ab der dritten Woche klettern die Jungen zum Nisthöhleneingang und werden dort von beiden Alttieren im Abstand von ein bis zwei Stunden gefüttert.

Allgemeine Hinweise zur Haltung und Zucht

Die ersten Schwalbensittiche kamen 1863 nach Europa (Zoo London) und wenig später (1876) auch nach Deutschland. Bereits 1882 erfolgte die Erstzucht bei A. Rousse in Frankreich. Erst in den 1960er-Jahren kam es dann wieder zu ersten Importen nach dem Krieg, die aber zunächst für hohe Summen den Besitzer wechselten und somit für die Mehrzahl der Züchter unerschwinglich waren. Erst mit der Zeit gelang es, stabile Bestände aufzubauen, wodurch der Preis um das Hundertfache fiel.
Heute sind sie fest etabliert in den Zuchtanlagen der Liebhaber, allerdings sieht man sie weit weniger häufig als zum Beispiel die meisten Plattschweif- und Grassittiche. Sie gelten als vollständig winterhart, stellen keine größeren Ansprüche an die Bauweise der Voliere, sind dort keine Holzzerstörer und können sogar in bepflanzten Volieren gehalten werden. Die übliche Haltungsform ist die paarweise Haltung, es liegen aber auch gute Erfahrungen mit der Gruppenhaltung mehrerer Paare sowie der Haltung eines Männchens mit zwei oder mehr Weibchen vor. Hierfür sind jedoch größere Volieren mit 4 bis 5 Meter Länge, einer Bepflanzung, zwei oder drei Futterstellen, mehreren Nistkästen (18 x 18 cm, Höhe 30 bis 40 cm, Einflugloch mit 5 cm Durchmesser) und

Rückzugsmöglichkeiten für die Tiere wichtige Grundvoraussetzungen.

Die Ernährung der Vögel bereitet inzwischen weniger Probleme als bei den Loris. Zwar bildet eine Lori-Mischung und/oder ein feucht-krümeliges Weichfutter das Grundfutter, es wird aber durch Grünfutter, Obst, gekeimte Saat und auch trockenes Körnerfutter (Glanz, Hirse, Weizen, wenig Sonnenblumenkerne) ergänzt. Es liegen mittlerweile sogar Erfahrungen mit der ausschließlichen Verabreichung von trockenem Körnerfutter vor, allerdings ist diese Ernährungsform keineswegs optimal für die Vögel und mag allenfalls in Urlaubs- und Vertretungszeiten gerechtfertigt sein. Als Nahrungsergänzung (und Beschäftigung) sind halbreife Maiskolben sowie knospende und blühende (Obstbaum-) Zweige gut geeignet.
Vor der Brutzeit inspiziert das Männchen die Nisthöhle und schafft dort eine Nistmulde, in die das Weibchen später vier bis sechs Eier legt. Brutbeginn ist oft erst nach dem dritten Ei, die Brutzeit beträgt etwa 18 Tage. Die Jungen fliegen frühestens im Alter von 35, manchmal auch erst 42 Tagen aus. Nach kurzer Zeit nehmen sie bereits allein Nahrung auf und sind zwei bis drei Wochen später selbstständig. Sie können dann im Familienverband belassen werden, denn die Elterntiere zeigen ihnen gegenüber – auch wenn das Weibchen direkt mit einer Anschlussbrut beginnt – keine Aggressionen. Eine solche Familiengruppe ist ein schönes Bild in der Voliere und regt zu Verhaltensbeobachtungen an. Die Jungtiere sind mit etwa einem Jahr ausgefärbt und geschlechtsreif.

Wellensittiche (Gattung *Melopsittacus*)

Die Gattung der Wellensittiche umfasst nur eine einzige Art mit grüner Grundfärbung, langem Schwanz und einer Gesamtlänge von etwa 18 cm. Systematisch stehen Wellensittiche den Grassittichen (*Neophema*) und den Erdsittichen (*Pezoporus*) nahe und werden von manchen Autoren als Übergangsform zur Gruppe der Plattschweifsittiche (*Platycercini*) betrachtet.

Wirklich wildfarbene Wellensittiche – hier ein Männchen – sind innerhalb Europas nur noch selten zu sehen.

Status im Freiland und Artenschutz

Wellensittiche gelten als die häufigsten Papageien Australiens und sind in fast allen Teilen ihres riesigen Verbreitungsgebietes noch zahlreich anzutreffen. Allerdings richten sie ihren Standort nach den vorherrschenden Klima- und Nahrungsbedingungen, vor allem nach der Verfügbarkeit von Wasser. Die Tiere profitieren somit auch von der ausgeweiteten Weidewirtschaft und der damit verbundenen Anlage künstlicher Wasserstellen. In manchen Gebieten wurden zeitweise hunderttausend und mehr Wellensittiche gesichtet.
Von der IUCN wird die Art als nicht gefährdet (LC) eingestuft, in Australien ist sie dennoch gesetzlich geschützt.

Wellensittich (*Melopsittacus undulatus*) (Shaw, 1805)

Kennzeichen, Größe und Gewicht

Der frei lebende Wellensittich weist eine hellgrüne Grundgefiederfärbung, eine schwarze Wellenzeichnung am Hinterkopf und Rücken und eine weißen Flügelbinde auf. Zudem zeigt er blaue Wangenflecken und sechs schwarze Kehltupfen. Die Iris ist hellgelb bis weiß, der Schnabel olivgrau, die Füße sind graublau. Das Männchen trägt eine blaue, das Weibchen eine bräunliche Wachshaut. Die Jungvögel sind in allen Farben matter, die Kehltupfen können noch fehlen.
Gesamtlänge etwa 18 cm. Gewicht 24 bis 40 g. Keine Unterarten.

Verbreitung, Lebensräume und Nahrung

Der Wellensittich kommt fast auf dem ganzen australischen Festland, aber überwiegend im Landesinneren vor. Er besiedelt demzufolge auch ganz verschiedenartige Lebensräume, bevorzugt jedoch halboffene, trockene Gebiete (Grasland, Mallee, Salzbuschsteppen, Spinifex- und Mulga-Gebiete, aber auch Farmland), die allerdings nie weit entfernt von Wasserstellen sind. Trocknen diese aus, zieht er weiter. Wellensittiche sind in ihrer Ernährung auf die Samen der Bodendeckerpflanzen angewiesen und können – obwohl das untersuchte Artenspektrum dieser Pflanzen knapp 40 verschiedene Spezies umfasst – beinahe schon als Nahrungsspezialisten bezeichnet werden. Denn Samen, Früchte und Beeren aus höheren Vegetationsetagen und auch tierische Zusatznahrung (Insekten und deren Larven) konnten in ihrem Nahrungsspektrum nicht nachgewiesen werden.

Soziale Organisation und Brutbiologie

Wellensittiche sind Schwarmvögel, die überwiegend in großen Gruppen angetroffen werden. Innerhalb dieser Großgruppen halten die Paare eng zusammen. Die Verfügbarkeit von Wasser und Grassamen bestimmt die Standorte der Vögel, aus denen sie bei zunehmendem Wassermangel abwandern und denen sie dann unter Umständen jahrelang fernbleiben. Vor dem Abwandern kreisen Teilschwärme über dem betreffenden Gebiet und scheinen damit andere Gruppen zum Mitfliegen zu stimulieren.

Die Brutzeit liegt zwischen August und Januar. Die Brut findet in Baumhöhlen, in Höhlungen von Baumstümpfen und Zaunpfählen und gelegentlich sogar in Erdhöhlen statt. Das Gelege wird auf verrottendem Holzmulm abgelegt und etwa 18 Tage vom Weibchen bebrütet, das unterdessen vom Männchen versorgt wird. Bereits nach gut einem Monat sind die Jungen flügge und mausern drei bis vier Monate später in das Alterskleid. Zu diesem Zeitpunkt werden die Jungtiere auch schon geschlechtsreif – eine Anpassung an ihren extrem trockenen Lebensraum, wo sie bei geeigneten Umweltbedingungen schnellstmöglich zur Fortpflanzung schreiten müssen.

Allgemeine Hinweise zur Haltung und Zucht

Mitte des 19. Jahrhunderts kamen bereits die ersten Wellensittiche nach Deutschland, wo 1855 die Erstzucht glückte. Allerdings erwiesen sich die ersten Vögel keineswegs als besonders brutfreudig. Erst mit den zunehmenden Generationen entwickelten sich produktiv brütende Stämme. Heute ist der Wellensittich neben Zebrafink und Kanarienvogel der weltweit am häufigsten gehaltene Ziervogel. Er gilt inzwischen als vollständig domestiziert, wie seine ungebremsten Brutaktivitäten, seine körperlichen Veränderungen (bis 23 cm Gesamtlänge) und die zahlreich entstandenen Farbmutationen erkennen lassen.

Etwa 150 Jahre nach der Ersteinfuhr kam es 2000 zu einem neuerlichen Import von Wellensittichen aus dem Freiland in den

Wellensittiche lassen sich auch bei der Begattung nicht stören.

Kölner Zoo. Diese Vögel zeigen sich bei Weitem nicht so brutfreudig wie ihre domestizierten Verwandten. Die Nachtzuchten werden derzeit nur an spezialisierte Zoos und Vogelparks weitergegeben und man versucht, diesen kleinen Naturbestand artenrein zu halten.

Wellensittiche werden immer noch häufig in Käfigen gehalten, diese sollten jedoch ein vertretbares Mindestmaß haben. Auch die mindestens paarweise Haltung sollte für diese ursprünglich schwarmlebende Art selbstverständlich sein. Natürlicher ist die Gruppenhaltung in einer Freivoliere, an die ein (im Winter frostfreies) Schutzhaus angrenzen sollte. Die zahlreichen Farbzüchter halten die Vögel in der Regel paarweise in Zuchtboxen (deren Größe aus Tierschutzgesichtspunkten oft kaum vertretbar ist). Diesen Vögeln sollten zumindest nach der Brutphase für einige Monate größere Volieren zur Verfügung stehen.

Domestizierte Wellensittiche sind wesentlich brutfreudiger als ihre wild lebenden Verwandten.

Wellensittiche sind recht anspruchslos, kommen gut mit einem handelsüblichen Wellensittichfutter und in der Brutzeit mit Ei- oder Aufzuchtfutter und regelmäßigen Obst- und Gemüsegaben zurecht. Sie können sowohl paarweise als auch in der Gruppe gehalten und gezüchtet werden. Voraussetzung sind mindestens so viele Nistkästen (15 x 15 x 25 cm) wie potenzielle Paare vorhanden sind. Die Zucht ist – bei entsprechender Außentemperatur oder Raumwärme – zu allen Jahreszeiten möglich.

Die vier bis sechs Eier werden etwa 18 Tage lang allein vom Weibchen bebrütet. Die Nestlingszeit beträgt 30 bis 35 Tage und schon eine gute Woche nach dem Ausfliegen nehmen die Jungvögel selbstständig ausreichend Nahrung zu sich. Sie können dann in der Gruppe belassen werden, ohne dass Aggressionen vonseiten der Elternvögel zu befürchten wären. Geschlechtsreif sind die Jungen schon mit etwa 100 Tagen. Sie sollten aber nicht vor dem neunten Lebensmonat zur Zucht eingesetzt werden. Maximal drei Bruten sollten zugelassen werden; danach verdienen die Altvögel eine mehrmonatige Regenerationspause.

Erd- und Nachsittiche (Gattung *Pezoporus*)

Erd- und Nachtsittiche sind mittlerweile in der Gattung *Pezoporus* mit drei Arten vereint. Früher war der Nachsittich die einzige Art der Gattung *Geopsittacus*, heute wird er unter den Erdsittichen (*Pezoporus*) geführt. Die früheren Unterarten des Erdsittichs haben inzwischen jeweils Artstatus erlangt und werden hier als Östlicher bzw. Westlicher Erdsittich behandelt.

Beide Arten sind bodenlebend, 23 bis 20 cm groß, überwiegend grüngelb gefärbt und tragen einen mittellangen spitzen Schwanz. Sie sind nach neueren DNA-Untersuchungen mit den Wellensittichen und den Grassittichen enger verwandt, aber nicht mit den Eulenpapageien, wie früher vermutet wurde.

Alle drei Arten sind im Freiland selten. Manche Autoren halten den Nachtsittich sogar für inzwischen ausgestorben, da seit Jahren entsprechende Nachweise fehlen.

In Menschenobhut spielen sie in Vergangenheit und Gegenwart keine Rolle. Es ist derzeit keine Volierenhaltung in Europa bekannt. Im Folgenden werden die drei Formen deshalb auch nur der Vollständigkeit halber kurz abgehandelt.

Östlicher Erdsittich
(*Pezoporus wallicus*)
(Kerr, 1792)

Allgemeines

Östliche Erdsittiche sind etwa so groß wie Nymphensittiche (30 cm), überwiegend grün gefärbt, mit gelber, schwarzgelber oder schwarzer Strichelzeichnung. Sie tragen ein schmales rotes Stirnband. Männchen und Weibchen sind im Wesentlichen gleich gefärbt. Jungvögel unterscheiden sich durch mattere Gefiederfarben und fehlendes Stirnband von den Altvögeln.
Ihr Gewicht liegt zwischen 60 und 80 g.
Ihr Verbreitungsgebiet sind die Südostküste Australiens, Tasmanien und einige umliegende Inseln. Die Art bewohnt küstennahe Heidegebiete, Graslandschaften und Trockengebiete, hier und dort auch Ebenen an Flussmündungen und Moorlandschaften. Erdsittiche sind Einzelgänger, die überwiegend am Boden leben und vor allem in den frühen Morgen- und späten Abendstunden aktiv sind.
Zur Brutzeit (zwischen September und Dezember) finden die Geschlechter zusammen und legen ein Nest in einer Grasmulde am Boden an, das mit Blättern und anderen Pflanzenteilen ausgelegt wird. Die drei bis vier weißen Eier werden allein vom Weibchen ausgebrütet. Nach 21 Tagen schlüpfen die Jungen, die schon nach zwei weiteren Wochen gelegentlich in der Nähe des Nestes umherlaufen. Mit drei Wochen verlassen sie stets das Nest bei Störungen, können aber noch nicht fliegen. Nach einer Studie in Queensland in den 1990er-Jahren wurden durchschnittlich etwa zwei Junge pro Gelege groß, die Verlustrate lag bei 22 bis 31 Prozent (ein bis zwei Jungtieren) pro Nest.

Status im Freiland und Artenschutz

Die Lebensräume des östlichen Erdsittichs sind inzwischen mancherorts durch Kultivierung der Landschaft und große Flächenbrände dezimiert worden, in manchen Gebieten sind die Bestände deshalb bereits deutlich zurückgegangen. Allerdings wird die Art andererseits in Reservaten gut geschützt und genießt darüber hinaus im gesamten Verbreitungsgebiet vollen gesetzlichen Schutz. Aufgrund ihres großen Verbreitungsgebietes stuft die IUCN die Art insgesamt gegenwärtig noch als nicht gefährdet (LC) ein.

Allgemeine Hinweise zur Haltung und Zucht

In der Vogelhaltung spielt der Erdsittich gegenwärtig keine Rolle. Er soll in den 1930er-Jahren bei einigen australischen Züchtern gehalten und auch gezüchtet worden sein. Im Bestand des Zoos von Adelaide war er 1949 aufgeführt.

Westlicher Erdsittich
(*Pezoporus flaviventris*)
(North, 1911)

Allgemeines

Der Westliche Erdsittich wird aufgrund von DNA-Untersuchungen seit Neuestem taxo-

Der Balg eines Westlichen Erdsittichs (Sammlungs-Nummer: 1997/85) aus der ornithologischen Sammlung des Zoologischen Museums Berlin.

Nachtsittich (*Pezoporus occidentalis*) (Gould, 1861)

Allgemeines

Der Nachtsittich wird aufgrund einer DNA-Untersuchung nicht mehr der monotypischen Gattung der Nacht- oder Höhlensittiche (*Geopsittacus*), sondern der Gattung der Erd- und Nachtsittiche (*Pezoporus*) zugeordnet. Er ist mit 23 cm Gesamtlänge deutlich größer als der (wild

nomisch vom Östlichen Erdsittich getrennt und als eigene Art geführt. Er gleicht in der Färbung der östlichen Form, allerdings ist der Bauch leuchtend gelb gefärbt mit kaum ausgeprägter, dunkler Querstreifung. Das Durchschnittsgewicht liegt mit bis zu 90 g etwas höher als bei der östlichen Form.

Diese Art bewohnt einen schmalen Küstenstrich im Südwesten Australiens und ist dort nur noch lokal verbreitet. Zwei (geschützte) Populationen im Fitzgerald River Nationalpark und im Cape Arid National Park wurden Anfang der 1990er-Jahre auf nur noch maximal 425 Vögel geschätzt. Aktuelle Zahlen fehlen. Die Form gilt damit im Grunde als stark gefährdet. IUCN und CITES haben bislang allerdings noch nicht auf eine Hochstufung in den Artrang reagiert. Lebensweise und Brutbiologie sind denen der östlichen Form ähnlich. Bestände in Menschenobhut sind derzeit nicht bekannt.

Status im Freiland und Artenschutz

Nachdem bis gegen Ende des 20. Jahrhunderts – trotz zahlreicher Expeditionen und Freilandstudien – nur wenige (und meist zweifelhafte) Nachweise für die Existenz der Art erbracht werden konnten und manche Autoren sie schon der Liste der ausgestorbenen Arten hinzufügen wollten, kam es 1990 zu einem unerwarteten Nachweis eines Totfundes am Straßenrand in Queensland, dem 2005 die Sichtung dreier lebender Vögel in der Pilbara Region in Westaustralien folgte. Spätere Nachsuchen in dieser Region blieben allerdings wiederum erfolglos. Ein weiterer Totfund war im September 2006 im südlichen Queensland zu verzeichnen. So darf zwar davon ausgegangen werden, dass der Vogel in kleinen Beständen noch hier und dort überdauert hat, aber letztlich hochgradig vom Aussterben bedroht ist. Die IUCN listet die Art demzufolge als vom Aussterben bedroht (CR) auf. Das CITES-Abkommen stuft sie seit Jahren im Anhang I ein. In Australien genießt die Art einen besonderen nationalen Schutz.

lebende) Wellensittich, in der Grundgefiederfärbung gelblich grün mit auffälliger dunkelbrauner, schwarzer und gelber Zeichnung. Männchen und Weibchen sind gleich gefärbt, Jungvögel sollen matter und blasser gefärbt sein als die Altvögel. Nachtsittiche sind Vögel der Trockengebiete im Inneren Australiens und eng an das Vorkommen von Spinifex-Gras gebunden. Die Vögel sind nachtaktiv und gehen meist erst in tiefer Dunkelheit auf Nahrungs- und Wassersuche.
Über die Lebensweise und Brutbiologie liegen nur spärliche Informationen vor. Die Nester werden vermutlich am Boden unter Spinifex-Grasbüscheln angelegt. Die Gelege umfassen drei oder vier Eier. Brutdauer und Nestlingszeit sind bisher nicht bekannt.

Allgemeine Hinweise zur Haltung und Zucht
Der Nachtsittich ist 1867 in der Bestandsliste des Londoner Zoos vertreten und wurde danach kaum in Menschenobhut gehalten. In der Neuzeit ist keine Haltung der Art dokumentiert.

Königssittiche (Gattung *Alisterus*)

Die Königssittiche sind eine Papageiengattung innerhalb der Gattungsgruppe *Polytelini* und bilden drei Arten, die auf dem australischen Festland, auf Neuguinea und auf Inseln der nördlichen und südlichen Molukken (Indonesien) beheimatet sind. Es sind auffällige, prachtvoll gefärbte

Der majestätische Königssittich ist ein äußerst beliebter Volierenvogel – hier ein männliches Exemplar.

Großsittiche, bei denen die Gefiederfarben Rot, Grün und Blau dominieren. Ein deutlicher Geschlechtsdimorphismus besteht bei zwei Arten (Australischer Königssittich und Grünflügel-Königssittich); die farblichen Geschlechtsunterschiede des Amboina-Königssttichs sind dagegen nur schwach ausgeprägt. Verwandtschaftlich stehen die Königssittiche den Rotflügelsittichen nahe.

Königssittiche waren und sind bis heute begehrte Volierenvögel. Der Australische Königsittich wird seit Langem in Menschenobhut gehalten und gezüchtet. Die mittlerweile preisgünstig angebotenen Tiere sind allerdings üblicherweise Kreuzungsprodukte aus den beiden im Freiland vorkommenden Unterarten *scapularis* und *minor*, die bei den früheren Importen nicht unterschieden wurden. Unterartenreine

Vögel dürften in Europa kaum noch existieren, sodass wir es inzwischen mit einem „Einheitskönigssittich" zu tun haben, der zwar schön anzusehen, aber letztlich ein Unterarten-Hybride ist.
Die beiden anderen Königssitticharten (Grünflügel- und Ambonia-Königssittich) sind dagegen bislang recht seltene und teure Vögel, die gegenwärtig noch größtenteils unterartenrein angeboten werden. Hier ist dringend darauf zu achten, dass die Stämme, solange sie noch einwandfrei unterscheidbar sind, unterartenrein weitergezogen werden.

Australischer Königssittich (*Alisterus scapularis*) (Lichtenstein, 1816)

Kennzeichen, Größe und Gewicht

Die Männchen sind an Kopf, Hals und Unterseite leuchtend rot, das Nackenband ist blau, die Schultern sind hellgrün, Flügel und Rücken dunkelgrün gefärbt. Auf beiden Flügeloberseiten bilden die inneren Flügeldecken einen leuchtend hellgrünen Streifen. Die Iris ist gelb, der Oberschnabel rot, Schnabelspitze und Unterschnabel sind dunkelhornfarben, die Füße sind grau. Die Weibchen zeigen an Kopf, Oberseite und Schwanz eine grüne Färbung, Kehle und Brust sind grün mit leicht rötlichem Anflug, der Bauch ist rot. Die Unterschwanzdecken sind grün mit roten Säumen. Der hellgrüne Flügelstreifen fehlt. Jungvögel ähneln den Weibchen, allerdings zeigen die jungen Männchen schon ein intensiveres Blau auf dem Rücken.

Gesamtlänge etwa 42 cm. Gewicht 195 bis 275 g (Männchen), 215 bis 285 g (Weibchen).

Neben der Nominatform wird noch die Unterart ***Alisterus scapularis minor*** unterschieden, die sich fast ausschließlich durch eine geringere Körpergröße (um 35 cm) von ***Alisterus scapularis scapularis*** unterscheidet.

Verbreitung, Lebensräume und Nahrung

Australische Königssittiche haben ihr Verbreitungsgebiet in einem schmalen Streifen entlang der australischen Ostküste. Es reicht für die Nominatform vom äußersten Süden des Bundesstaates Victoria über New South Wales bis ins östliche Queensland südlich von Cardwell. Dort beginnt eine Hybridisierungszone mit der Unterart *minor*, deren Verbreitungszone sich dann nördlich von Cardwell bis oberhalb von Cooktown an der Ostküste fortsetzt.
Königssittiche sind die Charaktervögel der küstennahen Bergregionen im Osten Australiens und bewohnen dort eine Vielzahl von Waldtypen – von dichten Wäldern in gemäßigten und subtropischen Klimaten bis hin zu feuchten Waldinseln, Sekundärwaldgebieten, Farmland, Stadtparks und Gärten. Gelegentlich sind sie auch in der trockenen offenen Baumsavanne zur Nahrungssuche anzutreffen. Ebenso nutzen sie die Futterressourcen in den Gärten und Parks.
Ihre Nahrung ist vielfältig und setzt sich aus Samen, Früchten, Beeren, Nüssen,

Wie so oft bei den Vögeln sind auch bei den Australischen Königssittichen die Weibchen schlichter gefärbt.

Blüten, Nektar, Blättern, Blattknospen sowie Insekten und deren Larven zusammen. Akazien-, Eukalyptus- und *Angophora*-Samen bilden vielerorts den Hauptbestandteil ihrer Nahrung. In Anbaugebieten und Gärten sind Königssittiche nicht gern gesehen, denn sie plündern Obstbäume, verzehren Tomaten, Erbsen und Bohnen aus den Beeten und verschmähen auch halbreifen „milchigen" Mais von den Feldern nicht.

Soziale Organisation und Brutbiologie

Paarweise oder in kleinen Trupps durchstreifen die Altvögel ihren Lebensraum, die Jungen neigen eher zur Schwarmbildung von 40 bis 50 Vögeln. An Orten mit besonders üppigem Nahrungsangebot kommen oft mehrere Paare oder Gruppen zur gemeinsamen Nahrungsaufnahme zusammen. Hier und dort kann man Königssittiche auch in Gesellschaft mit Pennantsittichen oder Helmkakadus beobachten. An den Rändern ihres Verbreitungsgebietes finden offenbar lokale Wanderungen statt, die vermutlich von klimatischen Faktoren beeinflusst werden. Genaueres ist bislang nicht bekannt.
Die Brutzeit reicht von September bis Januar. Das Weibchen legt bis zu sechs, im Durchschnitt vier Eier in eine Baum- oder Asthöhlung bevorzugt von großen Eukalyptusbäumen. Die Eier sind rundlich bis breit-elliptisch und messen im Durchschnitt 32,9 x 26,6 mm. Tiefe Nisthöhlen (eine vermessene Bruthöhle hatte eine Tiefe von 5,30 Meter) werden eindeutig bevorzugt. Ansonsten scheint über das Freiland-Brutverhalten des Königssittichs wenig bekannt zu sein. Es dürfte sich großenteils mit dem Verhalten in Menschenobhut decken.

Status im Freiland und Artenschutz

Die Art gilt noch weithin als häufig und großräumig verbreitet. Von der IUCN wird sie deshalb als nicht gefährdet (LC) eingestuft. In Australien ist die Art zwar gesetzlich geschützt, es werden jedoch Ausnahmegenehmigungen zum Abschuss von Ernteschädlingen erteilt.

Nach dem Ausfliegen tragen die Jungvögel noch etwa ein Jahr das Jugendgefieder und benötigen dann weitere 16 bis 18 Monate für die Mauser ins Erwachsenengefieder. Die Geschlechtsreife tritt bei diesen großen Vögeln oft erst im dritten Lebensjahr ein.

Allgemeine Hinweise zur Haltung und Zucht

Ihre galanten Flüge können die prachtvollen Königsittiche nur in entsprechend dimensionierten Volieren zeigen. Eine Voliere mit einer Länge von 5 Meter und einer Breite und Höhe von 2 Meter wäre eine gut geeignete Unterkunft für ein Königssittich-Paar. Darin kann man die Vögel sogar mit kleineren Arten (kleine Loris, Grassittiche, Tauben, Prachtfinken) vergesellschaften. Königssittiche sind keine Nager und Holzzerstörer. Ihre Voliere kann somit aus leichtem Material gebaut und sogar mit robusten Sträuchern bepflanzt werden.
In kleineren Volieren werden die Sittiche leicht phlegmatisch, bewegen sich wenig und verfetten. Um zu erreichen, dass die Vögel weniger klettern und mehr fliegen, empfiehlt sich die Anbringung nur weniger Sitzäste, welche die Vögel nur fliegend erreichen können. Außerdem sollte auf jeden Fall ein Badebecken oder eine Sprinkleranlage vorhanden sein, denn beides nutzen Königssittiche gern und häufig.
Zur absoluten Notwendigkeit bei der Haltung gehört eine Endoparasiten-Prophylaxe, denn durch regelmäßige Aufenthalte auf dem Volierenboden sind die Vögel sehr anfällig für Wurminfektionen.
Königssittiche galten früher als stressanfällig (besonders beim Umsetzen in eine neue Voliere) und für Anfänger in der Vogelhaltung als nicht unbedingt geeignet. Die heutigen Stämme sind nach vielen Generationen in Menschenobhut kaum „schwieriger“ als die häufig gehaltenen großen Arten der Plattschweifsittiche.
Auch die Zucht gelingt heute regelmäßig, sodass Königssittiche mittlerweile stets zu einem moderaten Preis von den Züchtern zu bekommen sind. Voraussetzung ist allerdings ein harmonierendes Paar, zumal die Weibchen gegenüber den Männchen dominant und bei der Partnersuche recht wählerisch sind.
Nach der Balz, bei der beide Geschlechter Wechselrufe äußern, ihr Kopfgefieder sträuben und die Pupillen verengen, kommt es zur Kopulation. Für die anschließende Eiablage (drei bis fünf Eier) empfiehlt es sich, einen Nistkasten von mindestens 1,5 Meter Höhe mit einer Grundfläche von 25 x 25 cm anzubieten – allerdings möglichst mit Kontrollklappe in Höhe des Nestes, damit das Gelege und später auch die Jungvögel im Notfall zu erreichen sind.
Die Jungen schlüpfen nach knapp drei Wochen. Sie fliegen im Alter von sechs bis sieben Wochen aus und werden dann noch weiter von den Altvögeln versorgt. Aggressionen gegenüber den Jungtieren sind kaum zu beobachten, auch dann nicht, wenn das Weibchen mit einem zweiten Gelege beginnt.
In Gemeinschaftsvolieren muss dringend auf Artenreinheit geachtet werden, denn Königssittiche verpaaren sich auch bereitwillig mit den beiden anderen Königssittich-Arten, außerdem mit Barraband-,

Princess-of-Wales- oder Rotflügelsittich und sogar mit dem verwandtschaftlich ferner stehenden Pennantsittich.

Grünflügel-Königssittich (*Alisterus chloropterus*) (Ramsay, 1879)

Kennzeichen, Größe und Gewicht
Das Männchen hat eine scharlachrote Kopffärbung und Unterseite, das Nackenband ist blau, der Oberrücken schwarz, Unterrücken und Bürzel sind blau. Kleine und mittlere Flügeldecken sind gelblich grün und bilden ein gut sichtbares Flügelband. Die Iris der Altvögel ist orange, der Oberschnabel an der Basis rot, ansonsten dunkelbraun, die Füße sind graubraun. Beim Weibchen ist der Kopf grün, der Hals grün mit roten Federsäumen und der Bauch rot gefärbt. Jungvögel ähneln dem Weibchen, aber Kehle und Brust tragen kein Rot.
Gesamtlänge etwa 36 cm. Angaben zum Gewicht sind bislang nicht bekannt bzw. nicht publiziert.

Neben der Nominatform wird noch der **Salvadoris-Königssittich** (***Alisterus chloropterus callopterus***) beschrieben, dessen blaues Nackenband deutlich schmaler ist. Beim **Moszkowski-Königssittich** (***Alisterus chloropterus moszkowskii***) ist das Männchen ähnlich gefärbt wie das Männchen der Nominatform, jedoch ist das blaue Nackenband bei manchen Vögeln nur angedeutet oder fehlt vollständig. Das Weibchen gleicht bei dieser Unterart dem

Grünflügel-Königssittiche sind farblich sehr ansprechende Vögel.

Männchen. Nach den Erfahrungen in der Anlage von Dr. Burkard sind die Unterarten nicht immer einwandfrei voneinander zu unterscheiden, weil die Gefiedermerkmale von Vogel zu Vogel stark variieren können.

Verbreitung, Lebensräume und Nahrung
Der Grünflügel-Königssittich ist mit drei Unterarten auf Neuguinea verbreitet, die Nominatform im Osten bis zur Halbinsel Huon, die Unterart *callopterus* im Inneren Neuguineas, im zentralen Hochland und dem Gebiet des Sepik-Flusses bis zum Weylandgebirge, der Moszkowski-Grünflügelsittich im Norden von der Irianbucht bis zum Gebiet um die Stadt Aitape.
Grünflügel-Königssittiche bewohnen

Status im Freiland und Artenschutz

Die Art gilt noch weithin als häufig und großräumig verbreitet. Von der IUCN wird sie deshalb als nicht gefährdet (LC) eingestuft.

unterschiedliche Waldtypen bis in Höhenlagen von 2300 Meter an den nördlichen Hängen der Snow Mountains und bis in 2600 Meter Höhe im zentralen Hochland. Auch im Kulturland sind die Vögel gelegentlich ebenso anzutreffen wie in Sekundärwald- und -buschgebieten. Sie sind im Freiland aufgrund ihrer überwiegend waldbewohnenden Lebensweise schwierig zu beobachten und werden häufiger durch ihre Stimmen lokalisiert, als dass man sie zu Gesicht bekäme. Bei der Nahrungsaufnahme, die bevorzugt in den unteren und mittleren Kronenbereichen der Bäume stattfindet, verhalten sie sich dagegen in der Regel recht ruhig. Sie ernähren sich bevorzugt von Früchten, Samen, Beeren und Nüssen sowie vermutlich Insekten und deren Larven. Im Hochland gehören Kasuarinen-Samen zum Nahrungsspektrum; in einem Hausgarten ernährten sich die Vögel von Sonnenblumen(kernen).

Soziale Organisation und Brutbiologie

Über das Sozialleben der Grünflügel-Königssittiche ist nur sehr wenig bekannt. Sie leben einzeln, paarweise oder in Gruppen von bis zu zehn Vögeln zusammen. Ihre Lautäußerungen sind lauter und schriller als die der Australischen Königssittiche, und insbesondere die Warnlaute sind weithin zu hören.

Die Brutzeit beginnt vermutlich im März. Das Gelege umfasst zwei oder drei Eier, die ziemlich genau drei Wochen lang bebrütet werden. Die Nestlingszeit beträgt 35 Tage; mit etwa 50 Tagen sind die Jungvögel selbstständig.

Diese beiden Zeitangaben sind aufgrund der Zuchterfahrungen in Menschenobhut allerdings in Zweifel zu ziehen und wahrscheinlich erheblich länger.

Allgemeine Hinweise zur Haltung und Zucht

1909 kamen die ersten Grünflügel-Königssittiche nach Europa (Zoo London); in den 1930er-Jahren wurden einige Tiere importiert, von denen der Herzog von Bedford sechs Vögel erhielt, und Ende der 1970er-Jahre wurden größere Stückzahlen von Moszkowski-Königssittichen eingeführt. Davon gingen einige Tiere in die Schweiz in die Anlage von Dr. Burkard. Die dortigen Haltungserfahrungen charakterisieren die Importtiere als zunächst recht wärmebedürftig, die sich aber später gut an das mitteleuropäische Klima anpassten.

Grünflügel-Königssittiche sind nach wie vor keine Anfängervögel und werden gegenwärtig noch zu hohen Preisen gehandelt. Zwar kann man mittlerweile davon ausgehen, dass die gelegentlich angebotenen Jungvögel aus stabilen Zuchtbeständen stammen, dennoch benötigen die Vögel für die kalte Jahreszeit einen beheizten Schutzraum. Im Hinblick auf Volierengröße, -material und -ausstattung,

Ernährung und Endoparasiten-Prophylaxe gelten die gleichen Vorgaben wie für den Australischen Königssittich.

Die Zucht gelingt gelegentlich, zum ersten Mal in Europa vermutlich 1945 bei Alfred Ezra in England. Bei Dr. Burkard zogen die Paare erstmals im Alter von sieben Jahren Junge auf. Die Brutzeit wurde mit etwa 20 Tagen (wie auch aus dem Freiland bekannt) ermittelt, die Nestlingszeit variierte zwischen 42 und 56 Tagen und lag damit deutlich höher als bei den Angaben aus dem Freiland. Zwei Bruten im Jahr sind unter Umständen möglich, oft sind allerdings die Zweitgelege unbefruchtet.

Ein Buru-Königssittich – immer noch zählen die Unterarten des Amboina-Königssittichs zu den Kostbarkeiten in europäischen Haltungen.

Amboina-Königssittich (*Alisterus amboinensis*) (Linné, 1766)

Kennzeichen, Größe und Gewicht
Beim Männchen sind Kopf und Unterseite rot gefärbt, Flügelbug, kleine Flügeldecken, Oberrücken und Oberschwanzdecken sind purpurblau, die Flügel grün, die Unterschwanzdecken schwarz mit breiten roten Säumen. Das adulte Weibchen ist annähernd gleich gefärbt. Die Jungvögel ähneln den Adulten, aber der Oberrücken ist grün, der Schnabel rotbraun und die Iris braun. Die Iris der Altvögel ist orange, der Oberschnabel korallenrot mit schwarzer Spitze, der Unterschnabel schwarz, die Füße sind dunkelgrau. Gesamtlänge etwa 35 cm.
Angaben zum Gewicht sind bislang nicht bekannt bzw. nicht publiziert.

Neben der Nominatform werden der **Buru-Königssittich (*A. a. buruensis*)**, der **Salawati-Königssittich (*A. a. dorsalis*)**, der **Halmahera-Königssittich (*A. a. hypophonius*)**, der **Sula-Königssittich (*A. a. sulaensis*)** und der **Peleng-Königssittich (*A. a. versicolor*)** beschrieben. Alle Formen unterscheiden sich hauptsächlich in der Ausprägung und Intensität des blauen Rückens und/oder der Rot-Bänderung der Unterschwanzdecken. Bei der Sula-Unterart tragen beide Geschlechter einen grauschwarzen Schnabel.

Verbreitung, Lebensräume und Nahrung
Amboina-Königssittiche sind von der indonesischen Insel Peleng im Westen ost-

Status im Freiland und Artenschutz

Der Bestand ist aufgrund von Habitatverlust und internationalem Vogelhandel mancherorts zurückgegangen, insbesondere der Unterarten versicolor *auf Peleng und* sulaensis *auf den Sula-Inseln. Die Gesamtpopulation wurde in den 1990er-Jahren auf etwa 60.000 Vögel geschätzt und von der IUCN als potenziell bedroht (NT) eingestuft. Mittlerweile wurde die Art auf nicht gefährdet (LC) zurückgestuft, nachdem man die Populationsgröße allein der Nominatform (auf Neuguinea) inzwischen auf etwa 70.000 Vögel schätzt.*

wärts über die Sula-Inseln, Buru, Seram, Ambon und Halmahera bis nach West- und Nordwest-Neuguinea (Nominatform) verbreitet. Sie sind überwiegend Bewohner von dichten Regenwäldern, aber auch von Sekundärwaldgebieten, Plantagen und Gärten. Ihre Vertikalverbreitung reicht vom Flachland bis in die mittleren Höhenlagen bis 1450 Meter, gelegentlich auch bis etwa 2100 Meter. Ihre Nahrung besteht aus Samen, Früchten, Beeren und Knospen. Einer Feldstudie auf Seram zufolge nahmen die Vögel dort bevorzugt Samen von *Lithocarpus*-Bäumen (Steinfrucht-Eichen) zu sich.

Soziale Organisation und Brutbiologie

Über die Lebensweise der Vögel im Freiland weiß man bis heute nur sehr wenig. Feldbeobachter sahen die Vögel in der Regel einzeln oder paarweise bei der Nahrungsaufnahme, die fast lautlos vor sich ging. Wenn sie aufflogen, äußerten sie dagegen weit hörbare, schrille Laute.
Die Brutzeit liegt zwischen Februar und April. Das Gelege dürfte in der Regel zwei (bis drei) Eier umfassen, die Brutzeit beträgt etwa drei Wochen.

Allgemeine Hinweise zur Haltung und Zucht

Es ist offenbar nicht genau dokumentiert, wann die ersten Amboina-Königssittiche nach Europa kamen. Auf jeden Fall wurden seit den 1930er- bis Ende der 1970er-Jahre mehrmals Vögel verschiedener Unterarten importiert und gelangten zum Herzog von Bedford, in die Anlage von Dr. Burkard, in den Vogelpark Walsrode und zu einigen betuchten Privatliebhabern. Bis heute sind diese attraktiven Tiere kostbare und entsprechend teure Volierenvögel geblieben. Zwar gibt es von einigen Unterarten inzwischen halbwegs stabile Stämme, aber die Vögel sind keineswegs für Anfänger geeignet.
Die Hinweise zur Haltung des Grünflügel-Königssittichs gelten in gleichem Maße auch für die in Menschenobhut befindlichen Unterarten des Amboina-Königssittichs. Sie scheinen aber noch wärmebedürftiger zu sein und sollten nicht bei niedrigen Außentemperaturen in der Außenvoliere gehalten werden. Experten sprechen von einer Mindesthaltungstemperatur von 20 °C.
Die Zucht gelingt mit einigen Unterarten gelegentlich. Die Erstzucht soll 1940 beim Herzog von Bedford mit der Salawati-Unterart gelungen sein und dann erst wieder

1974 im Tropicana-Vogelpark in Neuwied (Unterart?). Ab 1978 kam es auch in der Anlage von Dr. Burkard, im Vogelpark Walsrode und anderswo zu bescheidenen Zuchterfolgen mit verschiedenen Unterarten. Die Paare müssen allein gehalten werden. Männchen und auch Weibchen können in der Verpaarungsphase überaus aggressiv sein und Beschädigungskämpfe unter den Geschlechtern sind keine Seltenheit. In einem Zuchtbericht wird erwähnt, dass die Balzhandlungen mit gesteigerten Lautäußerungen und verengten Pupillen bei beiden Geschlechtern beginnen. Das Männchen trägt oft einen Zweig im Schnabel, vollführt einen Parademarsch vor dem Weibchen und schwenkt seinen Kopf hin und her, ehe es zum Partnerfüttern kommt. Zwei Eier wurden im vorliegenden Fallbeispiel gelegt und 19 Tage allein vom Weibchen bebrütet. Die Jungen verließen den Nistkasten neun Wochen (?) nach dem Schlupf. Dieser Wert scheint recht hoch gegriffen, eine Nestlingszeit von sechs bis sieben Wochen dürfte wahrscheinlicher sein.

Rotflügelsittiche (Gattung *Aprosmictus*)

Rotflügelsittiche sind in zwei Arten über Nordaustralien, Süd-Neuguinea und die Kleinen Sunda Inseln verbreitet. Es sind große, langschwänzige Sittiche mit breitem, quadratischem Schwanz und deutlichem Geschlechtsdimorphismus. Verwandtschaftlich stehen sie den Königssittichen und den Prachtsittichen nahe. Einige Autoren vermuten auch eine entferntere Verwandtschaft bzw. gemeinsame stammesgeschichtliche Vorfahren mit den Edelpapageien.

Der **Rotflügelsittich (*Aprosmictus erythropterus*)** ist seit Jahrzehnten ein begehrter und häufiger Volierenvogel, dessen Haltung und Zucht heute recht problemlos gelingt. Auch hier stehen bei manchen Züchtern vor allem die Farbmutanten im Vordergrund, aber es gibt auch noch viele gute Zuchtstämme mit Vögeln der Naturfarbe. Allerdings wurden in der Vergangenheit wahrscheinlich die beiden Unterarten *erythropterus* und *coccineopterus* nicht unterartenrein auseinander gehalten. Die zweite Art, der **Timor-Rotflügelsttich (*Aprosmictus jonquillaceus*)**, wird dagegen wesentlich seltener in Menschenobhut gehalten und stellt immer noch eine Rarität in einer Volierenanlage dar.

Rotflügelsittiche sind schon seit vielen Jahren sehr beliebte Volierenvögel.

Rotflügelsittich (*Aprosmictus erythropterus*) (Gmelin, 1788)

Die männlichen Rotflügelsittiche sind farblich intensiver gefärbt als die Weibchen.

Kennzeichen, Größe und Gewicht

Rotflügelsittich-Männchen sind überwiegend grasgrün gefärbt, der Oberrücken und die Schultern sind schwarz, die mittleren großen Flügeldecken rot. Der Schnabel ist beim Männchen korallenrot, beim Weibchen blassrot; die Iris ist orangerot, die Füße sind grau.

Dem Weibchen fehlt der schwarze Oberrücken und der rote Flügelfleck ist deutlich kleiner. Jungvögel gleichen dem Weibchen. Gesamtlänge etwa 32 cm. Gewicht 121 bis 210 g (Männchen), 169 bis 178 g (Weibchen).

Die Unterart ***Aprosmictus erythropterus coccineopterus*** wird gelegentlich als **Kleiner Rotflügelsittich** bezeichnet, ist nur 28 bis 29 cm groß und in der Färbung der Nominatform sehr ähnlich, aber insgesamt blasser.

Verbreitung, Lebensräume und Nahrung

Die Nominatform ist im Nordosten Australiens von der Halbinsel Cape York südlich durch weite Teile von Queensland bis nach New South Wales verbreitet. Auf Cape York beginnt eine ausgedehnte Mischzone mit der Unterart *coccineopterus*, deren Verbreitungsgebiet sich dann westlich bis zur Kimberley-Region in Westaustralien fortsetzt. Diese Unterart ist auch auf den der nordaustralischen Küste vorgelagerten Inseln verbreitet.

Offene bewaldete Landschaften (lichte Wälder, Savannenwälder, Baumsavannen) mit saisonalen Niederschlägen bilden die bevorzugten Lebensräume der Art. Die Baumbestände setzen sich oft aus Akazien, Eukalyptusbäumen, Kasuarinen und Zypressen zusammen. Meist liegen ihre Lebensräume in der Nähe von Flussläufen oder anderen Wasserstellen wie auch künstlichen angelegten Brunnen oder Bohrlöchern. Hier und dort suchen die Vögel benachbartes Farmland oder in den Vororten auch Gärten und Parklandschaften auf.

Rotflügelsittiche sind Nahrungsgeneralisten und nehmen eine Vielzahl verschiedener Arten von Samen, Beeren, Früchten, Nüssen, Blüten sowie Insekten und deren

Larven zu sich. Eine gewisse Präferenz für Akazien- und Eukalyptussamen sowie Mistelbeeren wurde festgestellt. Auch sind sie mancherorts Nutznießer von Getreide oder Gemüse in Anbaugebieten.

Soziale Organisation und Brutbiologie
Rotflügelsittiche sind typische Baumbewohner und werden in der Regel paarweise oder in Familiengruppen angetroffen. Seltener sind Schwärme mit bis zu 60 Tieren zu beobachten, vor allem dann, wenn sich mehrere kleinere Gruppen entweder zu Wanderungen zusammenschließen oder wenn das Nahrungsangebot an bestimmten Orten besonders üppig ist.

Die Brutzeit liegt im Süden des Verbreitungsgebietes zwischen August und Februar, im Norden sind brütende Paare ganzjährig zu beobachten. Die Bruthöhlen liegen in der Regel in Astlöchern oder Baumstämmen, meist Eukalyptusbäumen, und sind häufig sehr tief, nämlich 3 bis 9 Meter unterhalb des Nisthöhleneingangs. Allein das Weibchen brütet und wird derweil vom Männchen gefüttert. Es wurde bei einer Feldstudie beobachtet, dass ein Weibchen kurz vor Sonnenuntergang die Nisthöhle verließ, zu einem nahe gelegenen Baum flog und dort vom Männchen mit Nahrung versorgt wurde. Danach flog das Männchen davon und verbrachte die Nacht anderenorts.
Details des Brutverhaltens sind aus dem Freiland kaum bekannt. Sie gleichen vermutlich dem Verhalten unter Volierenbedingungen.

Status im Freiland und Artenschutz

Der Rotflügelsittich gilt in den meisten Teilen seines Verbreitungsgebietes als regelmäßig vorkommend bis häufig, in den Randgebieten sind die Populationen dagegen vielfach spärlicher oder durch Wanderbewegungen nicht genau einschätzbar. In Australien ist er gesetzlich geschützt; die IUCN stuft ihn als nicht gefährdet (LC) ein.

Allgemeine Hinweise zur Haltung und Zucht
Bereits 1861 war der Rotflügelsittich im Londoner Zoo zu sehen. 1878 gelang die Erstzucht bei Seybold in Deutschland. Wenige Jahre später waren auch französische, holländische und australische Züchter erfolgreich. In den Folgejahren kam es nur vereinzelt zu weiteren Einfuhren und erst in den 1960er-Jahren begann man mit der systematischen Erhaltungszucht, in deren Folge größere Volierenbestände aufgebaut und gefestigt werden konnten. Heute sind Rotflügelsittiche stets zu gemäßigten Preisen von den Züchtern zu bekommen. Die Haltung erfolgt am besten paarweise in Volieren von 4 bis 5 Meter Länge mit daran anschließendem Schutzhaus, das im Winter leicht erwärmt werden kann. Mehrere Sitz- und Knabberäste sowie ein Badebecken vervollständigen die Ausstattung. In solch einer Anlage schreiten die Paare, wenn die Vögel miteinander harmonieren, nach Eintritt der Geschlechtsreife meist leicht zur Brut. Sie benötigen dazu

allerdings bevorzugt eine Naturstammnisthöhle von 1,5 bis sogar 2 Meter Höhe bzw. einen entsprechenden Holznistkasten (Grundfläche etwa 25 x 25 cm, Schlupflochdurchmesser etwa 10 cm), der mit einer „Leiter“ zum Herausklettern versehen sein muss. Auf den Boden kommt Holzmulm oder auch eine Packlage Sägespäne, auf die das Weibchen vier bis sechs Eier legt und etwa 20 Tage lang bebrütet.
Die Eier sind glanzlos, rund-elliptisch mit einer Durchschnittsgröße von 31,5 x 25,9 mm. Etwa fünf Wochen dauert die Nestlingszeit, danach verlassen die Jungvögel die Nisthöhle und werden noch einige Zeit von den Elterntieren versorgt. Die Jungvögel beginnen im Alter von etwa 18 Monaten mit dem Umfärben in das Erwachsenengefieder (mit dem Auftreten der ersten schwarzen Rückenfedern bei den jungen Männchen). Völlig ausgefärbt sind sie erst im dritten Lebensjahr. Jungtiere aus mehreren Bruten können nach dem Absetzen von den Eltern zunächst zusammen untergebracht werden. Es bilden sich bereits im Jugendalter die späteren (Zucht-)Paare heraus. Bei Eintritt der Geschlechtsreife mit frühestens zwei Jahren müssen die Paare dann separiert werden. In den Nachbarvolieren sollten keine Artgenossen, keine Königssittiche und vor allem keine Plattschweifsittiche untergebracht werden, weil dadurch ständige Streitereien am Volierengitter provoziert werden. In Gemeinschaftsvolieren kommt es dagegen unter Umständen zu Mischlingszuchten mit Königssittichen und Prachtsittichen.

Timor-Rotflügelsittich (*Aprosmictus jonquillaceus*) (Vieillot, 1818)

Kennzeichen, Größe und Gewicht

Das Männchen ähnelt in der Färbung dem australischen Rotflügelsittich (siehe Seite 176 ff.). Auffälligstes Unterscheidungsmerkmal sind die gelben mittleren und kleinen Flügeldecken, wogegen nur die äußeren mittleren und großen Flügeldecken und der Flügelrand rot sind. Das Weibchen weist einen geringeren Gelbanteil im Flügel auf und der Flügelrand ist grün. Die Jungvögel gleichen dem Weibchen, allerdings tragen sie noch keine Rotfärbung am Flügel. Der Schnabel ist bei beiden Ge-

Erst seit einigen Jahren sind Timor-Rotflügelsittiche bei den Züchtern vertreten.

schlechtern blassrot mit gelber Spitze, die Iris ist beim Männchen orangefarben, beim Weibchen braunrot, die Füße sind dunkelgrau.
Gesamtlänge etwa 35 cm. Angaben zum Gewicht sind bislang nicht bekannt bzw. nicht publiziert.

Die Unterart ***Aprosmictus jonquillaceus wetterensis*** gleicht der Nominatform, ist aber kleiner und die Männchen haben weniger Rot in den großen Flügeldecken; die Weibchen zeigen kein Gelb in den Flügeldecken.

Status im Freiland und Artenschutz

Der Rückgang geeigneter Lebensräume durch Waldrodungen und Umwandlung in Agrarflächen hat die Populationen der Art auf beiden Inseln inzwischen merklich reduziert. Hinzu kommt ein unkontrollierter Fang der Tiere für den Auslandsexport. Die Gesamtpopulation wird gegenwärtig noch auf etwa 10.000 Tiere geschätzt, allerdings mit sinkender Tendenz. Nach den Kriterien der IUCN wird die Art gegenwärtig als potenziell bedroht (NT) eingestuft.

Allgemeines

Der Timor-Rotflügelsittich kommt in der Nominatform auf der Insel Timor und der vorgelagerten Insel Roti, die Unterart *wetterensis* auf der nördlich von Timor gelegenen Insel Wetar vor.
Über Lebensräume, Nahrung und Brutbiologie der Art ist aus dem Freiland kaum etwas bekannt. Ähnlich den australischen Rotflügelsittichen scheinen die Vögel Primär- und Sekundär-Waldgebiete sowie baumbestandene Savannengebiete (auf Timor bis in Höhen von 2600 Meter) zu bevorzugen. Sie wurden paarweise oder in kleinen Gruppen beobachtet.

Allgemeine Hinweise zur Haltung und Zucht

Vor 1970 war der Timor-Rotflügelsittich in der Vogelhaltung so gut wie unbekannt. Lediglich in der Kollektion des Herzogs von Bedford soll er vertreten gewesen sein. Danach kamen dann einige tausend Tiere nach Europa, unter anderem in die Anlage von Dr. Burkard in der Schweiz, in den Weltvogelpark Walsrode und den Tropicana-Vogelpark in Neuwied, wo 1974 die Erstzucht glückte. Auch in privater Liebhaberhand kam es schnell zu ersten Zuchterfolgen. Viele der Importtiere starben allerdings zunächst an Wurmbefall; aber nachdem man das Problem in den Griff bekommen hatte, gelang der Aufbau einer tragfähigen Population (der Nominatform) in Menschenobhut.
Es ist nicht bekannt, ob noch unterartenreine Tiere der *wetterensis*-Form in Menschenobhut existieren, ob und wie viele Exemplare dieser Unterart seinerzeit importiert wurden und ob bzw. in welchem Maße sie mit der Nominatform gekreuzt wurden.

Heute kommen keine Importe mehr ins Land und die gelegentlich erhältlichen

Der Timor-Rotflügelsittich zählt nach wie vor zu den Raritäten bei den Liebhabern australischer Sitticharten.

Nachzuchten sind weniger wärmebedürftig und weniger empfindlich als die ursprünglichen Importvögel. Dennoch sind Timor-Rotflügelsittiche keine Anfängervögel und bedürfen einer sorgfältigen Pflege und Überwachung während der Brutzeit, denn die Männchen erweisen sich unter Umständen als äußerst aggressiv, vor allem gegenüber männlichen Artgenossen. Eine räumliche Trennung der Paare ist deshalb dringend anzuraten. Ansonsten gleichen die Pflegemaßnahmen denen des australischen Rotflügelsittichs. Wurmkuren im Frühjahr und Herbst sind zu empfehlen.
Das Gelege besteht aus drei bis fünf Eiern, die Nestlingszeit beträgt rund fünf Wochen. Ihre Selbstständigkeit erreichen die Jungvögel etwa vier Wochen nach dem Ausfliegen. Die Geschlechtsreife setzt frühestens am Ende des zweiten Lebensjahres ein.

Prachtsittiche (Gattung *Polytelis*)

Prachtsittiche kommen in drei Arten auf dem australischen Festland vor und sind vorwiegend Steppenbewohner. Es handelt sich um mittelgroße, schlanke Vögel mit langem, stufigen Schwanz und verhältnismäßig kleinem Schnabel. Bei zwei von drei Arten (Barrabandsittich und Bergsittich) sind die Geschlechtsunterschiede in der Gefiederfärbung deutlich, bei der dritten Art, dem Princess-of-Wales-Sittich, geringer ausgeprägt.

Schon Ende des 19. Jahrhunderts war bekannt, dass männliche Princess-of-Wales-Sittiche an der dritten Handschwinge eine verlängerte Spatelspitze tragen, die den Weibchen und Jungvögeln fehlt. Aufgrund dessen wurde die Art schon 1898 in eine eigene monotypische Gattung (*Spathopterus*) gestellt, die 1937 zu einer Untergattung von *Polytelis* erhoben wurde. Heute wird diese systematische Einzelstellung des Princess-of-Wales-Sittichs nicht mehr anerkannt.

Die Prachtsittiche werden neben den Königs- und Rotflügelsittichen zu den weibchendominanten Arten gerechnet.

Barrabandsittich (*Polytelis swainsonii*) (Desmarest, 1826)

Kennzeichen, Größe und Gewicht

Der Barrabandsittich wird auch Schildsittich genannt. Die Grundgefiederfärbung der Männchen ist leuchtend grün. Stirn, Scheitel, Kinn, Kehle und Wangen sind leuchtend gelb mit scharlachrotem Halsband hinter der gelben Kehle. Der Schnabel ist hellrot, die Iris gelborange, die Füße sind grau. Die Weibchen sind insgesamt matter gefärbt, Stirn und Gesicht sind bläulich grün, Kinn und Kehle graugrün. Jungvögel sind einheitlich matt gelbgrün gefärbt und haben eine hellbraune Iris. Gesamtlänge etwa 40 cm. Gewicht 13 bis 157g (Männchen), 145 bis 155 g (Weibchen). Keine Unterarten.

Verbreitung, Lebensräume und Nahrung

Barrabandsittiche haben nur ein recht kleines Verbreitungsgebiet im Südosten Australiens, das vom mittleren New South Wales bis zum äußersten Norden von Victoria reicht. Ihr Brutgebiet liegt fast durchweg im südlichen Teil ihres Verbreitungsgebietes (südlich des 33. Breitengrades). Im nördlicher gelegenen Teil tauchen die Sittiche erst nach der Brutzeit wieder vermehrt auf.

Flussnahe Wälder mit größeren Eukalyptusbeständen und die benachbarten Überschwemmungsflächen mit Eukalyptussavannen sind die bevorzugten Lebensräume des Barrabandsittichs. Dort, wo diese flussnahen Vegetationsstreifen nur sehr schmal sind und bald in Salzbuschebenen übergehen, verlassen die Vögel die Eukalyptusvegetation kaum. Wo sich aber ausgedehnte Baumsavannen anschließen, sind die Sittiche immer weniger an die flussnahen Lebensräume gebunden.

Ihre Nahrung nehmen die Sittiche zu einem großen Teil auf dem Boden zu sich. Dort finden sie Grünpflanzen, noch grüne Samenstände und ausgereifte Samen von Gräsern und Kräutern. Es gehören aber auch Früchte, Beeren, Nüsse, Blüten und Nektar sowie Insekten und deren Larven zu ihrem Nahrungsspektrum.

Soziale Organisation und Brutbiologie

Barrabandsittiche leben während des ganzen Jahres in Schwärmen oder Gruppen, deren Zusammensetzung sich je nach Jahreszeit ändert. Außerhalb der Brutzeit finden sich Alt- und Jungvögel beiderlei Geschlechts in Schwärmen bis zu maximal 200 Tieren zusammen. Mit Beginn der Brutzeit sondern sich die Jungvögel in

Ein Schildsittich-Männchen in der begehbaren Australienvoliere im Vogelpark Marlow.

Status im Freiland und Artenschutz

Nach Schätzungen der IUCN liegt der Gesamtbestand der Art noch bei etwa 6.500 Vögeln. Damit gilt die Art als gefährdet (VU) und steht nach den gesetzlichen Bestimmungen der australischen Bundesstaaten New South Wales und Victoria unter dem Schutz für bedrohte Arten.

eigenen Schwärmen ab, während die adulten Paare kleine Gruppen bilden und in Kolonien von bis zu sechs Paaren dem Brutgeschäft nachgehen.
Die Brutzeit der Barrabandsittiche beginnt im September oder Oktober mit der Herrichtung der Bruthöhle; sie endet mit dem Ausfliegen der Jungen etwa zwei Monate später. Gebrütet wird in der Regel in hohlen Seitenästen von Eukalyptusbäumen. Die vier bis fünf Eier sind weiß (Durchschnittsgröße 28,7 x 23,3 mm), breit-elliptisch und glanzlos. Jungvögel, Subadulte und adulte Paare vereinigen sich dann wieder zu gemischten Schwärmen und zerstreuen sich im gesamten Verbreitungsgebiet, bevor sie in ihre Überwinterungsgebiete ziehen.

Allgemeine Hinweise zur Haltung und Zucht

Barrabandsittiche sind schon seit Ende des 19. Jahrhunderts in Europa bekannt. Die ersten Zuchten erfolgten 1881 bei Duval in Frankreich und 1900 bei Farrar in England. Nach dem Zweiten Weltkrieg entstanden in vielen Ländern Europas schnell große Volierenbestände der Art und ließen die Preise drastisch sinken.
Bei Barrabandsittichen ist nicht nur die paarweise Haltung möglich, sie eignen sich auch durchaus für die Gemeinschaftsvoliere mit Grassittichen, Nymphensittichen, größeren australischen Prachtfinken und Tauben. Auch eine gemischte Schwarmhaltung und -zucht mehrerer Barrabandsittich-Paare scheint in einer ausreichend dimensionierten Voliere möglich zu sein, wenngleich die Bruterfolge bei der paarweisen Haltung letztlich größer sind. Ernährt werden die Sittiche mit einer handelsüblichen Großsittich-Körnermischung, wobei der Anteil von Sonnenblumenkernen ausgewogen sein sollte, denn die

Ein Schildsittich-Weibchen in einer großräumigen Außenvoliere. Diese Sittichart benötigt sehr viel Platz zum Fliegen.

Vögel neigen – vor allem in kleineren Volieren – eher zum Verfetten als zum Verhungern. Äpfel, Möhren und Grünfutter (Salat, Spinat, Vogelmiere, Rispen von Gräsern) runden den Speisezettel ab und werden nach entsprechender Gewöhnung von allen Tieren gern genommen.
Zur Zucht bedarf es zum einen eines harmonierenden geschlechtsreifen Paares, zum anderen einer geeigneten Unterkunft, Ausstattung und Ernährung. Manche Tiere schreiten schon im ersten Jahr nach ihrem Schlupf zur Brut, die meisten beginnen jedoch erst im Alter von zwei Jahren mit der Fortpflanzung.

Nach einer auffälligen Balz, bei der das Männchen kurze Flüge vor dem Weibchen zeigt, sich nach der Landung verneigt, seine Flügel herabhängen lässt und betriebsam auf einem Ast hin und her läuft, duckt sich das Weibchen tief auf den Sitzast, gibt wimmernde Laute von sich, lässt sich schließlich vom Männchen füttern und lässt die Kopulation zu. Wenig später erfolgt die Eiablage in einer bereitgestellten Nistgelegenheit. Diese besteht entweder aus einem hohlen Baumstamm von etwa 80 bis 90 cm Tiefe und einem Innendurchmesser von knapp 20 cm oder aus einem handelsüblichen Nistkasten aus dicken, unbehandelten Brettern (80 cm hoch, 18 x 18 cm Grundfläche, Einschlupfloch mit 8 cm Durchmesser) möglichst mit einer Kontrollklappe im unteren Bereich des Kastens.
Das Gelege besteht aus vier oder fünf Eiern, die etwa 22 Tage lang vom Weibchen bebrütet werden. Zunächst füttert nur das Weibchen die frisch geschlüpften Jungen, später beteiligt sich auch das Männchen an der Fütterung. Mit etwa 40 Tagen verlassen die Jungen die Nisthöhle.
Barrabandsittiche sind im Allgemeinen recht robuste Vögel, die kaum einmal einen Tierarzt benötigen. Da die Vögel sich zur Nahrungsaufnahme häufig auf dem Volierenboden aufhalten, ist besonderes Augenmerk auf die regelmäßige Säuberung der Anlage und auf eine Entwurmung der Tiere (etwa zweimal jährlich) zu legen.

Bergsittich (*Polytelis anthopeplus*) (Lear, 1831)

Kennzeichen, Größe und Gewicht

Der männliche Bergsittich zeigt eine olivgelbe Grundgefiederfärbung, die Flügeloberseite ist bis zu den mittleren Armdecken gelb, die inneren Armdecken sind rot, die äußeren Armdecken und Armschwingen schwarz gefärbt. Der Schnabel ist korallenrot, die Iris orange, die Füße sind grau. Das Weibchen ist olivgrün und in allen Bereichen matter und verwaschener gefärbt. Jungvögel gleichen weitgehend den adulten Weibchen, haben aber eine orangegelbliche Schnabelfärbung und eine dunkelbraune Iris.
Gesamtlänge etwa 40 cm. Gewicht 153 bis 206 g (Männchen),178 bis 208 g (Weibchen).

Neben der Nominatform gibt es noch die Unterart ***Polytelis anthopeplus monarchoides***, die sich hauptsächlich durch eine intensivere Gelbfärbung des Männchens, besonders an der Flügelunterseite, von der Nominatform unterscheidet.

Verbreitung, Lebensräume und Nahrung

Die beiden Unterarten des Bergsittichs kommen in weit auseinander liegenden Gebieten vor. Die Nominatform ist in Südwest-Australien weitflächig beheimatet und breitet sich von der Grenze des westaustralischen Weizenanbaugebietes südwärts aus, meidet aber die bewaldete Südwestspitze Australiens. Die Unterart *monarchoides* ist im Landesinneren Südost-Australiens vom südwestlichen New South Wales und Nordwest-Victoria bis in den Südosten von Südaustralien verbreitet und grenzt im Westen an das Verbreitungsgebiet des Barrabandsittichs.

Eine zweifelsfreie Trennung der beiden Bergsittich-Unterarten ist bei der Haltung in Gefangenschaft nicht mehr möglich (hier ein Weibchen).

Im südöstlichen Verbreitungsgebiet sind die Tiere eng an Gebiete mit Mallee-Buschland gebunden, wo sie ganzjährig ihre Nahrung finden. Außerhalb der Brutzeit kommen sie auch in anderen Gebieten wie in Eukalyptus-Savannen, Obstgärten und am Rand von Getreidefeldern vor. Die südwestliche Population bewohnt eine Vielzahl bewaldeter Lebensräume, wie zum Beispiel offene Wälder, Galeriewälder, Baumgruppen am Rand von Getreidefeldern oder Akazienbuschwald, allerdings meist in der Nähe von Wasserläufen. Darüber hinaus erweist sich die Art dort immer mehr als Kulturfolger und ist somit auch auf Farmen, Weizenfeldern, in Parks, Gärten und selbst auf Golfplätzen anzutreffen. Ihre Nahrung nehmen Bergsittiche oft am Boden auf. Sie nehmen dort Samen, Nüsse, Früchte, Beeren, Blüten(knospen), Grünpflanzen sowie Insekten und deren Larven zu sich, wobei in bestimmten Gebieten Eukalyptussamen den Hauptnahrungsbestandteil bilden. In den Anbaugebieten suchen die Tiere auch nach Getreidekörnern, Obst, überreifen Oliven oder nehmen die Kerne von herabfallenden Weintrauben zu sich.

Soziale Organisation und Brutbiologie

Bergsittiche leben in der Regel paarweise oder in kleinen Trupps zusammen; zur Brutzeit bilden die adulten Paare Brutkolonien. Außerhalb der Brutzeit sind auch hin und wieder größere Schwärme beobachtet worden, die noch in den 1970er-Jahren bis zu 300 oder gar 400 Tiere umfassten. Außerhalb der Brutzeit ziehen vor allem die

Subadulten und Nichtbrüter umher, während die Brutpaare in der Nähe ihrer Nisthöhlen bleiben und höchstens lokale Wanderungen zur Nahrungssuche unternehmen. Wie der Barrabandsittich nistet auch der Bergsittich in Kolonien.
Die Eiablage beginnt im August oder September. Das Nest liegt im Stamm oder einem größeren Hauptast eines hohen Baumes. Bevorzugt werden große lebende oder abgestorbene Eukalyptusbäume. Die Nisthöhle befindet sich oft mehrere Meter über dem Boden. Das Weibchen legt im Durchschnitt vier bis sechs Eier (Durchschnittsgröße 31,1 x 24,7 mm). Sie sind reinweiß, rundlich und schwach glänzend. Die Brutzeit beträgt 21 bis 23 Tage, die Jungen fliegen mit etwa 40 Tagen aus und verlassen schon wenig später mit ihren Eltern das Brutgebiet.
Erste Beobachtungen zum kooperativen Verhalten des Bergsittichs sind dokumentiert. Demnach beteiligen sich möglicherweise noch nicht geschlechtsreife Männchen (Jungvögel aus der Vorjahresbrut?) an der Jungenaufzucht. Auch wurde beobachtet, dass Jungvögel aus unterschiedlichen Nestern in einer Art „Kindergarten" von einer Gruppe von Altvögeln gemeinsam versorgt wurden.

Allgemeine Hinweise zur Haltung und Zucht

Die Erstzucht des Bergsittichs wird für das Jahr 1865 bei A. J. North in Australien angegeben. Nach Europa kamen die Vögel bereits in der zweiten Hälfte des 19. Jahrhunderts. Erste Zuchten gelangen dort 1880 bei Mascré in Belgien, 1884 in Frankreich und 1886 bei B. Christensen in Dänemark. Vermutlich wurden seinerzeit beide Unterarten importiert und in der Folge untereinander gekreuzt, sodass es sehr unwahrscheinlich ist, dass heute in Europa noch unterartenreine Populationen existieren.

Status im Freiland und Artenschutz

Die Art steht heute in Australien unter vollständigem Schutz und wird durch behördliche Programme überwacht. Die IUCN stuft den Bergsittich aufgrund seiner weiten Verbreitung und seiner noch recht großen Gesamtpopulation von geschätzten 21.500 Individuen derzeit als nicht gefährdet (LC) ein.

Bergsittiche zählen zu den verträglichen Arten.

Bergsittiche lassen sich gut in einer Gemeinschaftsvoliere mit anderen größeren und kleineren Sittichhalten halten, zudem wurde die Erfahrung gemacht, dass die Tiere in einer ausreichend dimensionierten Voliere auch als kleine Kolonie von drei oder vier Paaren zu halten sind. Hier ist eine regelmäßige Beobachtung der Gruppe aber notwendig, um im Falle von größeren Disharmonien der Vögel unverzüglich eingreifen zu können.
Zur Brutzeit beginnt das Weibchen mit der Balz, indem es sich mit seitlich geneigtem Kopf auf einem Ast in der Nähe des Männchens niederlässt und dabei einen „weichen" Futterbettellaut äußert.
Nach dem Ausfliegen werden die Jungvögel noch einige Zeit von den Alttieren gefüttert, ehe das Weibchen mit einer zweiten Brut beginnt. Aber auch dann werden die Eltern ihren Jungen gegenüber nicht aggressiv. Die Mauser der Jungvögel beginnt mit etwa sechs Monaten und ist mit 14 bis 15 Monaten abgeschlossen. Die meisten Bergsittiche schreiten im Alter von zwei Jahren erstmals zur Brut.

Die zarte Pastellfärbung macht die Princess-of-Wales-Sittiche zu recht aparten Vögeln.

Princess-of Wales-Sittich (*Polytelis alexandrae*) (Gould, 1863)

Kennzeichen, Größe und Gewicht

Das Männchen ist an der Stirn und den Kopfseiten hell blaugrau, am Hinterkopf olivgrün, an Kinn und Hals rosa, an Brust und Bauch blaugrau und an Rücken und Bürzel violettblau gefärbt. Das Flügelgefieder ist olivgrün, der Flügelbug grasgrün, die Flügelecken sind gelblich grün. Der Schnabel ist korallenrot, die Iris orange, die Füße sind dunkelgrau. Das Weibchen zeigt blassere Flügeldecken, der Oberkopf ist grau-mauve, das Rückengefieder grünlich blau. Jungvögel sind in insgesamt matter gefärbt.
Gesamtlänge etwa 40 cm. Angaben zum Gewicht sind bislang nicht bekannt bzw. nicht publiziert; es beträgt etwa 90 g.
Keine Unterarten.

Verbreitung, Lebensräume und Nahrung

Der Princess-of-Wales-Sittich ist im Landesinneren von Zentral- und Westaustralien weit verbreitet. Die genauen Verbreitungsgrenzen (und Wanderungsbewegungen der Vögel) sind bis heute nicht bekannt. Als Lebensräume werden Strauch- und Baumsavannen mit Akazien und Kasuarinen, lichte Eukalyptuswälder und Galeriewälder entlang von Flüssen bevorzugt. Hier und dort werden die Tiere auch in Sanddünengebieten mit nur vereinzeltem Eukalyptusbestand und einer Bodenvegetation aus Spinifex-Gras angetroffen. Die Nahrung der Sittiche besteht aus einer breiten Palette von Samen, Früchten, Beeren, Blütenknospen und -nektar. Oft halten sich die Tiere am Boden auf und nehmen die Samen von Gräsern zu sich. In Zeiten kargen Futterangebotes scheinen die Samen des Spinifex-Grases eine wichtige Nahrungsquelle zu sein.

Soziale Organisation und Brutbiologie

Princess-of-Wales-Sittiche durchstreifen meist als Einzelvögel, in Paaren oder Kleingruppen ihren Lebensraum, selten seiht man Schwärme von mehr als 100 Tieren. Außerhalb der Brutzeit bevorzugen die Vögel die trockenen Strauchsavannen. Zur Brutzeit, die hauptsächlich zwischen September und Januar (aber in Abhängigkeit von Regenfällen auch zu anderen Zeiten) liegt, wandern die Tiere vermehrt zu den Eukalyptus-Galerienwäldern entlang der Flüsse. Dort suchen sie meist in den Eukalyptusbäumen eine Nisthöhle in großer Höhe. Wie die anderen beiden Prachtsittich-Arten brüten auch Princess-of-Wales-Sittiche oft in einem Koloniesystem. Gemeinsame Brutbäume können bis zu zehn Brutpaare beherbergen.

Status im Freiland und Artenschutz

Die Art scheint nur noch in wenigen Gebieten recht häufig zu sein. Nachweise aus den meisten Teilen des Verbreitungsgebietes beziehen sich dagegen in der Regel nur auf wenige Sichtungen bzw. wenige Vögel. Insgesamt weiß man bislang kaum etwas über Wanderungen, Dürreresistenz der Vögel, den Einfluss künstlich angelegter Wasserstellen auf die Populationen und so weiter.
Die IUCN schätzt die derzeitige Populationsgröße nur noch auf etwa 5.000 adulte Tiere und stuft die Art als potenziell bedroht (NT) ein. Lebensraumveränderungen, der Einfluss von Prädatoren (Katzen, Füchse), das übermäßige Beweiden mancher Lebensräume durch Ziegen und Schafen sowie unkontrollierte Buschfeuer werden unter anderem als Gründe für den Rückgang der Art diskutiert.

Vier bis sechs Eier umfasst das Gelege. Sie sind reinweiß, breit elliptisch und glänzend (Durchschnittsgröße 28,9 x 22,8 mm). Über das Brutverhalten im Freiland ist bislang nur wenig bekannt, die Hauptkenntnisse stammen aus Beobachtungen an Volierenvögeln (siehe unten).

Allgemeine Hinweise zur Haltung und Zucht

Der erste Princess-of-Wales-Sittich kam 1895 nach Europa (in den Londoner Zoo), die erste Zucht erfolgte aber erst 1912 bei H. D. Astley in England. Anfangs erwiesen sich die Tiere noch als etwas empfindlich, heute gelten die Zuchtstämme als robust und bedingt kälteresistent. Wie die anderen Prachtsittich-Arten kann auch diese Art in einer ausreichend dimensionierten Voliere in der Gruppe gehalten und gezüchtet werden. Auch eine Vergesellschaftung mit Wellensittichen, Grassittichen und selbst kleineren Prachtfinken ist meist ohne größere Probleme möglich. Lediglich zur Brutzeit kann es zu kleineren unbedeutenden Rangeleien kommen.

Üblicherweise werden vier bis sechs Eier gelegt und etwa 20 Tage lang vom Weibchen bebrütet. Die Nestlingszeit liegt bei etwa 40 bis 45 Tagen; drei Wochen nach dem Ausfliegen sind die Jungvögel selbstständig. Sie können dann durchaus weiterhin in der Gemeinschaftsvoliere mit ihren Eltern zusammenleben, balzende Jungmännchen werden jedoch gelegentlich vom alten Männchen „reglementiert". Junge Paare schreiten oft schon im Alter von einem Jahr zur Brut; voll ausgewachsen, geschlechtsreif und erfolgreicher im Brutgeschäft sind die Tiere aber in der Regel erst im zweiten Jahr.

Die Voliere kann – da die Tiere wenig nagefreudig sind – durchaus aus Holz bestehen, auch ist eine mittlere Drahtstärke (1 mm) ausreichend. Allerdings verbeißen die Tiere unter Umständen alle Grünpflanzen, sodass sich eine Volierenbepflanzung eher nicht empfiehlt. Princess-of-Wales-Sittiche halten sich viel auf dem Volierenboden auf. Eine turnusgemäße gründliche Säuberung der Anlage sowie regelmäßige Wurmkuren gehören deshalb zur notwendigen Gesundheitsvorsorge für diese Art.

Nymphensittiche (Gattung *Nymphicus*)

Die Gattung der Nymphensittiche umfasst nur eine einzige Art, deren systematische Stellung seit vielen Jahren umstritten ist. Aufgrund seiner schlanken, sittichartigen Körperform und seines langen konischen Schwanzes wurde er in der Vergangenheit oft in der verwandtschaftlichen Nähe der Plattschweifsittiche gesehen. Heute tendiert man allerdings dazu, ihn aufgrund seiner Federhaube, seines Verhaltens und der Entwicklung der Nestlinge (gelbe Dunen sind typisches Merkmal der Kakadu-Familie!) zu den Kakadus (Gattungsgruppe Cacatuini, Unterfamilie Nymphicinae) zu zählen.

Kakadu oder Sittich? Der Nymphensittich verfügt wie Kakadus über eine aufrichtbare Federhaube.

Nymphensittich
(*Nymphicus hollandicus*)
(Kerr, 1792)

Kennzeichen, Größe und Gewicht

Nymphensittiche in der Naturfarbe tragen ein graues Grundgefieder mit weißen mittleren und äußeren großen Armdecken. Stirn, vorderer Scheitel, Gesichtsbereich und Kehle sind leuchtend gelb, ein Ohrfleck ist orangerot. Die grauen Federchen der spitz zulaufenden Haube sind gelb gesäumt. Die Iris ist dunkelbraun, der Schnabel grau und die Füße sind grau.
Das Weibchen ist insgesamt etwas blasser gefärbt, insbesondere die Gesichtspartien sind nur blassgelb und die grauen Haubenfedern nur schwach blassgelb gesäumt. Hinterrücken, Unter-, Oberschwanzgefieder und Schenkel sind gelblich weiß gesäumt. Jungvögel ähneln den Weibchen, allerdings zeigen junge Männchen oft schon kräftigere Gesichtsfarben und einen intensiver gefärbten Ohrfleck als junge Weibchen.
Gesamtlänge etwa 32 cm. Gewicht 73 bis 102 g (Männchen), 78 bis 100 g (Weibchen). Keine Unterarten.

Verbreitung, Lebensräume und Nahrung

Nymphensittiche sind im gesamten Inneren des australischen Kontinents verbreitet und bevorzugen dort vor allem offene Gebiete mit lockerem Baumbewuchs (häufig Eukalyptusbäume) meist in der Nähe von Wasserläufen oder saisonalen Wasserstellen. Auch auf Farm- und Weideland sowie in Gärten und Parks sind sie anzutreffen. Mancherorts sind sie zu regelrechten Kulturfolgern geworden und decken ihren Nahrungsbedarf bevorzugt mit Getreide auf landwirtschaftlich genutzten Flächen.
Die Ernährung besteht vor allem aus Samen von Gräsern, Sträuchern und Bäumen sowie aus Früchten, Beeren sowie vermutlich Insekten und deren Larven. Aber dort, wo die Tiere sich in den Anbaugebieten etabliert haben, bilden mittlerweile Getreidekörner (vor allem Weizen und Sorghum) einen Hauptanteil ihrer Nahrung. Die diversen durchgeführten Studien zur Nahrungszusammensetzung der Nymphensittiche haben in unterschiedlichen Gebieten stets verschiedene Futterpräferenzen gezeigt. In einer Studie in New South

Einige Mutationen sind im Laufe seiner Haltungsgeschichte auch beim Nymphensittich entstanden.

Status im Freiland und Artenschutz

Wie auch der Wellensittich ist der Nymphensittich in den meisten Teilen seines riesigen Verbreitungsgebietes eine häufige Art. Hier und dort sind bei extremen Klimabedingungen zwar lokale oder saisonale Rückgänge zu verzeichnen, andererseits werden heute aber auch neu angelegte (und bewässerte) Weidegebiete besiedelt, die früher als Lebensräume nicht infrage kamen. In allen australischen Bundesstaaten ist die Art gesetzlich geschützt. Dort, wo die Vögel als „Pestvögel" in die Getreideanbaugebiete einfallen, werden allerdings behördlicherseits Ausnahmegenehmigungen zur Tötung der Ernteschädlinge erteilt. Nach den Kriterien der IUCN gilt der Nymphensittich als nicht gefährdet (LC).

Wales wurden mindestens 29 verschiedene Arten von Futterpflanzen nachgewiesen, darunter waren nur fünf, die in bedeutsamen Mengen verzehrt wurden.

Soziale Organisation und Brutbiologie

Nymphensittiche sind Schwarmvögel, die nur selten paarweise, in der Regel dagegen in Gruppen und Schwärmen mit 50 und mehr Tieren angetroffen werden. Innerhalb dieser Gruppen halten die Paare allerdings eng zusammen und bleiben auch nach der Brutzeit miteinander verpaart. Die Gruppen leben nomadisch und wandern in Trocken- und Dürrezeiten in klimatisch günstigere Gebiete und besiedeln dabei immer wieder auch neue Landstriche.

Die Brutzeit findet in unterschiedlichen Gebieten zu verschiedenen Zeiten statt und hängt von den klimatischen Bedingungen und der Verfügbarkeit von Nahrung ab. Die Nisthöhlen werden in hohlen Ästen oder Stämmen von Bäumen, bevorzugt abgestorbenen Eukalyptusbäumen, angelegt. In der Regel liegen die Bruthöhlen benachbarter Nymphensittichpaare um 200 Meter auseinander; nur ganz selten arrangieren sich zwei Brutpaare dicht beieinander an zwei vorhandenen Höhlungen in einem Baum.

Mit trippelnden Schritten, etwas abgestellten Flügeln und einem melodischen Gesang umbalzt das Männchen sein Weibchen, ehe es zur Kopulation und Eiablage kommt.

Das Gelege wird von beiden Geschlechtern etwa 18 Tage lang bebrütet, bis zum Flüggewerden der Jungen vergehen weitere 33 bis 35 Tage. Mit sechs Monaten bekommen die jungen Männchen das leuchtende Kopfgefieder der Adulten, bei der wenig später beginnenden vollen Mauser verlieren sie auch ihre gestreiften Schwanzfedern.

Allgemeine Hinweise zur Haltung und Zucht

Der genaue Zeitpunkt der Ersteinfuhr und Erstzucht des Nymphensittichs ist in der Literatur nicht benannt. Um 1845 gab es jedenfalls schon Vögel in Europa, um 1850 soll in Deutschland die Erstzucht erfolgt sein. Seither hat der Nymphensittich seinen Siegeszug durch die Käfige und Volieren der Sittichliebhaber angetreten und ist heute in vielen Ländern außerhalb seiner Heimat in riesigen „Volierenpopulationen“ vertreten. Mittlerweile haben sich durch fortgesetzte Selektionszucht bestimmte Veränderungen in Gestalt, Größe und Gewicht eingestellt. Hinzu kommen die diversen Farbschläge und erste Verhaltensveränderungen gegenüber den Wildvögeln. Alle diese Merkmale deuten darauf hin, dass der Nymphensittich mittlerweile neben Zebrafink, Kanarienvogel und Wellensittich zu den Vogelarten gehört, die (abgesehen vom Nutzgeflügel) bislang den längsten Domestikationsprozess in menschlicher Obhut durchlaufen haben. Die Haltung und Zucht von Nymphensittichen ist problemlos sowohl in größeren Käfigen und paarweise als auch in größeren Gruppen in einer Voliere oder in Gemeinschaftsvolieren mit anderen Vogelarten (mit Wellensittichen, Reisfinken, Diamantfinken und so weiter) möglich. Die Tiere sind äußerst robust und erkranken auch bei Schlechtwetterperioden nur selten. Allerdings sollte in jeder Volierenanlage ein frostfreier Schutzraum für den Winter zur Verfügung stehen.

Wer sich ein wenig mit der (Sozio-)Biologie des Nymphensittichs beschäftigen möchte, sollte eine kleine Gruppe von mehreren Paaren in der Gemeinschaftsvoliere halten, denn hier gibt es immer etwas zu beobachten: zunächst die sozialen Beziehungen der Paarpartner, die kleinen Zankereien mit den Nachbarn, später das Flüggewerden und Ausfliegen der Jungen und deren Integration in die Gesamtgruppe.

Die Kopffärbung ist beim männlichen Nymphensittich intensiver ausgeprägt als beim Weibchen.

Allerdings sind Nymphensittich-Gruppen durch ihre oft penetrant vorgetragenen Lautäußerungen nicht immer auch die erklärten Lieblinge der Nachbarschaft, was bei solch einem Haltungsmodell vielleicht zuvor berücksichtigt werden sollte. Nymphensittiche benötigen für erfolgreiche Bruten einen Nistkasten im Hoch- oder Querformat (20 x 20 x 30 cm). Dorthinein legt das Weibchen im Durchschnitt vier bis fünf Eier (Durchschnittsgröße 25,3 x 20,2 mm), die dann 18 Tage im Wechsel von beiden Geschlechtern bebrütet werden. In der Regel brütet das Männchen ungefähr zwischen 6 und 14 Uhr tagsüber, in der übrigen Zeit das Weibchen. Unter allen australischen Sitticharten ist dieses Brutverhalten einzigartig und verweist den Nymphensittich damit in die nähere Verwandtschaft der Kakadus, bei denen die arbeitsteilige Brut typisch ist.
Nach etwa 33 Tagen verlassen die Jungvögel den Nistkasten, wenig später lernen sie schon spielerisch das Entspelzen der

Der Pompadoursittich ist zwar bei uns wenig bekannt, gilt aber in seiner Heimat als nicht gefährdet.

Samenkörner und sind gut zwei Wochen nach dem Ausfliegen futterfest. Im Alter von knapp zwei Monaten beginnen die jungen Männchen mit einer Art Plaudergesang, der dem Balzgesang der adulten Männchen mit der Zeit immer ähnlicher wird. Geschlechtsreif sind die Tiere sicherlich bereits mit acht oder neun Monaten, zur Zucht sollten sie jedoch erst mit einem Jahr eingesetzt werden, wenn sie vollständig durchgemausert und ausgewachsen sind.

Maskensittiche (Gattung *Prosopeia*)

Die Maskensittiche der Gattung *Prosopeia* bilden drei Arten, die ursprünglich nur auf den Fidschi-Inseln verbreitet waren, in vorgeschichtlicher Zeit wahrscheinlich aber auf Tonga und einigen vorgelagerten Inseln eingeführt wurden. Kaum bekannt sind der **Maskensittich (*Prosopeia personata*)** und der **Pompadoursittich (*Prosopeia tabuensis*)**, wogegen der **Glanzflügelsittich (*Prosopeia splendens*)** in zumindest einem europäischen Vogelpark auch

Die Papageien Ozeaniens

Die pazifische Inselwelt, politisch zum Inselstaat Ozeanien mit mehr als 7.500 Inseln zusammengefasst, wird geografisch unterschiedlich definiert. In der engsten Definition gehören nur Polynesien (mit Neuseeland, Fidschi, Tonga, Samoa, Hawaii u. a.), Melanesien (mit Neuguinea, Neukaledonien, Vanuatu, den Salomonen-Inseln u. a.) und Mikronesien (mit Guam, Palau, den Marshall-Inseln u. a.) zu Ozeanien. Hier lebt eine Vielzahl verschiedenartigster Papageienformen – von den spektakulären farbenprächtigen Edelpapageien, Loris und Feigenpapageien über verschiedene Sitticharten bis hin zu überwiegend weißen Kakaduarten und den Spechtpapageien als kleinste Papageienart der Welt. Auch die eigentümlichen Borstenkopfpapageien, Keas, Kakas und Kakapos (Eulenpapageien) zählen zu den typischen Vertretern dieser Faunenregion. Viele der Inseln Ozeaniens beherbergen endemische Arten, die nur dort vorkommen und aufgrund ihres eng begrenzten Lebensraums zum Teil gefährdet oder vom Aussterben bedroht sind. Unter den Arten, die für das vorliegende Buch von Interesse sind und in die Gruppe der sogenannten „Großsittiche" gehören, sind in erster Linie die Laufsittiche Neuseelands, die neukaledonischen Hornsittiche und die auf den Fidschi- und Tonga-Inseln beheimateten Maskensittiche zu nennen.

„live“ betrachtet werden kann. Zwei der drei Arten stehen im Hinblick auf ihre Freilandbestände auf der Vorwarnliste der bedrohten Vogelarten: eine geschätzte Freilandpopulation mit noch mindestens 66.000 Vögeln hat der Maskensittich – laut IUCN nicht gefährdet (LC) –, beim Glanzflügelsittich wird die Population dagegen nur noch auf 6.000 Individuen – gefährdet (VU) – beziffert, wogegen der Pompadoursittich noch als häufig gilt und demzufolge gegenwärtig als nicht gefährdet (LC) eingestuft ist.

Erste Haltungs- und Zuchterfolge mit Pompadoursittichen hatten Ende der 1960er-Jahre H. Bregulla auf Vanuatu und später D. Rinke von 1991 bis 1993 in einer Zuchtstation des damaligen Brehm-Fonds auf Tonga. Bis heute spielen alle drei Arten in der europäischen Vogelhaltung so gut wie keine Rolle. In öffentlichen Kollektionen ist lediglich je ein Glanzflügelsittich und ein Pompadoursittich im Loro Parque auf Teneriffa vorhanden, in Privathand dürften sich allerdings einige wenige Paare befinden.

Da diese Tiere in Menschenobhut überaus selten und entsprechend wertvoll sind, gestaltet sich eine Zusammenarbeit der wenigen Halter schwierig. Vom Aufbau stabiler Bestände in Menschenobhut ist man demnach zur Zeit weit entfernt und es ist zu befürchten, dass alle drei Arten über kurz oder lang aus europäischen Volieren verschwinden werden.

Der Glanzflügelsittich ist bei uns nur sehr selten zu sehen und auch in seiner Heimat gefährdet.

Hornsittiche (Gattung *Eunymphicus*)

In der Gattung der Hornsittiche sind heute zwei Arten, nämlich der eigentliche Hornsittich und der Ouvéa-Hornsittich vereint, nachdem beide Formen lange Zeit als Unterarten der Art *Eunymphicus cornutus* geführt wurden. Wie so oft haben die DNA-Untersuchungen die Aufteilung der Form in zwei Arten nach sich gezogen.

Das auffälligste Merkmal der überwiegend grün gefärbten, langschwänzigen Sittiche sind die etwas aufwärts gebogenen Scheitelfedern, die in dieser Form bei den Papageienvögeln einmalig sind und die Hornsittiche unverwechselbar machen. Verschiedene morphologische Übereinstimmungen lassen vermuten, dass sie wahrscheinlich am nächsten mit den weiter unten behandelten Laufsittichen (*Cyanoramphus*) verwandt sind. Nach Europa gelangten die Vögel ab Mitte der 1970er-Jahre über den wissenschaftlichen Tierfänger Heinrich Bregulla. Die heutigen Bestände in Menschenobhut gehen überwiegend auf die langjährigen Zuchtbemühungen des Schweizer Industriellen Romuald Burkard zurück.

Hornsittich (*Eunymphicus cornutus*) (Gmelin, 1788)

Kennzeichen, Größe und Gewicht

Die Grundgefiederfarbe des Hornsittichs ist ein leuchtendes Grün mit mehr gelblicher Unterseite. Die Stirn und der vordere Scheitel sind rot, Hinterscheitel und Gesicht schwarz. Zwei oder drei verlängerte Scheitelfedern mit schwarzem Band und leuchtend roten Spitzen sind das auffälligste Merkmal der Art. Die Iris ist orange, der Schnabel grauschwarz, an der Oberschnabelbasis hell bleigrau, die Füße sind dunkelgrau. Die Weibchen sind etwas kleiner, die Scheitelfedern sind schmaler und kürzer, Kopf und Schnabel sind kleiner und die Gesichtsmaske ist blasser als bei den Männchen. Jungvögel sind etwas blasser gefärbt als die adulten Vögel.
Gesamtlänge etwa 32 cm. Gewicht etwa 80 bis 100 g.
Keine Unterarten. Früher wurde die nachfolgend beschriebene Form als Unterart *Eunymphicus cornutus uvaeensis* des Hornsittichs geführt.

Verbreitung, Lebensräume und Nahrung

Der Hornsittich ist endemisch auf der melanesischen Insel Neukaledonien und kommt dort hauptsächlich an der Ostküste vor. Nach umfangreichen Lebensraumveränderungen und Waldrodungen auf der gesamten Insel haben sich die Populationen mittlerweile in die dort verbliebenen Feuchtwälder entlang der Gebirgsketten zurückgezogen. Darüber hinaus durchwandern die Vögel Trockenwälder und suchen zeitweise auch die sogenannten Niaoli-Wälder und -Trockensavannen auf. Das Nahrungsspektrum ist bislang nur unzureichend bekannt. Es umfasst verschiedenste Arten an Samen, Beeren, Nüssen, Früchten, Blättern, Knospen und vermutlich auch Insekten und deren Larven. Eine gewisse Präferenz scheinen die Tiere für die Samen des Kauri-Baumes zu haben.

Soziale Organisation und Brutbiologie

Hornsittiche leben einzeln, in Paaren oder in kleinen Gruppen von bis zu sechs Vögeln zusammen; an Plätzen mit reichhaltigem Futterangebot finden sich gelegentlich auch größere Gruppen zusammen. Die Tiere halten sich hauptsächlich in den Baumkronen auf, kommen aber zur Nahrungsaufnahme auch in tiefer gelegenes Baum- und Buschwerk herab.
Zur Balz verbeugen sich die Tiere voreinander, wobei die Scheitelfedern bei gesenktem Kopf dann nach vorn fallen. Die Brutzeit liegt zwischen September und Januar, gebrütet wird oft in bodennahen Baumhöhlungen, unter Wurzeln, unter schräg wachsenden Baumstämmen und in

Spalten zwischen Felsblöcken. Das Gelege scheint im Durchschnitt aus drei bis vier, seltener aus nur zwei Eiern zu bestehen, deren Durchschnittsgröße bei 26 x 22 mm liegt. Die Brutzeit ist aus dem Freiland nicht genau bekannt; sie dürfte ähnlich wie bei gehaltenen Vögeln um 21 Tage betragen.

Allgemeine Hinweise zur Haltung und Zucht

Laut Literatur war die Erstzucht des Hornsittichs 1881 bei Baron de Cornely in Frankreich, die Erstzucht in Deutschland erfolgte erst 1972 bei P. Schauf. Ab 1977 züchtete H. Bregulla die Art auf Neukaledonien. Dr. Burkard konnte 1976 zehn Paare mit behördlicher Genehmigung in die Schweiz importieren. Bis Ende 1990 züchte er von diesen Paaren rund 230 Jungvögel bis in die siebte Generation. Überwiegend sind dies die Ursprungsvögel der heutigen Bestände in Europa. Heute sind die Zuchtstämme gefestigt, die Vögel brüten meist ohne Probleme in den Volieren und die anfangs hohen Preise sind in den letzten Jahren deutlich gesunken.

Hornsittiche benötigen 3 bis 4 Meter lange Freivolieren mit anschließenden schwach heizbaren Innenräumen. Ihre Nahrung ist die übliche Großsittich-Samenmischung, angereichert mit kleinen Gaben an tierischem Eiweiß (Mehlkäferlarven, etwas Käse, Joghurt), Obst und Grünfutter, zur Brutzeit (und darüber hinaus) auch gekeimte Saat und Eifutter. Aus Wasserschalen wird nicht nur getrunken, sondern darin wird auch ausgiebig gebadet. Die Installation einer Beregnungsanlage ist deshalb für diese Vögel von Vorteil. Ähnlich ihren Verwandten, den Laufsittichen,

Hornsittiche besitzen keine Federhaube, wie man sie von den Nymphensittichen her kennt. Es handelt sich bei dieser Art lediglich um verlängerte Scheitelfedern.

Status im Freiland und Artenschutz

Hornsittiche sind heute in Neukaledonien vollständig geschützt und werden in bestimmten Gebieten regelmäßig überwacht. Solche Monitoring-Programme wären allerdings für die gesamte Population, die etwa 5.000 Alttiere umfasst, notwendig, ebenso eine Kontrolle des illegalen Fangs und Handels mit den Vögeln. Insgesamt scheinen sich die Bestände auf dem genannten Level stabilisiert zu haben, sodass die IUCN die Art von stark gefährdet (EN) (bis 2008) mittlerweile auf gefährdet (VU) (ab 2009) zurückgestuft hat.

Die attraktiven Hornsittiche sind begehrte Vögel, die immer noch sehr teuer in der Anschaffung sind.

halten sich Hornsittiche viel auf dem Boden auf, scharren im Sand und nehmen dort herabgefallenes Futter auf, sodass regelmäßige Wurmkuren zur Standardvorsorge gehören.

Zur Zucht werden diese wertvollen Vögel am besten paarweise gehalten. Geeignet sind Holznistkästen (25 x 25 cm mit 50 cm Höhe), die auf den Boden stehen; es werden aber auch Nistkästen in 1,5 oder 2 Meter Höhe angenommen. Die Eiablage erfolgt auf einer Schicht Holzmulm oder Sägespänen. Nur das Weibchen bebrütet die drei bis fünf Eier 21 bis 22 Tage lang, ehe die Jungen im Abstand der Eiablage schlüpfen. Mit etwa 35 bis 40 Tagen verlassen sie die Nisthöhle und werden dann außerhalb von beiden Eltern betreut. Sie tragen noch keine verlängerten Scheitelfedern; diese werden erst nach zwölf bis 14 Wochen ausgebildet. Die Jungvögel können zunächst bei den Eltern verbleiben. Fortpflanzungsfähig sind sie frühestens mit zwei Jahren.

Ouvéa-Hornsittich
(*Eunymphicus uvaeensis*)
(Layard & Layard, 1882)

Kennzeichen, Größe und Gewicht

Der Ouvéa-Hornsittich ähnelt dem Hornsittich, allerdings ist er fast ausschließlich grün gefärbt. Er hat ein schwärzlich grünes Gesicht, wenig Rot auf dem Oberkopf und bis zu sechs verlängerte grüne Scheitelfedern. Die Iris ist orange, der Schnabel schwarz mit graublauer Oberschnabelbasis, die Füße sind dunkelgrau. Weibchen sind etwas kleiner als Männchen.
Gesamtlänge etwa 32 cm. Gewicht etwa 80 bis 100 g.
Keine Unterarten. Früher wurde die zuvor beschriebene Form als Nominatform (*Eunymphicus cornutus cornutus*) des Hornsittichs geführt.

Verbreitung, Lebensräume und Nahrung

Ouvéa-Hornsittiche kommen endemisch auf der kleinen Insel Ouvéa aus der Loyauté-Inselgruppe vor, die östlich vor Neukaledonien liegt. Dort bewohnen sie in der nördlichen Inselhälfte nur noch einen etwa 10 km langen und 1 km breiten Waldgürtel, der zum Teil mit alten, hohen Bäumen, aber teilweise auch nur noch mit Sekundärvegetation bewachsen ist. Auch verwilderte Plantagen und Gärten werden gelegentlich aufgesucht, offene Monokulturen dagegen weitgehend gemieden. Chili-Schoten, Papayas und wilde Tomaten wurden als bevorzugte Nahrung der Vögel nachgewiesen, darüber hinaus kommen mindestens 16 weitere wild wachsende Frucht-, Samen- und Nussarten als mögliche Futterpflanzen für die Sittiche in Betracht.

Soziale Organisation und Brutbiologie
Ouvéa-Hornsittiche werden überwiegend einzeln, paarweise oder in Dreiergruppen angetroffen, bisweilen sind aber auch Gruppen bis zu sieben Vögeln zu beobachten, die sich im unteren bis mittleren „Stockwerk" der Baumkronen aufhalten und dort nach Nahrung suchen. Die Brutzeit liegt wahrscheinlich zwischen Ende September und Januar. Das durchschnittliche Gelege umfasst zwei bis drei, seltener vier Eier, die allein vom Weibchen bebrütet werden. Die meisten Jungen schlüpfen von Mitte bis Ende November. In der ersten Januarhälfte verlassen sie die Nisthöhle. In manchen Jahren scheinen die Paare mit der Brut auszusetzen.

Allgemeine Hinweise zur Haltung und Zucht
Weit schwieriger als die Zucht des Hornsittichs ist die Zucht des Ouvéa-Hornsittichs. Erste Erfolge hatte Heinrich Bregulla zwischen 1978 und 1980 in einer Zuchtanlage in Neukaledonien. Später zog auch Dr. Burkard in der Schweiz immer wieder einmal einige Jungtiere, allerdings starben die Tiere meist im Alter von etwa sechs Monaten an Nierenentzündung, Herzschaden und anderen Krankheiten. Zudem waren die Weibchen anfällig für Legenot.

Der Aufbau sich selbst erhaltender Zuchtstämme scheiterte seinerzeit zum einen an der geringen Zahl der vorhandenen Vögel, zum anderen an der gegenüber dem Hornsittich weitaus größeren Stressanfälligkeit der Tiere. Dem deutschen Züchter Paul Hahn wurde 1992 und 1993 die Genehmigung erteilt, einige auf Neukaledonien in Volieren gezüchtete Vögel nach Deutschland zu importieren. Auch ihm gelangen in der Folge Aufzuchten von Jungvögeln, die vermutlich als Ursprungsvögel der heute gelegentlich (und dann zu hohen Preisen) angebotenen Vögel gelten dürfen.

Status im Freiland und Artenschutz

Aufgrund seines eng begrenzten Lebensraums von nur wenigen Quadratkilometern gehört der Ouvéa-Hornsittich zu den bedrohten Arten und wird von der IUCN als stark gefährdet (EN) eingestuft. Der Gesamtbestand wurde Anfang dieses Jahrtausends auf etwa 750 Individuen geschätzt. Es gibt ein umfassendes Recovery-Programm für die Art, das neben einer regelmäßigen Bestandsüberwachung auch eine Kontrolle der Rattenbestände und wilden Bienen, die als Nisthöhlenkonkurrenten auftreten, beinhaltet. Seit 2007 gilt die Insel Ouvéa als rattenfrei.

Laufsittiche (Gattung *Cyanoramphus*)

Neuseeland und die umliegenden Inseln beherbergen die dort endemische Gattung der Laufsittiche mit heute acht anerkannten rezenten und drei ausgestorbenen Arten. Gegenwärtig werden aufgrund von DNA-Untersuchungen mehrere frühere Ziegensittich-Unterarten als eigenständige Arten geführt und auch der **Forbes-Springsittich (*Cyanoramphus forbesi*)** sowie der lange Zeit im Hinblick auf seinen Status umstrittene **Alpensittich (*C. malherbi*)** gelten heute als selbstständige Arten.
Die neukaledonischen Hornsittiche sind wahrscheinlich die nächsten Verwandten der Laufsittich. Beide Gattungen stehen den Plattschweifsittichen verwandtschaftlich nahe und werden üblicherweise mit ihnen auch in der Gattungsgruppe Platycercini geführt.

Laufsittiche vermehren sich leicht, außerdem zeitigen sie große Gelege. Hier im Bild das Gelege eines Springsittichs.

Die Gattung der Laufsittiche unterscheidet sich im Hinblick auf Verhalten und Lautäußerungen der darin vereinten Arten allerdings in mancher Hinsicht deutlich von den eigentlichen Plattschweifsittichen, wie zum Beispiel bei der Nahrungssuche, beim Klettern und beim Fußgebrauch. In Menschenobhut sind derzeit nur Ziegen- und Springsittich vertreten, beide Arten mittlerweile aber wahrscheinlich als Mischlinge der ursprünglich importierten Unterarten und überwiegend als Mutationsformen. Der Springsittich ist zudem noch eine durch Transmutationen mit farbmutierten Ziegensittichen veränderte Hybridform. Arten- oder gar unterartenreine Tiere zu bekommen, wäre heute ein großer Glücksfall.

Ziegensittich (*Cyanoramphus novaezelandiae*) (Sparrman, 1787)

Kennzeichen, Größe und Gewicht
Die Grundgefiederfarbe ist ein leuchtendes Grün. Stirn, Scheitel, Zügel, Ohrfleck und ein beiderseitiger Flankenfleck sind kräftig rot. Die Iris ist orange, der Schnabel grauschwarz, die Füße sind braungrau. Weibchen sind etwas kleiner, leichter und die roten Abzeichen am Kopf haben eine geringere Ausdehnung. Jungvögel ähneln den Adulten, aber alle Farben sind matter und die Rotfärbung am Kopf ist weniger ausgedehnt.
Gesamtlänge etwa 27 cm. Gewicht etwa 80 bis 100 g.

Neben der Nominatform werden drei weitere Unterarten ***Cyanoramphus novaezelandiae chathamensis, C. n. cyanurus*** und die inzwischen ausgestorbene Form ***C. n. subflavescens*** unterschieden, die sich von der Nominatform hauptsächlich durch etwas abweichende Größe, gelblichere Grundgefiederfärbung oder unterschiedliche Ausdehnung der Rotfärbung am Kopf unterscheiden.

Verbreitung, Lebensräume und Nahrung
Ziegensittiche kommen ausschließlich auf den ozeanischen Inseln im pazifischen Ozean vor. Ihr Verbreitungsgebiet reicht von Neukaledonien über Neuseeland bis zu einigen subantarktischen Inseln. Zum australischen Hoheitsgebiet gehören die Norfolk Inseln mit der heute zur eigenen Art erhobenen Form *Cyanoramphus cookii*.
Die Nominatform findet sich auf Neuseeland und einigen umliegenden Inseln.
Auf Neuseeland besiedeln die Tiere vor allem Wälder, in deren Baumkronen sie nach Nahrung suchen. Aber auch an den Waldrändern, in Sekundärbewuchs, auf großen Lichtungen und selbst in Bodennähe auf unbefestigten Straßen finden sich die Tiere gelegentlich ein. Auf kleineren und zum Teil baumlosen Inseln sind die Tiere dagegen fast ausschließlich auf Strauchvegetation angewiesen und kommen oft zur Nahrungssuche auf den Boden herab. Hier suchen sie nach Gras- und Kräutersamen, nach herabgefallenen Früchten und Beeren, nehmen aber auch gelegentlich Insekten und deren Larven, die sie aus morschem Holz graben oder aus dem Boden scharren.

Ziegensittiche sind mit anderen Volierenbewohnern verträglich.

Soziale Organisation und Brutbiologie
Ziegensittiche leben paarweise oder in kleinen Gruppen bevorzugt in Bäumen, die ihnen Nahrung, Ruheplätze und Schatten bieten. Ihre charakteristischen „Mecker-Laute“ sind unverwechselbar und dienen der innerartlichen Kommunikation.
Die Brutzeit liegt auf Neuseeland zwischen August und März, auf Neukaledonien zwischen November und Januar. Das Weibchen legt im Durchschnitt fünf bis sechs Eier (glanzlos, breit-elliptisch und etwa 26, 7 x 22,2 mm groß) in Baum-, Fels- oder Erdhöhlen ab. Auf baumlosen Inseln genügen auch Erdmulden inmitten von Grasbüscheln.
Das Weibchen brütet allein. Nach etwa 18 bis 19 Tagen schlüpfen die Jungen; sie verlassen nach etwa fünf Wochen das Nest.
Als auch am Boden lebende Vögel sind sie großen Gefahren durch Beutegreifer (Ratten, Katzen, Marder) ausgesetzt.

Status im Freiland und Artenschutz

Ziegensittiche gehören im Freiland zu den bedrohten Vogelarten (von der IUCN als gefährdet (VU) eingestuft), die unter anderem durch Waldvernichtung und gebietsfremde Beutegreifer beeinträchtigt werden. Ihre Hauptbestände finden sich derzeit noch auf den kleineren Inseln (Kermadac, Three Kings, Steward, Chatham). Manche Forscher glauben, dass die ursprünglichen Bestände auf den Hauptinseln Neuseelands inzwischen erloschen sind und die dortigen Vögel auf entflogene oder frei gesetzte Käfigvögel zurückgehen. Die Hauptgefahren liegen in den von europäischen Neusiedlern über den Schiffsverkehr unbeabsichtigt eingeführten Ratten und dann den zu deren Bekämpfung ausgesetzten Katzen, die heute große verwilderte Bestände aufweisen. Unter diesen beiden Prädatoren leiden fast alle (auch am Boden lebenden und zum Teil brütenden) Vögel Neuseelands und der umliegenden Inseln. Denn das ursprüngliche Arteninventar dieser Region umfasste kaum bodenlebende Beutegreifer und somit existiert bei den Laufsittichen und vielen anderen Vogelarten kein entsprechendes „Feindbild“. Viele Sittiche fielen und fallen diesen Beutegreifern nach wie vor zum Opfer; auf manchen Inseln sind sie bereits ausgerottet oder stehen kurz vor der Vernichtung. Die Behörden Neuseelands haben vor einigen Jahren damit bekommen, kleine Populationen auf rattenfreie Inseln umzusiedeln oder kleinere Inseln durch zum Teil drastische Vergiftungsmaßnahmen katzen- und rattenfrei zu bekommen. Hier und dort zeitigen diese Aktionen mittlerweile Erfolge.

Die Gesamtzahl der Vögel auf allen Inseln wird derzeit noch auf über 20.000 geschätzt.

Um die Tiere nicht auch noch in den Fokus des Tierhandels zu bringen, stehen Ziegensittiche seit vielen Jahren auf dem Anhang I des Washingtoner Artenschutzübereinkommens und sind damit vom legalen Handel ausgeschlossen. Allerdings bestand bislang kaum aufgrund der hohen Vermehrungsrate der Vögel in Menschenobhut „Bedarf“ und damit die Gefahr illegaler Importe. Heute würden sich aber sicherlich manche Züchter einige artenreine Paare für Erhaltungszuchten wünschen.

Allgemeine Hinweise zur Haltung und Zucht

Ziegensittiche kamen erstmals 1864 nach Europa (in den Londoner Zoo) und wurden danach immer wieder mal importiert. 1872 erfolgte die Erstzucht durch H. Fiedler im ehemaligen Jugoslawien. Allerdings kam es in der Folge nicht zu stabilen Volierenbeständen. Erst 1963 erteilte die Regierung Neuseelands dann wieder eine Ausfuhrgenehmigung für einige Paare Spring- und Ziegensittiche an Dr. Kurt

Kolar vom Österreichischen Institut für Verhaltensforschung in Wien. Dort wurden beide Arten nachgezüchtet. Wenig später kamen auf Umwegen auch einige Paare in die BRD, die damals zu Preisen von 5000.– bis 6000,– DM pro Paar angeboten wurden. Aufgrund der leichten Züchtbarkeit und der hohen Vermehrungsrate der Tiere fiel der Preis aber innerhalb von zehn Jahren auf ein Hundertstel und pendelte sich (bis heute) auf etwa 35,– bis 50,– € pro Paar ein. Damit sank zunächst das Interesse der Züchter an diesen überwiegend grün gefärbten Vögeln, bis um 1983 die ersten Farbschläge (Zimter und Gelbschecken) auftraten. Heute gehören Ziegensittiche, vor allem deren Mutationsfarben, zum Standardinventar vieler privater Vogelanlagen und Zoogeschäfte. Sie sind zu allen Jahreszeiten preisgünstig zu bekommen, wobei reinerbig grüne Vögel kaum noch irgendwo vorhanden sein dürften.

Die Haltung erfolgt in der Regel paarweise in Volieren mit mindestens 2 Meter Länge. In geräumigen Volieren ist auch eine Gruppenhaltung möglich, allerdings sind dann die Zuchterfolge unter Umständen etwas geringer, dafür bekommt man als Beobachter einen guten Einblick in die soziale Organisation einer solchen Volierengruppe. Ziegensittiche gehören zu den robustesten und kaum krankheitsanfälligen Sittichen, die selbst im Schnee in der Außenvoliere herumtollen. Dennoch sollten auch sie mindestens einen geschützten, möglichst frostfreien Innenraum zur Verfügung haben. Zur Ernährung stehen ein handelsübliches Großsittichgemisch (mit wenig Sonnenblumenkernen), Obst, Gemüse und gegebenenfalls ein Aufzuchtfutter zur Verfügung. Zur Gesundheitsprophylaxe gehören regelmäßige Wurmkuren.

Ziegensittiche halten sich gern auf dem Erdboden auf.

Zur Zucht nehmen die Tiere mit einem gewöhnlichen Holznistkasten (20 x 20 cm mit einer Höhe von 30 cm) vorlieb. Da hinein legen die Weibchen im Durchschnitt fünf bis sechs, manchmal auch bis zu neun Eier, die 18 Tage lang bebrütet werden. Die Aufzucht der Jungen, die etwa 35 Tage dauert, gestaltet sich in der Regel problemlos. Nach dem Ausfliegen können die Jungen in der Gruppe verbleiben oder sollten im Sinne einer artgemäßen Sozialisation zumindest einige Wochen bei den Eltern belassen werden. Geschlechtsreif werden die Vögel bereits etwa nach einem knappen halben Jahr, zur Zucht sollten die Tiere aber erst nach einem Jahr eingesetzt werden.

Kreuzungen mit Springsittichen – auch um Ziegensittich-Mutationsfarben auf ihn zu übertragen – werden häufig durchgeführt und führen dann zu Mischlingen. Artenreine oder mutationsfreie Ziegensittiche in der Ursprungsfarbe zu bekommen, ist heute kaum mehr möglich.

Springsittich (*Cyanoramphus auriceps*) (Kuhl, 1820)

Kennzeichen, Größe und Gewicht

Springsittiche sind gekennzeichnet durch eine grüne Grundgefiederfärbung. Der schmale Stirnstreifen ist rot, die Stirn und der Vorderkopf sind gelb. Die Flanke weist einen roten Fleck auf. Die Irisfärbung ist orange, der Schnabel ist grauschwarz, die Füße sind grau. Weibchen sind etwas kleiner und die farbliche Abgrenzung der roten und gelben Stirnpartie ist etwas unschärfer. Jungvögel zeigen zunächst nur eine gelbe Stirnfärbung.

Gesamtlänge etwa 23 cm. Gewicht etwa 50 g, Volierenvögel sind oft deutlich schwerer. Keine Unterarten.

Verbreitung, Lebensräume und Nahrung

Der Springsittich ist in der neuseeländischen Region endemisch und kommt auf der Nord- und Südinsel Neuseelands, einigen vorgelagerten Inseln (Three Kings, Little Barrier, Cuvier, Poor Knights), der Hen and Chicken Inselgruppe sowie auf den Auckland-Inseln vor. Als Lebensräume bevorzugen Springsittiche feuchte, dichte und ursprüngliche Wälder mit Scheinbuchen- und Steineiben-Beständen. Sie halten sich üblicherweise in den dichten Baumkronen, weniger im Unterholz und so gut wie gar nicht am Waldboden auf. Gelegentlich trifft man sie an Waldrändern, in Dickichten und nur selten in Sekundärwäldern. In Gebieten mit starkem Holzeinschlag und Rodungsaktivitäten halten sich die Vögel vorwiegend in den unberührten natürlichen Waldflecken auf, die hier und dort von Anbaugebieten mit tropischen Pflanzen umgeben sind. Hier finden sich die Sittiche heute aber ebenso selten ein wie in Getreideanbaugebieten und Obstgärten.

Springsittiche sind unspezialisierte Pflanzen- und Fruchtfresser. Ihre Nahrung besteht überwiegend aus Knospen, Rinde, Blüten, Beeren, Samen und Früchten, in geringerem Maße auch aus Insekten. Die Vögel suchen meist in Paaren oder Gruppen ihre Nahrung und nehmen sie bevorzugt in den äußeren Ästen der Baumkronen, seltener auf dem Boden zu sich.

Springsittiche sind beliebte Volierenvögel, deren Nachzucht auch kein Problem darstellt.

Soziale Organisation und Brutbiologie

Über die soziale Organisation von Springsittichen ist wenig bekannt. Im Freiland werden sie in der Regel paarweise oder in Gruppen bis zu zehn Tieren angetroffen, wobei sich die Paare allerdings eng zusammenhalten. Größere Gruppen, vor allem Schwärme mit mehr als hundert Tieren, sind sehr selten. Obwohl bekannt ist, dass vor allem die Männchen täglich ausgedehnte Wanderungen (etwa 3 km) innerhalb ihres Territoriums unternehmen, sind Springsittiche in allen Verbreitungsgebieten regelmäßig und ganzjährig anzutreffen. Man findet sie – vor allem bei der Nahrungssuche – oft in gemischten Gruppen mit Alpensittichen und verschiedenen Sperlingsvögeln.

Details der Paarbildung sind aus dem Freiland nicht bekannt. Als Schlafplatz und Nest wird in der Regel eine Baumhöhe benutzt, in der das Weibchen die durchschnittlich fünf bis sechs, manchmal bis neun reinweiße Eier bebrütet. Die Brutzeit liegt überwiegend im Spätsommer und Herbst und ist eng mit der Samenreife von Scheinbuchen abgestimmt.

Die Brutdauer im Freiland ist nur unzureichend bekannt, bei Bruten in Menschenobhut liegt sie bei 18 bis 20 Tagen. Die Jungvögel werden zunächst nur vom Weibchen gefüttert, das wiederum seine Nahrung vom Männchen bezieht. Erst später beteiligt sich auch das Männchen direkt an der Versorgung der Jungen. Die genaue Nestlingszeit aus dem Freiland ist nicht bekannt. Sie liegt wahrscheinlich bei durchschnittlich 40 Tagen. Bereits wenige Monate nach dem Selbstständigwerden erreichen die Jungvögel die Geschlechtsreife und lösen sich aus der Elternfamilie.

Status im Freiland und Artenschutz

Vor der Besiedlung Neuseelands durch die Europäer war der Springsittich wahrscheinlich in allen geeigneten Lebensräumen eine häufige Erscheinung. Seither verzeichneten die Populationen des Springsittichs einen steten Rückgang, der durch Waldzerstörung, Habitat-Modifizierung und durch eingeführte Säugetiere (Katzen, Marder und Ratten) begründet ist. Auf den vorgelagerten Inseln ist der Ziegensittich heute die häufigere Art und auf den Solander-Inseln hat er den Springsittich mittlerweile wahrscheinlich vollständig verdrängt. Auf den Auckland-Inseln herrscht eine hohe Hybridisierungsrate zwischen beiden Arten vor.

Dennoch geht man gegenwärtig von halbwegs stabilen Springsittich-Beständen aus, deren weiterer Rückgang allerdings nur durch eine wirksame Kontrolle der Prädatoren in Teilen des Verbreitungsgebietes, eine Wiederherstellung geeigneter Lebensträume und den Schutz der noch vorhandenen Waldgebiete zu unterbinden wäre. Die IUCN stuft die Art deshalb als potenziell bedroht (NT) ein.

Allgemeine Hinweise zur Haltung und Zucht

Die ersten importierten Springsittiche kamen 1865 und in den Londoner Zoo; schon 1870 waren sie auch im Berliner Zoo

Bereits befiederte Springsittich-Jungvögel in einer Nisthöhle. Der gelbe Vogel ist eine Mutation dieser Spezies.

zu sehen. Die erste Zucht in Europa glückte 1872 im ehemaligen Jugoslawien bei H. Fiedler in Zagreb, die erste deutsche Zucht 1875 bei Karl Ruß in Berlin. Heute sind Springsittiche Allerweltsvögel in den Volieren von Sittichhaltern. Sie haben sich über die Jahrzehnte äußerst produktiv vermehrt, wobei die verschiedenen mittlerweile entstandenen Farbformen das vermehrte Interesse der Vogelhalter finden.
Springsittiche sind ideale Volierenvögel, die in 2 bis 3 Meter langen Volieren auch durchaus für die Gruppenhaltung infrage kommen. Sie sind sehr lebhaft und neugierig und untersuchen unmittelbar alle ihnen unbekannten Gegenstände, die man in die Voliere legt.
Die Ernährung von Springsittichen ist problemlos und gleicht der der australischen Großsittiche: eine gutes Großsittichfuttergemisch (mit verminderten Anteil an Sonnenblumenkernen), dazu Obst, Grünfutter, im Bedarfsfall auch Aufzuchtfutter und regelmäßig frisches Trinkwasser.

Zur Zucht nutzen die Vögel gewöhnliche Holznistkästen (Grundfläche 20 x 20 cm mit einer Höhe von 30 cm), in die eine Lage Holzmulm oder Hobelspäne gepackt wird. Die durchschnittlich fünf bis sechs Eier werden knapp drei Wochen bebrütet. Die Jungen werden zunächst ausschließlich vom Weibchen gefüttert. Ab dem 37. Lebenstag beginnen die Vögel den Nistkasten zu verlassen. Sie sind dann noch rein grün gefärbt mit gelber Stirn, das rote Stirnband erscheint erst einige Tage nach dem Ausfliegen.
Junge Springsittiche orientieren sich schnell in der Voliere und werden auch bei einer Gruppenhaltung problemlos in den „Schwarm" integriert. Die Geschlechtsreife tritt während des ersten Lebensjahres ein, aber voll erwachsen sind die Tiere erst nach einem Jahr und sollten auch dann erst zur weiteren Zucht eingesetzt werden.
Grundsätzlich sind Springsittiche recht robust und wenig krankheitsanfällig. Die winterliche Haltungstemperatur sollte in der Regel aber dennoch die Frostgrenze nicht unterschreiten. Die Nacht sollten die Tiere aber auf jeden Fall im Innenraum verbringen, um einer Erfrierung der Füße zu vorzubeugen. Regelmäßige Wurmkuren gehören bei diesen Vögeln, die sich in Menschenobhut viel auf dem Volierenboden aufhalten, zur Gesundheitsprophylaxe.

Anhang

Danksagung

Bei der Abfassung unseres Buches haben wir von verschiedener Seite Unterstützung erfahren, für die wir uns an dieser Stelle herzlich bedanken.

Persönliche Mitteilungen über die Haltung von einigen seltener in Menschenobhut vertretenen Sitticharten erhielten wir von Armin Brockner (Loro Parque Fundación, Teneriffa).

Peter E. Steck (Melbourne, Australien) unterhielt auf unseren Wunsch hin Kontakte zu einigen australischen Sittichzüchtern und kümmerte sich um kleinere Freilandrecherchen in seinem Heimatland.

Den Zugang zur Ornithologischen Sammlung des Zoologischen Museums Berlin (Naturkundemuseum) gestatteten uns freundlicherweise Frau Dr. Sylke Frahnert und Pascal Eckhoff (Berlin).

Bei der Beschaffung des Fotomaterials konnten wir zum größeren Teil auf unsere eigenen Archive zurückgreifen. Manche Fotos sind im Weltvogelpark Walsrode, im Vogelpark Maria-Veen und im Vogelpark Marlow entstanden. Für die Bereitstellung fehlender Fotos danken wir den Damen und Herren Ramona Heuckendorf (Güstrow), Yvonne Lantermann (Oberhausen), Achim und Petra Schmidt (Oberhausen), Hans-Joachim Rüblinger (Rosbach) und Bernd Nau (Ennepetal).

Ein besonderer Dank geht an Herrn Dr. Ernst Günther (Naumburg) für sein Vorwort zu diesem Werk und die Durchsicht des Manuskripts.

Weiterhin danken wir unserer Lektorin Frau Dr. Gabriele Lehari für ihre konstruktive Kritik und die reibungslose Zusammenarbeit sowie dem Verlag Oertel+Spörer für die freundliche Aufnahme unseres Buchtitels in sein Verlagsprogramm.

Nicht zuletzt gilt unser Dank unseren Familien für die geduldige Unterstützung während der Zeit der Manuskriptabfassung.

Alphabetisches Register der Arten und Unterarten

Literaturverzeichnis

Amberger, F. (1990): Der Goldschultersittich (*Psephotus chrysopterygius chrysopterygius*), Papageien 3, S. 77-79

Amler, E. (1991): Beobachtungen bei der Zucht des Glanzsittichs (*Neophema splendida*), Ziergeflügel und Exoten 36, S. 33-35

Antonin, P. (1992): Hornsittiche: Haltung – Zucht – Besonderheiten (*Eunymphicus cornutus*), Die Voliere 15, S. 267-270

Antonin, P. (1996): Der Gelbsteißsittich, Papageien 9, S. 44-46

Asmus, J. (1999): Probleme bei der Aufzucht von Feinsittichen, Ziergeflügel und Exoten 44, S. 245-247

Asmus, J. (2000a): Der Feinsittich, Ziergeflügel und Exoten 45, S. 163-168

Asmus, J. (2000b): Der Schönsittich, Ziergeflügel und Exoten 45, S. 216-221

Asmus, J. (2000c): Haltung und Zucht des Bourkesittichs, Papageien 13, S. 368-371

Asmus, J. (2001a): Der Singsittich (*Psephotus haematonotus*), Ziergeflügel und Exoten 46, S. 17-21

Asmus, J. (2001b): Der Glanzsittich (*Neophema splendida*), Ziergeflügel und Exoten 46, S. 111-117

Asmus, J. (2002): Der Rosellasittich (*Platycercus eximius*), Ziergeflügel und Exoten 47, S. 267-271

Badmann, F. J. (1981) Bourke's Parrot in the western Lake Eyre drainage, Austr. Orn. 28, S. 161-164

Baumgartner, B. (1992): Der Feinsittich (*Neophema chrysostoma*), Papageien 5, S. 114-115

Baxter C. I. & R. Henderson (2000): A literature summary of the Princess Parrot *Polytelis alexandrae* and a suspected recent breeding event in Südaustralien, Austr. Orn.33, S. 93-108

Beardsell, C. M. (1985): The Regent Parrot: a case report on the nest site survey in southeastern Australia, Aust. Nat. Parks Wildl. Service Report Ser. 1, 1-28

Bielfeld, H. (1999): Grassittiche (*Neophema, Neopsephotus*), Stuttgart

BirdLife (2001): Threatened birds of Asia: the BirdLife International Red Data Book, Cambridge, U.K.

Birmelin, I. (2000): Wellensittiche, München

Boon, W. M., J. C. Kearvell, C. H. Daugherty &, G. K. Chambers (2001): Molecular systematics and conservation of kakariki (*Cyanoramphus spp.*), Science for Conservation 176, S. 1-46, Wellington

Boon, W. M., J. C. Kearvell, C. H. Daugherty & G. K. Chambers (2000): Molecular systematics of New Zealand *Cyanoramphus* parakeets; conservation of Orange-fronted and Forbes' parakeets, Bird Conservation International 10:211-239

Bregulla, H. (1992): Birds of Vanuatu, Oswestry, Shropshire

Brereton, J. L. (1963): The life cycles of three Australian parrots: Some comparative and population aspects, Living Birds 2, S. 21-29

Brereton, R. S., A. Mallick & S. J. Kennedy (2004): Foraging preferences of Swift Parrots on Tasmanian Blue-gum: tree size, flowering frequency and flowering intensity, Emu 104, S. 377-383

Brockner, A. (1999): Haltung und Zucht des Amboina-Königssittichs, Papageien 12, S. 87-90

Brown, P., R. Wilson, R. Loyn, N. Murray & B. Lane (1988): Der Goldbauchsittich (*Neophema chrysogaster*), Papageien 3, S. 56-59 und S. 89-91

Burbridge, A. (1985): The Regent Parrot: a report on the breeding distribution and habitat requirements along the Murray River in southeastern Australia, Aust. Nat. Parks Wildl. Service Report Ser. 4, 1-36

Burgess, J. (1976): Breeding the Amboina Island King Parakeet, Avic. Mag. 82, S. 182-185

Butler, D. J. (1986): Hybrid parakeet on mainland, Notornis 33: 58-59

Cannon, C. E. (1981): The diet of Eastern and Pale-headed Rosellas, Emu 81, S. 101-110

Carter, M. (1993) Alexandra's or Princess Parrot, Wingspan 12, S. 32-35

Catedral, L.O. & D. Brunton (2006): Advancing the knowledge of New Zealand's Red-crowned Kakariki, PsittaScene 18, S. 9.

Chartendrault, V. & N. Barré (2006): Etude du statut et de la distribution des oiseaux des forêts humides de la province Sud de Nouvelle-Calédonie, Institut agronomique néo-calédonien, Port Laguerre, Nouvelle-Calédonie

Christiansen, J. (2011): Buru- und Salawati-Königssittiche – Erfahrungen bei der Haltung und Zucht, Gef. Welt 135, H. 12, S. 20-21

Christidis, L., R. Schodde, D. D. Shaw & S. F. Maynes (1991): Relationship among the Australo-Papuan parrots, lorikeets and cockatoos (Aves: Psittaciformes): protein evidence, Condor 93, S. 302-317

Christidis, L. & W. E. Boles (2008): Systematics and Taxonomy of Australian Birds, CSIRO, Collingwood

Clausen, J. (1988): Die Haltung und Zucht des Rosellasittichs (*Platycercus eximius*), Papageien 1, S. 103-105

Clausen, J. (1991): Über den Status australischer Papageien, Papageien 4, S. 57-60
Clement, J. (1992): The Red-winged Parrot, Aust. Birdkeeper 5, S. 164-166
Coates, B. J. (1985): The Birds of Papua New Guinea, Vol. 1, Non-Passerines, Alderley
Delpy, K. H. (1982): Der Bergsittich, Die Voliere 5, S. 168-169
Derks, D. (2001): Zuchtprogramme, Papageien 14, S. 351-357
Dewitz, G. & S. Dewitz (1999): Der Schwalbensittich, Ziergeflügel und Exoten 44, S. 107-110
Diefenbach, K. (1978a): Verhaltensbeobachtungen am Glanzsittich (*Neophema splendida*), Gef. Welt 102, S. 46-48
Diefenbach (1978b): Biologie und Ethologie des Nymphensittichs (*Nymphicus hollandicus*), unter dem besonderen Aspekt seiner systematischen Stellung, Staatsarbeit Uni Mainz
Ekstrom, J. M. M., J. P. G. Jones, J.Willis, & I. Isherwood (2000): The humid forests of New Caledonia: biological research and conservation recommendations for the vertebrate fauna of Grande Terre, CSB Conservation Publications, Cambridge, U.K.
Ekstrom, J. M. M., J. P. G. Jones,J. Willis, J., J. Tobias, G. Dutson & N. Barre (2002): New information on the distribution, status and conservation of terrestrial bird species in Grande Terre, New Caledoni, Emu 102, S. 197-207
Elias, H. (1988): Der Rotsteißsittich – Haltung und Zucht (*Psephotus haematogaster haematorrhous*), Die Voliere 11, S. 118-120
Elias, H. (1989a): Die australischen Plattschweifsittiche: Ihre Haltung und Zucht, Die Voliere 12, S. 178-183
Elias, H. (1989b): Der Pennantsittich (*Platycercus elegans*), Papageien 2, S. 70-73
Elias, H. (1990): Der Rotflügelsittich (*Aprosmictus e. erythropterus*), Papageien 3, S. 144-146
Elias, H. (1992): Der Rotsteißsittich (*Psephotus haematogaster haematorrhous*), Papageien 5, S. 12-1
Elliot, G. P. (1998): Monitoring yellow-crowned parakeets, Science for conservation 75, S. 1-19, Wellington
Elliott, G. P., P. J. Dilks & C. F. J. O'Donnell (1996): The ecology of the yellow-crowned parakeets (*Cyanoramphus auriceps*) in Nothofagus forest in Fjordland, New Zealand, New Zealand Journ. Zool. 23: 249-265
Enehjelm, C. (1957): Das Buch vom Wellensittich, Pfungstadt
Emison, W. B., C. M. Beardsell, F. I. Norman, R. H. Loyn & S. C. Benett (1987): Atlas of Victorian Birds, Melbourne
Falla, R. A., R. B. Sibson & E. G. Turbott (1987): The New Guide to the Birds of New Zealand, Auckland & London
Fierens, K. (2003a): Die Zucht mit Gelbsteißsittichen, Papageien 16, S. 153-155
Fierens, K. (2003b): Die Zucht des Goldschultersittichs, Papageien 16, S. 332-335
Fierens, K. (2008): Der Brownsittich, Papageien 21, S. 264-266
Fierens, K. (2009): Haltung von Königssittichen, Papageien 22, S. 51-54
Finsch, O. (1867): Die Papageien, Leiden
Fischer, S. (2005): Der Rotkappensittich (*Purpureicephalus spurius*), VZE-Vogelwelt 50, S. 69-72
Ford, J. R. (1961): The increase in abundance of the Bourke's Parrot in Western Australia 1938-1960, Emu 61, S. 211-217
Forshaw, J. (1989): Parrots of the World, 3rd ed., Melbourne & London
Forshaw, J. M. (1998): Der Rotkappensittich in Australien, Papageien 11, S. 351-357
Forshaw, J. M. (2000): Der bedrohte Goldschultersittich, Papageien 13, S. 63-69
Forshaw, J. M. (2003): Australische Papageien, Bd.2, Bretten
Forshaw, J. M. (2004): Bergsittiche in Australien, Papageien 17, S. 18-24
Forshaw, J. M. (2006): Parrots of the World – an Identification Guide, Princeton & Oxford
Freytag, U. (1979): Allgemeine Richtlinien zur Bepflanzung von Außenvolieren, Die Voliere 2, S. 68-75
Frith, H. J. & J. H. Calaby (1953): The Superb Parrot in southern New South Wales, Emu 53, S. 324-330
Garnett, S. T. (ed. 1993): Threatened and Extinct Birds of Australia, RAOU Report 82, S. 1-212
Garnett, S. T. & G. M. Crowley (2000): The action plan for Australian birds 2000, Environment Australia, Canberra
Gerbert, H. & M. Gerbert (1968): Australische Sittiche in der Voliere, Berlin
Gill, B (2001): Die Papageien Neuseelands, Papageien 14, S. 240-244
Gill, F. & D. Donsker (eds. 2012): IOC World Bird Names (v 2.11), available at www.worldbirdnames.org
Grahl, W. de (1969): Papageien unserer Erde, Bd. 1, Hamburg

Green, R. H. (1989): The Birds of Tasmania, Launceston
Greene, T. (1989): Forbes' Parakeet on Chatham Island, Notornis 36: 322-333
Günther, E. (2011): Arterhaltung als Aufgabe der Vogelzucht – warum wir das tun, Gefiederter Freund 58, S. 13-17
Haase, M. (1995): Rosellasittich, seine Haltung und Zucht, Ziergeflügel und Exoten 40, S. 107-109
Haase, M. (1997): Haltung und Zucht des Barrabandsittichs, Ziergeflügel und Exoten 42, S. 54-57
Haase, M. (1998): Schmucksittich, seine Haltung und Zucht, Ziergeflügel und Exoten 43, S. 146-149
Haase, M. (2000): Der Glanzsittich, seine Haltung und Zucht, Ziergeflügel und Exoten 45, S. 107-109
Hackett, S.J., R.T. Kimball, S. Reddy, R.C.K. Bowie, E. L. Braun, M. J. Braun, J. L. Chojnowski, W. A. Cox, K.-L. Han, J. Harshman, C. J. Huddleston, B. D. Marks, K. J. Miglia, W. S. Moore, F. H. Sheldon, D. W. Steadman, C. C. Witt & T. Yuri (2008): A phylogenomic study of birds reveals their evolutionary history, Science 320, S. 1763-1768
Hahn, P. (1993a): Hornsittiche, AZ-Nachrichten 40, S. 682-684
Hahn, P. (1993b): Anmerkungen zur Situation des Hornsittichs *Eunymphicus cornutus* auf Neukaledonien und Ouvéa, Papageien 6, S. 189-192
Hannecart, F. & Y. Létocart (1983): Oiseaux de Nlle Caledonie et des Loyautés, Cardinalis, Nouméa
Henning, A. (1990) Meine Erfahrungen mit Hoodedsittichen, Ziergeflügel und Exoten 35, S. 146-148
Herrmann, K. (1999): Der Barraband- oder Schildsittich, Papageien 12, S. 224-226
Hicks, J. (1991): Der Ziegensittich auf Norfolk, Papageien 4, S. 115-119
Higgins, P. J. (1999a): Red-crowned Parakeet *Cyanoramphus novaezelandiae*, in: P. J. Higgins (ed. 1999): Handbook of Australian, New Zealand and Antarctic Birds (HANZAB), Vol. 4: 475-491, Melbourne
Higgins, P. J. (1999b): Yellow crowned parakeet *Cyanoramphus auriceps*, in: Higgins, P. J. (ed. 1999): Handbook of Australian, New Zealand and Antarctic Birds (HANZAB), Vol. 4: 492-504, Melbourne
Higgins, P. J. (ed. 1999): Handbook of Australian, New Zealand and Antarctic Birds (HANZAB), Vol. 4, Melbourne
Hochreiter, M. (2008): Haltung und Zucht des Timor-Rotflügelsittichs, Papageien 21, S. 160-162
Hoppe, D & Welcke, P. (1989): Der Klippensittich (*Neophema petrophila*), Die Voliere 12, S. 147-150
Hoppe, D. (1985): Der Schild- oder Barrabandsittich (*Polytelis swainsonii*), Die Voliere 8, S. 140
Hoppe, D. (1986a): Biologie, Pflege und Artenporträts der Plattschweifsittiche (*Platycercus*), Die Voliere 9, S. 181-201
Hoppe, D. (1986b): Der Bourkesittich (*Neophema bourkii*) Die Voliere 9, S. 149-152
Hoppe, D. (1987): Der Schönsittich (*Neophema pulchella*), Die Voliere 10, S. 302-308
Hoppe, D. (1988a): Biologie, Haltung und Zucht des Singsittichs (*Psephotus haematonotus*), Die Voliere 11, S. 168-173
Hoppe, D. (1988b): Der Vielfarbensittich (*Psephotus varius*), Die Voliere 11, S. 42-45
Hutchins, B. R. & R. H. Lovell (1985): Australian Parrots: A Field and Aviary Guide, Melbourne
Immelmann, K. (1962): Die Gattung *Neophema* in Australien, AZ-Nachrichten S. 55-58
Immelmann, K. (1970): Im unbekannten Australien dem Lande der Papageien und Prachtfinken, Pfungstadt
Immelmann, K. & D. Vogels (1989): Die australischen Plattschweifsittiche, Wittenberg-Lutherstadt
Jackson, D. & R. Jit (2004): Masked Shining-Parrot research project report 2003, Fiji, Wildlife Conserv. Society
Janssen, E. (2009): Der Schwalbensittich – ein interessanter und liebenswerter Australier, Papageien 22, S. 415-420
Johnstone, R. E. & G. M. Storr (1998): Handbook of Western Australian Birds, Vol. 1 – Non-Passeriformes, Perth
Jones, D. (1987): Feeding ecology of the Cockatiel (*Nymphicus hollandicus*) in a grain-growing area, Austr. Wildl. Res. 14, S. 105-115
Juniper, T. & M. Parr (1998): Parrots – A Guide to the Parrots of the World, Sussex
Kästner, M. (1999): Wildvogelhaltung und Erhaltungszucht, Ziergeflügel und Exoten 44, S. 146-153
Kästner, M. (2001): Musterbeschreibungen – Muster ohne Wert für die Wildvogelhaltung, Ziergeflügel und Exoten 46, S. 274-278

Kennedy, S. J. & C. L. Tzaros (2005): Foraging ecology of the Swift Parrot *Lathamus* discolor in the box-ironbark forests and woodlands of Victoria, Pacific Conservation Biology 11, S. 158-173
Kolar, K. & K.-H. Spitzer (1982): Großsittiche – Haltung, Verhalten, Zucht, Stuttgart
Köster, H. (1983): Die Grassittiche, Ornibook-Verlag, Kürten
Kostka, V. (2004): PBFD – die Circovirus-Infektion der Papageien, Papageien 17, S. 54-57
Krämer, P. (2007): Haltung und Zucht des Bauers Ringsittichs, Papageien 20, S. 54-56
Krause, T. & W. (2005): Der Feinsittich – Erfahrungen aus dreißig Jahren Haltung und Zucht, Papageien 18, S. 8-13
Krebs, E. A. (1999): Last but not least: nestling growth and survival in asynchronously hatching Crimson Rosellas, J. Anim. Ecology 68, S. 266-281
Kremer, H. (1992): Australian Parakeets and their Mutations, Noordbergum
Lambert, K. & K. H. (2005): Nur ein Sittich (Teil 1), Papageien 18, S. 29-32
Lambert, K. & K. H. (2005): Nur ein Sittich (Teil 2), Papageien 18, S. 66-69
Lantermann, W. (1988): Ist der „europäische" Ziegensittich für Wiedereinbürgerungsversuche geeignet? Die Voliere 11: 50-52
Lantermann, W. (1999a): Nymphensittiche, Reutlingen
Lantermann, W. (1999b): Papageienkunde - Biologie, Verhalten, Haltung. Artenauswahl der Sittiche und Papageien, Berlin
Lantermann, W. (2000): Lebensraumbereicherung und Beschäftigungsförderung bei Papageien in Menschenobhut, Zeitschr. Kölner Zoo 43, S. 129-137
Lantermann, W. (2003): Die Entwicklung der Papageienhaltung in Deutschland, Blätter aus dem Naumann-Museum 22, S. 45-57
Lantermann, W. (2007): Handbuch Papageienhaltung, Cadmos-Verlag, Brunsbek
Lantermann, W. (2008): Zurück zur Natur - Über die Schwierigkeiten beim Aufbau artenreiner und virusfreier Agaporniden-Stämme, Gef. Welt 132, H. 6, S. 8-12, H. 7, S. 14-17
Lantermann, W. (2010a): Der Springsittich, Teil 1: Stand unserer Kenntnisse über sein Leben im Freiland, Gef. Welt 134, H. 9, S. 12-15
Lantermann, W. (2010b): Der Springsittich, Teil 2: Haltung, Fortpflanzung und Status in Menschenobhut, Gef. Welt 134, H. 12, S. 8-13
Lantermann, W. (2011): Der Springsittich, Teil 3: Sein Verhalten in der Voliere (mit Vergleichen zum Freiland), Gef. Welt 135, H. 4, S. 8-12
Lantermann, W. (2011): Prestige, Preise und Pokale - Gefahren für die Erhaltungszucht von Papageien durch Selektions-, Mutations- und Mischlingszucht, Tagungsband zur VZE-Artenschutztagung vom 29.4.-1.5.2011 in Berlin, S.28-33
Lantermann (2012a): Notizen zur Brut des Bourkesittichs, Gef. Welt 136, H. 2, S. 19-21
Lantermann, W. (2012b): Sittiche und Papageien – Verhalten in Freiland und Voliere, Reutlingen
Laubscher, C. (2002): Haltung des Schwalbensittichs, Papageien 15, S. 13-17
Lendon, A. (1989): Australian Parrots in Field and Aviary, 3rd ed., Auckland & London
Lenz, M. (1988): Crimson Rosellas Nesting in Buildings in Canberra, Australian Bird Watcher 12, H. 5, S. 171-173
Leslie, D. (2005): Is the Superb Parrot Polytelis swainsonii population in Cuba State Forest limited by hollow or food availability? Corella 29, S. 77-87
Levy, S. (2004): The antbed parrot: in Australia, a fine-feathered bird clings to an eccentric existence, Wildlife Conservation 107, S. 38-41
Lietzow, E. (1987): Der Springsittich (*Cyanoramphus auriceps*), Die Voliere 10: 272-274
Lögler, W. (1992): Haltung und Zucht des Barrabandsittichs, Gef. Welt 116, S. 76-77
Long, J. L. (1984): The diets of three species of parrots in the south of Western Australia, Austr. Wildlife Research 11, S. 357-371
Long, J. L. (1985): Damage to cultivated fruit by parrots in the south of Western Australia, Aust. Wildlife Research 12, S. 75-80
Long, J. L. (1989): The breeding biology of four species of parrots in the south of Western Australia, Tech. Ser. Agric. Protect Board West 6, S. 1-22
Low, R. (1980): Parrots their Care and Breeding, Poole & Dorset
Low, R. (2004): Der Einfarblaufsittich, Papageien 17, S. 134-135
Low, R. (2006): Der Singsittich – ein idealer Vogel für Anfänger, Gef. Welt 130, S. 143-145
Lütkebohle, P. (2003): Haltung und Zucht des Hornsittichs, Papageien 16, S. 11-13
Manning, A.D., D. B. Lindenmayer & S. C. Barry (2004): The conservation implications of bird reproduction in the agricultural „matrix": a case

study of the vulnerable superb parrot of south-eastern Australia, Biological Conservation 120, S. 363-374

Manning, A.D., D. B. Lindenmayer, H. A. Nix & S. C. Barry (2005): A bioclimatic analysis for the highly mobile Superb Parrot of south-eastern Australia, Emu 105, S. 193-201

Martin, H.-J. (1987): Biologie, Haltung und Zucht des Hornsittichs (*Eunymphicus cornutus*), Die Voliere 10, S. 172-176

Martin, T. (1989): Guide to Neophema and Psephotus Grass Parrots, Coolangatta

Mawson, P. R. & J. L. Long (1994): Size and age parameters of nest trees used by four species of parrot and one species of cockatoo in south-west Australia, Emu 94, S. 149-155

Mawson, P. R. & J. L. Long (1995): Changes in the status and distribution of four species of parrot in the south of Western Australia during 1970-90, Pacific Cons. Biol. 2, S. 191-199

Mayer, H. (1986): Die Zucht des Schwalbensittichs, Gef. Welt110, S. 36-37

Mayer, H. (1992): Der Glanzsittich (*Neophema splendida*), Die Voliere 15, S. 36-38

McFarland, D. C. (1991): Die biology of the ground parrot *Pezoporus wallicus* in Queensland I-III, Aust. Wildlife Research 18, S. 169-184, 185-197, 199-213

Mikš, B. (2009): Der Brownsittich-ein außergewöhnlicher Australier, Papageien 22, S. 368-371

Müller, M & N. Neumann (1998): Erste Erfahrungen bei der Zucht von Timor-Rotflügelsittichen, Papageien 12, S. 268-270

Negele, P. (1996): Die Haltung und Zucht von Pennantsittichen, Papageien 9, S. 299-301

Odekerken, P. (2008): Bauers Ringsittiche in Australien, Papageien 21, S. 49-53

Oertel, J. (1992): Seltsames Verhalten eines Königssittichs, Ziergeflügel und Exoten 37, S. 61-63

Oertel, J. (2000): Auf Papageienpirsch in Australien, Papageien 13, S. 244-246 und 280-281

Pagel, T. (2002): Der Wellensittich – Biologie, Haltung und Zucht, Zeitschr. Kölner Zoo45, S. 87-96

Peters, J. L. (1937): Check-List of the Birds of the World, Vol. 3, Cambridge

Pfeffer, F. (1987): Haltung und Zucht des Amboina-Königssittichs (*Alisterus amboinensis amboinensis*), Die Voliere 10, S. 7-10

Pfeffer, F. (1990): Haltung und Zucht des Rotflügelsittichs (*Aprosmictus e. erythropterus*), Die Voliere 13, S. 116-119

Pfeffer, F. (1995): Der Barnardsittich (*Barnardius barnardi barnardi*), Papageien 8, S. 105-107

Pfeffer, F. (2001): Der Princess-of-Wales-Sittich, Papageien 14, S. 260-263

Pfeffer, F. (2005): Der Feinsittich – Haltung und Zucht, Gef. Welt 129, S. 268-270

Pfeffer, F. (2006): Salawati-Königssittiche – Haltung und Zucht, Gef. Welt 130, S. 302-305

Pfeffer, F. (2009): Der Rotsteißsittich, Papageien 22, S. 228-231

Pfeffer, F. (2011): Bauers Ringsittich – eine attraktive Art, die nicht so häufig gehalten wird, Gef. Welt 135, H7, S.8-11

Pfeffer, F. (2012): Adelaidesittiche – eine Art mit variabler Färbung, Gef. Welt 136, H. 5, S. 13-15

Preussiger, A. (1969): Neuseeländische Sittiche (Spring- und Ziegensittiche), Gef. Welt 93: S. 54-55

Quinn, B. R. & D. J. Baker-Gabb (1993): Conservation and management of the Turquoise Parrot *Neophema pulchella* in north-east Victoria, Arthur Rylah Instit. Techn. Rep. 125, S. 1-46

Reinschmidt, M. (2005): Haltung und Zucht des Schönsittichs im Loro Parque, Teneriffa, Papageien 18, S. 266-268

Reinschmidt, M. (2009): Farbatlas Papageien, 353 Arten im Porträt, Stuttgart

Rinke, D. (1987): Der Pompadoursittich (*Prosopeia tabuensis*), Die Voliere 10, S. 319-320

Rinke, D. (1988): On the ecology of the Red Shining Parrot (*Prosopeia tabuensis*) on the Tongan Islnd of 'Eua, southwest Pacific, Ökologie der Vögel 10, S. 203-217

Rinke, D. (1992): Die Zucht des Pompadoursittichs (*Prosopeia tabuensis*) in der Schwarm-Voliere, Papageien 5, S. 110-113

Rinke, D. (1993): Breeding Red Shining Parrots, Watchbird 20 (4), S. 27-30

Rinke, D. (1995): Weitere Zuchterfolge mit Pompadoursittichen (*Prosopeia tabuensis*), Papageien 8, S. 46-47

Rinke, D. (1997): Ein Erhaltungsprogramm für den Ouvéa-Hornsittich, Papageien 10, S. 148-149

Rinke, D. (2004): Neues vom Ouvéa-Hornsittich, Papageien 17, S. 26-27

Robiller, F. (1997): Papageien, Bd. 2: Neuseeland, Australien, Ozeanien, Südostasien, Afrika, Ulmer-Verlag, Stuttgart

Robinet, O. & M. Salas (1999): Reproductive biology of the endangered Ouvéa Parakeet *Eunymphicus cornutus uvaeensis*, Ibis 141, S. 660-669.

Robinet, O., F. Beugnet, D. Dulieu & P. Chardonnet (1995): The Ouvéa Parakeet - state of knowledge and conservation status, Oryx 29, S. 143-150

Robinet, O., J. L. Craig & L. Chardonnet (1998): Impact of rat species in Ouvéa and Lifou (Loyalty Islands) and their consequences for conserving the endangered Ouvéa Parakeet. Biological Conservation 86, S. 223-232

Robinet, O., N. Barre & M. Salas (1996): Population estimate for the Ouvéa Parakeet *Eunymphicus cornutus uvaeensis*: its present range and implications for conservation, Emu 96, S. 151-157

Robinet, O., V. Bretagnolle & M. Clout (2003): Activity patterns, habitat use, foraging behaviour and food selection of the Ouvéa Parakeet (*Eunymphicus cornutus uvaeensis*), Emu 103, S. 71-80

Rouys, S & J. Theuerkauf (2005): Neues vom Sittichprojekt in Neukaledonien, ZGAP Mitteilungen 21, S. 16-17

Ruß, K. (1881): Die fremdländischen Stubenvögel - Die Papageien, Bd. 3, Hannover

Ruß, K. (1887): Die sprechenden Papageien, Magdeburg

Ruß, K. (1898): Der Wellensittich - Seine Naturgeschichte, Pflege und Zucht, Magdeburg

Saunders, D., R. Brereton, C. Tzaros, M. Holdsworth & R. Price (2007): Conservation of the Swift Parrot *Lathamus discolor* - management lessons for a threatened migratory species, Pacific Conservation Biology 13, S. 111-119

Schallenberg, K.-H. (1999): Auswilderung des Pompadoursittichs auf tongaischen Inseln, Papageien 12, S. 136-138

Schmidt, R. (1999): Haltung und Zucht des Rotkappensittichs, Papageien 12, S. 188-191

Schmidt, R. (2000): Die Zucht des Australischen Königssittichs, Papageien 23, S. 190-192

Schmidt, R. (2002): Der Springsittich, Papageien 25, S. 375-377

Schmidt, S. & G. Schmidt (1994): Aufzucht mit Hindernissen bei Stanleysittichen, Ziergeflügel und Exoten 39, S. 133

Schnabl, H. (1981): Was pflanzt man am besten in Vogelhäuser und Außenvolieren?, Die Voliere 4, S. 51-56

Schneider, B. (2005): Als die Wellensittiche nach Europa kamen, Eigenverlag, Berlin

Schodde, R. (1993): Geographical forms of the Regent Parrot *Polytelis anthopeplus* and their type localities, Bull. Br. Orn. Club 113, S. 44-47

Schodde, R. (1997): Aves (*Cacatuidae – Psittacidae*), in: W. W. K. Houston & A. Wells (eds.), Zoological Catalogue of Australia, Vol. 37.2, S. 64-218, Melbourne

Schöne, R. (1988): Der Schwalbensittich (*Lathamus discolor*), Ziergeflügel und Exoten 32, S. 146-151

Schöne, R. (1989): Der Rotsteißsittich (*Psephotus haematogaster haematorrhous*), Ziergeflügel und Exoten 33, S. 166-170

Schöne, R. & P. Arnold (1985): Australische Sittiche, Jena

Schöne, R. & P. Arnold (1989): Der Wellensittich – Heimtier und Patient, Jena

Schönwald, B. (1991): Haltung und Zucht von Bourkesittichen (*Neopsephotus bourkii*), Die Voliere 14, S. 208-211

Schumann, K. (1997): *Cyanoramphus novaezelandiae*: Studien zum arteigenen Verhalten unter Volierenbedingungen und zur Ableitung eines optimierten Haltungssystems nach Kriterien der Tiergartenbiologie, Dissertation FU Berlin: 1-144

Seitre, R. & J. Seitre (1992): Causes of land-bird extinctions in French Polynesia, Oryx 26, S. 215-222

Seitre, R. & J. Seitre (1995): Papageien aus Tasmanien – Der Orangebauchsittich, Papageien 8, S. 147-153

Seitre, R. (1996): Über den Goldschultersittich, Papageien 9, S. 248-250

Seitre, R. (1997): Ringsittiche in Australien, Papageien 10, S. 381-385

Seitre, R. (2000): Der Klippensittich, Papageien 13, S. 138-141

Seitre, R. (2000): Die Papageien Tasmaniens (Teil 1), Papageien 13, S. 349-353

Seitre, R. (2000): Die Papageien Tasmaniens (Teil 2), Papageien 13, S. 387-391

Seitre, R, D. Moyer (2002): Der Brownsittich, Papageien 15, S. 80-85

Seitre, R. (2004): Princess-of-Wales-Sittich, Papageien 17, S. 211-213

Seitre, R. (2005): Der Blasskopfrosella, Papageien 18, S. 318-321

Sibley, C. G. & B. L. Monroe (1990): Distribution and Taxonomy of the Birds of the World, Yale University Press, New Haven

Sibley, C. G. & J. E. Alquist (1990): Phylogeny and Classification of Birds - A Study in Molecular Evolution, New Haven & London

Sindel, S. & J. Gill (1993): Australian Grass Parakeets, Sydney

Sindel, S. & J. Gill (1996): Australian Grass Parakeets: the *Psephotus* and *Northiella* Genera, Sydney
Sindel, S. & J. Gill (1999): Australian Broad-tailed Parrots (the *Platycercus* and *Barnardius* Genera), Sydney
Smales, I., P. Brown, P. Menkhorst, M. Holdworth & P. Holz (2000): Contribution of captive management of Orange-bellied parrots (*Neophema chrysogaster*) to the recovery programme for the species in Australia, Intern. Zoo Yearbook 37, S. 171-178
Storr, G. M. (1977): Birds of the Northern Territory, Spec. Publ. W. Austr. Mus. 7, S. 1-130
Storr, G. M. (1980): Birds of the Kimberley division, Western Australia, Spec. Publ. W. Austr. Mus. 11, S. 1-117
Storr, G. M. (1984): Revised list of Queensland birds, Spec. Publ. W. Austr. Mus. 19, S. 1-189
Storr, G. M. & R. E. Johnstone (1979): Field Guide to the Birds of Western Australia, Perth
Sweeney, R. G. (1995): Die Zucht des Grünflügel-Königssittichs im Loro Parque, Papageien 8, S. 138-140
Taylor, R. H. (1985): Status, habits and conservation of *Cyanoramphus parakeets* in the New Zealand region, in: Moors, P. J. (ed.): Conservation of Island Birds, Intern. Council for Bird Preservation, Techn. Publ. No. 3, S. 195-21l
Taylor, R. H. (1998): A reappraisal of the Orange-fronted Parakeet (*Cyanoramphus sp.*) – species or colour morph? Notornis 45, S. 49-63
Taylor, R. H., E. G. Heatherbell, & E. M. Heatherbell (1986): The orange fronted parakeet (*Cyanoramphus malherbi*) is a colour morph of the yellow crowned parakeet (*Cyanoramphus auriceps*), Notornis 33, S. 17-22
Theiß, R (1980): Der Prachtrosella, Die Voliere 3, S. 14-15
Theiß, R. (1978): Der Schwalbensittich – ein munterer Geselle, Die Voliere 1, S. 23-25
Theiß, R. (1979): Der Rotflügelsittich, Die Voliere 2, S. 84-87
Theiß, R. (1981): Der Rotkappensittich, Die Voliere 4, S. 143-144
Thielck, N. (1990a): Haltung und Zucht des Strohsittichs (*Platycercus elegans flaveolus*), Die Voliere 13, S. 15-16
Thielck, N. (1990b): Haltung und Zucht des Rosellas (*Platycercus eximius*), Die Voliere 13, S. 36-38
Thielck, N. (1990c): Haltung und Zucht des Gelbbauchsittichs (*Platycercus caledonicus*), Die Voliere 13, S. 212-214
Thielck, N. (1990d): Haltung und Zucht des Schildsittichs (*Polytelis swainsonii*), Die Voliere 13, S. 324-327
Thielck, N. (1991a): Der Bergsittich (*Polytelis anthopeplus*), Die Voliere 14, S. 56-58
Thielck, N. (1991b): Zucht und Haltung des Princess-of-Wales-Sittichs (*Polytelis alexandrae*), Die Voliere 14, S. 111-114
Thielck, N. (1991c): Ringsittiche: Freileben – Haltung – Zucht (Barnadius zonarius), Die Voliere 14, S. 250-253
Thielck, N. (1991d): Die Haltung und Zucht des Australischen Königssittichs (*Alisterus scapularis*), Papageien 4, S. 50-52
Thielck, N. (1992): Barnardsittiche: Freileben, Haltung und Zucht, Die Voliere 15, S. 12-15
Thielck, N. (1993): Der Australische Königssittich, Die Voliere 16, S. 108-113
Veillon, J. M. (1977): Compe rendu de la mission effectué à l'ile d'Ouvéa du 17 auch 22 Janvier 1977, O.R.S.T.O.M. Nouméa, Nouvelle Calédonie
Vit, R. (1992): Meine Erfahrungen mit Kragensittichen, Die Voliere 15, S. 344-346
Vogels, D. (1993): Der Wellensittich – Lebensweise, Haltung und Zucht, Augsburg
Vogels, D. (1995): Zur Biologie des Australischen Königssittichs, Papageien 8, S. 90-92
Vogels, D. (1998): Beobachtungen an Bergsittichen, Papageien 11, S. 101-105
Vogels, D. (1998): Beobachtungen an Bergsittichen, Papageien 11, S. 135-140
Vogels, D. (2000): Der Nymphensittich, Papageien 13, S. 27-33
Vogels, D. & E. Vogels (2001a): Ökologie und Verhalten von Rosellasittichen, Papageien 14, S. 64-69
Vogels, D. & E. Vogels (2001b): Ökologie und Verhalten von Rosellasittichen, Papageien 14, S. 103-105
Volkmar, A. (2012): Meine Erfahrungen mit dem Moszkowski-Grünzügelkönigssittich, Papageien 25, S. 80-84
Wallis, M. (2010): Der Alpensittich, Papageien 23, S.127-130
Watling, D. (2000): Conservation status of Fijian birds, Technical Group 2 Report, Fiji Biodiversity Strategy and Action Plan
Watling, D. (2001): A Guide to the Birds of Fiji and Western Polynesia, Suva, Fiji
Waugh, D. (2006): Die Sittiche Neukaledoniens-Leichte Beute für eingeschleppte Säugetiere?, Papageien 19, S. 210-213

Waugh, D. (2009): Schutz der Hornsittiche und Neukaledonien-Ziegensittiche, Papageien 22, S. 210-213
Waugh, D. (2012): Maßnahmen zum Schutz des bedrohten Schwalbensittichs, Papageien 25, S. 60-62
Webber, L. C. (1948): The Ground parrot in habitat and captivity, Avic. Mag. 54, S. 41-45
Webster, R. (1988): The Superb Parrot: a survey of the breeding distribution and habitat requirements, Aust. Nat. Parks Wildl. Service Report Ser. 12, S. 1-51
Webster, R. (1989): Superb Parrots and gum trees, Birds International 1, S. 52-59
Wehling, G. (1992): Haltung und Zucht von Hoodesittichen, Die Voliere 15, S. 313-315
Werhahn, U. (1999): Haltung und Zucht des Hoodedsittichs, Papageien 12, S. 332-338
Werhahn, U. (2003): Erfahrungen bei der Haltung und Zucht von Brownsittichen, Papageien 16, S. 80-85
Wewezow, F. (1980): Der Schönsittich, Die Voliere 3, S. 117-119
Wieck, S. (2000): Der Adelaidesittich, Papageien 13, S. 165-169
Wiek, S. (2005): Der Gelbbauchsittich, Papageien 18, S. 332-336
Wiek, S. (2007): Der Stanleysittich, Papageien 19, S. 373-378
Wiek, S. (2008): Tipps zur Verpaarung von Plattschweifsttichen, Papageien 21, S. 88-89
Wiek, S. (2011a): Die Haltung und Zucht von Ringsittichen, Papageien 24, S. 44-48
Wiek, S. (2011b): Die Haltung und Zucht des Cloncurrysittichs, Papageien 24, S. 303-306
Wilson, K. (1990): A guide to Australian Long- and Broad-tailed Parrots and New Zealand Kakarikis, South Tweed Heads
Wingens, J. (1981): Die australischen Ringsittiche, Die Voliere 4, S. 61-65
Wingens, J. (1982): Der Pennantsittich (*Platycercus elegans*) – Freileben, Haltung, Mutationen, Die Voliere 5, S. 215-217
Wingens, J. (1987): Der Schwalbensittich – ein seltener Volierenvogel (*Lathamus discolor*), Die Voliere 10, S. 144-146
Wingens, J. (1989): Der Rotkappensittich (*Purpureicephalus spurius*), Die Voliere 12, S. 57
Wingens, J. (1990): Der Adelaidesittich (*Platycercus adelaidae*) – ein Außenseiter unter den Plattschweifsittichen, Die Voliere 13, S. 156
Wingens, J. (1991a): Erfahrungen mit dem Australischen Königssittich (*Alisterus s. scapularis*), Die Voliere 14, S. 171-174
Wingens J. (1991b): Der Schmucksittich, AZ-Nachrichten, S. 256
Wingens, J. (1992): Der Goldschultersittich (*Psephotus chrysopterygius chrysopterygius*), Die Voliere 15, S. 241-244
Würtz, A. (1994): Der Cloncurrysittich (*Barnadius barnadi macgillivrayi*), Papageien 7, S. 70-72
Wüst, R. (1999): Bruterfolg von Stanleysittichen in Gemeinschaftshaltung, Papageien 12, S. 15
Zenker, C. (2005): Der Bergsittich (*Polytelis anthopeplus*), VZE-Vogelwelt 50, S. 66-68